JN300472

ヨーロッパ統合と
フランス鉄鋼業

石山幸彦

日本経済評論社

目　次

序　章　フランス政府による経済政策としてのヨーロッパ統合 …………………………………… 1

1　シューマン・プランと戦後フランスの経済政策　1
2　ヨーロッパ統合と戦後フランス経済に関する研究動向　3
　(1)　ヨーロッパ統合史　3
　(2)　国際統合理論　6
　(3)　戦後フランス経済政策史　8
　(4)　戦後フランス鉄鋼業　8
3　本書の課題と構成　10

第1章　第1次近代化設備計画と鉄鋼共同市場
　　　　──モネ・プランとシューマン・プラン── ………………………… 15

はじめに　15
1　モネ・プランの立案とフランス鉄鋼業　16
　(1)　モネ・プランの基本計画　17
　(2)　マーシャル・プランとモネ・プランの修正　20
　(3)　フランス政府の物価政策と鉄鋼価格の変遷　22
2　モネ・プランの実施とフランス鉄鋼業の近代化　26
　(1)　モネ・プランの成果──鉄鋼業の場合を中心に──　26
　(2)　モネ・プランとシューマン・プラン　32
3　ヨーロッパ石炭鉄鋼共同体創設時のフランス鉄鋼業　34
　(1)　鉄鋼共同市場開設に向けた鉄鋼価格の設定　34

(2)　鉄鋼共同市場開設時のフランス鉄鋼業　39
　おわりに　41

第2章　戦後の鉄鋼取引の実態と鉄鋼カルテル再編構想
　　　――フランス鉄鋼業界の戦後構想――　47

　はじめに　47
　1　戦後フランスにおける鉄鋼販売システム　48
　　(1)　鉄鋼取引に関する法規定　48
　　(2)　鉄鋼販売システムの実態　51
　2　フランス鉄鋼協会のカルテル再編構想　56
　　(1)　構想の基本原則　56
　　(2)　構想をめぐる懸案事項　60
　　(3)　フランス鉄鋼協会のカルテル再編構想　62
　おわりに　66

第3章　シューマン・プランとフランス鉄鋼業
　　　――ヨーロッパ石炭鉄鋼共同体の創設――　71

　はじめに　71
　1　シューマン・プランの立案とパリ条約　72
　2　鉄鋼協会の反発と政府の対応（1950年7月～1951年2月）　78
　　(1)　鉄鋼協会の反発　79
　　(2)　計画庁の見解　83
　　(3)　イルシュ委員会における論議――新たな対立点の浮上――　86
　3　シューマン・プランと鉄鋼アンタント体制（1951年2月～
　　　1952年4月）　89
　　(1)　鉄鋼アンタント体制批判論の展開と鉄鋼業界の動向　89
　　(2)　経済審議会における論議　93
　　(3)　国民議会における論議――フランスにおけるパリ条約の批准――　96

おわりに 98

第4章　ヨーロッパ石炭鉄鋼共同体によるカルテル規制
　　　　──鉄鋼共同市場におけるフランス鉄鋼コントワール── ‥‥ 105

　　はじめに 105
　　1　共同市場開設に向けたフランス政府、鉄鋼業界の対応 107
　　　(1)　フランス鉄鋼コントワール 108
　　　(2)　東部鉄鉱石コントワール 110
　　2　カルテル規制に関する最高機関の基本方針 112
　　　(1)　鉄鋼価格をめぐる最高機関の基本方針とその適用 113
　　　(2)　パリ条約のカルテル規制条項とその適用方法の検討 117
　　3　フランス鉄鋼業界のカルテルに対する審査 124
　　　(1)　協定・集中局による審査 124
　　　(2)　審査の帰結 128
　　おわりに 133

第5章　鉄鋼市況の停滞とフランス鉄鋼業界の対応
　　　　──フランスの物価政策と鉄鋼共同市場── ‥‥‥‥‥‥ 141

　　はじめに 141
　　1　鉄鋼市況の低迷と60条適用問題 142
　　2　60条適用問題への対応策の策定 147
　　　(1)　最高機関の基本方針 147
　　　(2)　諮問委員会 148
　　　(3)　閣僚理事会 150
　　　(4)　60条適用方法の改正 151
　　3　フランス鉄鋼業界の対応 154
　　　(1)　最高機関への提訴 154
　　　(2)　カルテル結成の試み 156

おわりに 160

第6章　第2次近代化設備計画と鉄鋼共同市場
——鉄鋼共同市場における価格制度の確立—— …………… 165

はじめに 165
1　2次プランの策定と鉄鋼業界 167
　(1)　2次プランの基本計画 167
　(2)　鉄鋼部門における2次プランの作成 169
2　鉄鋼共同市場における鉄鋼価格公表をめぐる裁判 181
　(1)　最高機関による制度変更 181
　(2)　フランス政府の訴えと最高機関の反論 183
　(3)　裁判所の判決と価格公表制度の確立 188
おわりに 192

第7章　第2次近代化設備計画の進行と鉄鋼不足の再現
——フランスの物価政策と鉄鋼価格—— …………… 199

はじめに 199
1　2次プランの開始と鉄鋼不足問題の再現（1954〜55年） 201
　(1)　2次プランの開始（1954〜55年） 201
　(2)　鉄鋼不足の実態と鉄鋼業界の対応 205
2　物価凍結政策と鉄鋼価格の動向 211
3　最高機関による鉄鋼価格に関する調査 216
おわりに 222

第8章　第3次近代化設備計画の作成と鉄鋼共同市場
——フランスの物価政策と鉄鋼価格—— …………… 227

はじめに 227
1　2次プランの進行と3次プランの目標設定 229

        (1)　2次プランの進行（1956〜57年）　229
        (2)　3次プランにおける基本目標の策定　230
    2　3次プランにおける鉄鋼業の価格設定と資金調達　235
        (1)　鉄鋼協会による状況分析　235
        (2)　合同作業部会における論議　239
        (3)　政府の見解　243
    3　鉄鋼近代化委員会による3次プラン　246
    4　経済危機の深刻化と鉄鋼価格の引き上げの意義　251
        (1)　鉄鋼価格の引き上げと最高機関の対応　251
        (2)　鉄鋼価格の引き上げと鉄鋼協会の対応　254
        (3)　最高機関による調査の進展と閣僚理事会での検討　256
    おわりに　260

終　章　ヨーロッパ石炭鉄鋼共同体と鉄鋼共同市場創設の歴史的意義 ……………………………………………………………… 267

    1　シューマン・プランにおけるモネの試み　267
        (1)　石炭調達と独占規制　267
        (2)　経済援助と産業政策　269
    2　フランス政府とヨーロッパ石炭鉄鋼共同体
        ——自由競争をめぐって——　274
    3　ヨーロッパ石炭鉄鋼共同体と戦後フランス鉄鋼業の発展　277
    4　ヨーロッパ統合史における1950年代のヨーロッパ石炭鉄鋼共同体　281

巻末資料　285
史料（Archives）　297
参考文献　303
あとがき　311
索　引　315

序章　フランス政府による経済政策としてのヨーロッパ統合

　今日のヨーロッパ連合（EU）は2009年の時点でヨーロッパ諸国27カ国が加盟し、そのうち16カ国に統一通貨ユーロを流通させるなど、人口4億9,000万人余りを擁する世界の一大経済圏を形成している。戦後ヨーロッパ統合が実際に開始されてから、現在の状況にいたるまでには、半世紀以上の歳月が経過していることは周知の事実である。戦後進展したヨーロッパ統合が具体化する第一歩となったのは、1952年のヨーロッパ石炭鉄鋼共同体（Communauté européenne du charbon et l'acier）の創設であり、その後のヨーロッパ経済共同体（EEC）の設立やヨーロッパ共同体（EC）の形成につながっていくことになる。

1　シューマン・プランと戦後フランスの経済政策

　本書の主な分析対象であるヨーロッパ石炭鉄鋼共同体は、フランス政府が提案したいわゆるシューマン・プラン（Plan Schuman）が結実したものである。その目的は、独仏の和解によるヨーロッパの平和の確立と経済的復興、繁栄の実現にあると、フランス外相シューマン（Robert Schuman）による1950年5月の有名なシューマン演説によって表明された。この提案を受けて結成された同共同体は、加盟諸国の石炭、鉄鋼などに共同市場を開設し、自由で公正な競争が展開される市場を設定する。具体的には、加盟諸国は共同体内における石炭、鉄鋼などの貿易の数量制限、関税などを廃止し、市場内の取引参加者は国籍を含めたあらゆる点で差別されない。これは企業間の民間レヴェルにおいても同様で、カルテルや系列関係などによって自由競争を阻害することや、取引相手を差別することを禁止する。

さらに、加盟諸国の石炭、鉄鋼などの関連産業[1]についての行政権限は、各国政府から共同体の「最高機関」(Haute Autorité)に移譲され、同機関が加盟国の関連産業と共同市場を管理することになる。すなわち、国家を超える国際機関、超国家機関(organisation super-nationale)に関連産業に対する行政権を委任することをめざしていた。このように、産業部門ごとに国際機関への主権の移管を繰り返すことによって、経済統合を完了させる。それを政治統合へと進展させて、ヨーロッパ連邦政府を確立する。これがシューマン・プランを考案し、戦後初期のヨーロッパ統合を主導したモネ(Jean Monnet)らの構想であり、連邦主義(fédéralisme)と呼ばれるヨーロッパ統合を積極的に進めようとする考え方であった。この構想を実現する第一段階として、シューマン・プランは考案され、同共同体は設立されたのである。

だが、フランス政府を代表して共同体結成までを主導したモネは、当時フランス計画庁(Commissariat général du plan de modernisation et d'équipement)長官の職にあって、戦後のフランス経済再建の任務にあたっていた。すなわち、1947年から始まった第1次近代化設備計画(Premier plan de modernisation et d'équipement)、通称モネ・プランを作成、実施して、戦後のフランス経済の復興と発展を担っていたのである。当時のフランス経済は、1920年代の停滞と1930年代後半の危機を経験し、さらに戦時にはナチスの占領下にあって、深刻な荒廃を招き、存亡の危機に喘いでいた。そうした危機的状況を打開するため、政府は多くの産業企業や銀行の国有化を断行し、経済への介入を強力に推し進めていた。その経済政策の一環として、モネ・プランは立案され、政府主導で各産業の生産目標と投資計画を取りまとめ、政府がそれを資金面や資源配分で支援した。このプランの実施にあたって政府が唱えたスローガンは、「近代化か、さもなければ退廃か」(modernisation ou décadence?)という断固たる決意を国民に伝えるものであった。すなわち、モネ・プランはフランス経済復興の命運をかけた、フランス政府による一大プロジェクトである。

そうしたモネ・プランの進行中にあって、担当省庁である計画庁のモネらによって構想されたシューマン・プランがフランスの経済再建と密接に関連して

いたことは、疑う余地のないところである。したがって、戦後の流動的で錯綜する国際情勢にあって、フランス経済が復興、発展するための国際環境整備をめざす政策意図が、シューマン・プランに色濃く反映されていたと考えるのが妥当であろう。

2　ヨーロッパ統合と戦後フランス経済に関する研究動向

ヨーロッパ統合に関する諸問題は、早くから様々な分野の研究者の関心を集め、膨大な研究が蓄積されている。特に法学や政治学の分野を中心に、統合の進展とともに、研究が積み重ねられている。これらのなかでも、このテーマに関する歴史研究は1980年代からの戦後史料の公開にともない、急速に発展してきた。さらに、戦後のフランス経済政策に関する研究も、フランスの歴史研究者たちを中心に精力的に進められている。それらのなかで本書との関連が深いものは、次の4つに分類することができる。①ヨーロッパ石炭鉄鋼共同体を中心としたヨーロッパ統合史、②国際統合の進展を理論的に説明しようとする統合理論、③フランスの経済計画などを中心とする経済政策史、④個別の業界や企業を扱った鉄鋼産業史である。以下では、4つの分類ごとに研究動向を概観する。

(1)　ヨーロッパ統合史

第1のヨーロッパ統合史研究は、シュワブ（Klause Schwabe）編の論文集などを嚆矢として、現在まで数多くの研究が蓄積されている[2]。その成果により、統合をめぐる国際交渉やヨーロッパ・レヴェルでの国際組織の設立や制度の変遷について、政治史や外交史の分野における歴史の解明が進展した。これに続いて、ヨーロッパ統合の結果として生じるヨーロッパ・アイデンティティや、公式、非公式のヨーロッパ・レヴェルでのネットワーク、人的つながりなど社会的なヨーロッパ統合などにも関心が広げられている。

本書の扱うヨーロッパ石炭鉄鋼共同体については、その結成をめぐる国内外

の交渉や組織、制度を分析した歴史研究が多数存在する。それらのなかでも代表的な研究はボシュア（Gérard Bossuat）やギリンガム（John Gillingham）によるものだが、彼らの関心も共同体結成をめぐる参加国政府間や政府と関連業界との交渉や、共同体の制度や組織の枠組みに向けられている[3]。すなわち、結成後の共同体による政策執行過程には目が向けられていない。ただし、ギリンガムはその後の著書でヨーロッパ統合の概説史を扱った著書を発表し、モネの統合手法である連邦主義や部門統合は、彼への同調者たちによって一定程度継承されるが、ヨーロッパ統合を進める政策理念は市場原理へと収斂していくことを論じている[4]。

ところで、戦後実際に進行したヨーロッパ統合は、周知のように経済統合であり、その実態は、結成された共同体が実施した諸政策や、各国政府、関連業界の対応を分析することによって、初めて解明できるはずである。すなわち、ヨーロッパ統合に関する諸構想やその実現に向けての外交交渉、組織や制度の整備、ヨーロッパ・アイデンティティや人的、組織的ネットワークの形成などを通しては、現実に進行した経済統合の実態へ直接的にアプローチすることは困難である。理念や制度、枠組みと現実とが一致しないことは、現実の社会において珍しいことではなく、特にヨーロッパ統合のようなそれまでに類をみない、新しく壮大な試みにおいては、必然的に制度と実態とが乖離していたことが予測される。だが本来、経済統合の実態の解明を担うべき経済史分野からの研究は国内外ともに僅かしか存在しない。また、経済史分野の研究であっても、経済的な制度、枠組みの変遷に焦点があてられることが多かったことも否めない事実である。

そうしたなかでも、ヨーロッパ石炭鉄鋼共同体による経済統合の実態に迫り、本書と関連が深いものとしては、ディーボルト（William Deibold）の著作や、シュピーレンブルグ（Dirk Spierenburg）とポワドヴァン（Raymond Poidevin）の共著によるヨーロッパ石炭鉄鋼共同体の政策を扱った研究がある[5]。前者は同時代の現状分析であり、後者は初期の最高機関のメンバーであったシュピーレンブルグが共同執筆者に加わった歴史研究である。どちらも共同体の組織や

政策全般を幅広く分析した大部の労作であり、共同体が石炭、鉄鋼業における労働環境の改善など、社会政策の面で大きな貢献をしたことを解明している。だが、その一方で、独占規制や産業育成などの重要な政策では、共同体は加盟各国政府の政策を尊重し、対応策を実施することはなかった。すなわち、実態として行政権限は各政府のもとに残り、共同体に移管されなかったことが明らかにされている。

ただし、これらの研究は共同体の組織、制度から加盟6カ国全体の石炭、鉄鋼業に関わる政策にまで言及しているためか、本来は共同体に委譲されるべき行政権限がいかなる経緯で各国政府に保持されたのか、なぜそのような制度と実態の乖離が生じたのか、個別の政策ごとに実証的に解明されてはいない。本書が扱うフランス鉄鋼業に関する政策にも一定程度言及してはいるが、共同体と政府との権限や役割の分担をめぐる確執や、その解決方法と鉄鋼業に与えた影響などに、十分に掘り下げた検討が加えられることはなかった。

また、戦後西ヨーロッパの石炭市場について分析したプロン (Régine Perron) は、1950年代の共同体の石炭共同市場についても興味深い実態を明らかにしている。最高機関はアメリカ炭の輸入について同政府と交渉したが、その条件は必ずしも当時の石炭需給を反映したものではなく、各国政府の意に沿うものではなかった。そのため、輸入の実施は各国政府の政策判断に任されることになる。すなわち、石炭調達についても実態としては各国政府が行政権を維持していたのである[6]。

以上のように、ヨーロッパ石炭鉄鋼共同体による統合の実態を分析した歴史研究も、少しずつ公表されている。だが、すでに指摘したように、従来のヨーロッパ統合史研究は国際交渉や組織制度の変遷、あるいは人的、組織的交流などに分析対象が偏ってきた。そのため、市場構造や経済実態などに注目して、統合進展の実像を解明する作業が十分に進められているとは言いがたい。したがって、従来は一般的に肯定的に捉えられてきたが、ヨーロッパ統合が戦後のヨーロッパ経済の発展にどのように作用したのか、歴史的、実証的には解明されてはいないのである。

(2) 国際統合理論

　第2に、国際間の統合が進展する普遍的根拠を解明しようとする理論的アプローチも試みられている。これらは、アメリカやイギリスの政治学分野の研究者が中心となり、ヨーロッパ統合を素材として、実施されてきた。そのうちの1つの潮流として、古くは機能主義（functionalism）に始まり、戦後のハース（Ernst Haas）やリンドバーグ（Leon Lindberg）らによる新機能主義（neo-functionalism）が唱えられた。さらに、これは1990年代にはトランホルム＝ミッケルソン（Jeppe Tranholm-Mikkelson）やサンドホルツ（Wayne Sandholtz）らによる新しい新機能主義（new neo-functionalism）に継承されている。これらの理論研究では、連邦主義に沿って主権が国民国家から国際機関に移管されることが必然と捉えられ、その過程がいかに進むのかが論じられてきた。これらは、1950年代と1980年代後半以降に、連邦主義的な統合がヨーロッパで実際に進展した事実を反映して、議論が展開された[7]。

　こうした一連の機能主義に対しては、2つめの潮流として、国民国家の主権を重視し、国際統合によって国民国家の権限は決して減少するのではないと、反論する議論が展開されてきた。この理論によれば、第2次大戦前後に機能の拡大を要請された国民国家が、外交交渉をより効率的に進め、望ましい国際関係を構築するための合理的な手段として国際統合を選択した。すなわち、国際機関に一定の外交上の役割を委託することによって、国民国家の外交機能を拡大させた。このように国際統合を捉える政府間主義（intergovernmentalism）の議論は、連邦主義とは異なる視点に立ち、近年ではモラブシック（Andrew Moravcsik）らによって展開されている。ベルギー石炭業などを事例として取り上げた経済史家ミルワード（Alan S. Milward）も、この理論に沿った議論を展開した[8]。

　これらの対立する統合理論の2つの潮流に対して、1990年代になると新制度主義（new institutionalism）と呼ばれる理論が登場し、シャープ（Fritz Scharpf）、ピエルソン（Paul Pierson）らが、新機能主義と政府間主義の中間的な議

論を展開した。すなわち、新制度主義は、国際機関の設立当初については、政府間主義と同様の認識を示し、各国政府の意思を反映させる手段として国際機関が設立され、その運営が開始されると説明する。だが、これらの組織は機能し始めると徐々に自立し、分野や状況によっては国民国家の意思を超え、独自の判断で活動すると捉える。これは国家主権の移転を一定程度認めており、機能主義の連邦主義的な理念と政府間主義とを折衷した理論とみることができる。ただし、この潮流にも多様な議論が存在し、国家主権の移転がどのような状況でどの程度まで進行するのかは明確ではない[9]。

これらの国際統合理論では、従来の政府と国際機関との役割や権力の配分、すなわち、国家主権が実質的にどの程度国際機関に移譲されるのかが、論争の焦点となっていた。こうした視点は、ヨーロッパ統合の進行を実証的に分析するうえでも、国際統合の本質を解明するうえでも重要である。だが、現在進行中のヨーロッパ統合に関して、その終着点をある程度想定し、その理論化を試みることが困難であるのも当然である。

例えば、今世紀初頭にはEUに統一通貨が導入され、次の焦点が経済統合から政治統合へと移ったかにみえたが、政治統合は欧州憲法の採択で躓き停滞していることは否めない。市民レヴェルでのヨーロッパ統合を含めたグローバリゼーションへの反対運動も過激化している。さらに、2008年秋以降の金融危機によって、EU諸国では大胆な景気対策が採用されている。そのため、ユーロ導入時に制定された各国財政赤字の制限規定は、なし崩し的に棚上げされることが必至であろう。また、ユーロを導入していないEU諸国の通貨とユーロとの為替相場も流動的になり、イギリスや北欧、東欧諸国のユーロ導入が今後どのように実現するのかも、不透明になっている。

さらに、これらの理論研究は、それが発表された時期のヨーロッパ統合の進行に強く影響され、それまでの歴史的経験を反映させることは、必ずしも十分であったとはいえない。したがって、精緻な実証的歴史分析の蓄積によって、検証されることも必要であろう。

(3) 戦後フランス経済政策史

第3のフランスの経済政策史に関する研究は、近年のフランスで蓄積が進んでいるが、その中心は財務省や計画庁など行政組織や官僚個人の歴史に関する研究である[10]。すなわち、政策そのものを主たる研究対象としたものは比較的少ない。そうしたなかでは、マルゲラズ（Michel Margairaz）はその大著のなかで財務省の役割を中心に経済政策を網羅的に整理している。これは第2次大戦前後のフランスの経済政策研究として傑出したものであるが、その対象は1930年代から1950年代初めに限られ、共同体発足後については多くは触れられていない[11]。

それ以外では、経済計画を扱ったルソ（Henri Rousso）の編著は、マルゲラズやフランス鉄鋼業史の専門家であるミオッシュ（Phillipe Mioche）が執筆しており注目に値する。そこでは、経済計画による資金の投入額、生産拡大の速度などは経済全体と、各産業部門についても概要が示され、経済計画の成果は概ね肯定的に評価されている。ただし、2次、3次と経済計画が進むごとに公的資金が削減された影響や、本書が注目する物価政策については十分な分析と考察がなされていない。また、共同体結成の影響については、ほとんど考慮されてはいない[12]。

いずれにしても、これまでのところ、主要企業の国有化を前提として経済計画を実施した経済政策と戦後の経済成長との関連についは、研究が十分に蓄積されているとはいえない。さらに、ヨーロッパ経済統合との関連も含めると、今後の検証がより重要であることは、明白である。

(4) 戦後フランス鉄鋼業

最後の第4の鉄鋼業に関する研究では、本書が対象とする戦後を扱ったものは比較的少ない。戦後の同時代に鉄鋼業を分析した研究には、ロレーヌ地方の鉄鋼業を分析したプレシュール（Claude Prêcheur）の大著をはじめ、リーベン（Henri Rieben）、ビラール（Roger Birard）などの著作がある[13]。これらは、

各鉄鋼会社や、鉄鋼業界がおかれた経済計画やヨーロッパ石炭鉄鋼共同体の枠組みが詳細に紹介されている。だが、共同体結成がフランス鉄鋼業にどのような影響を与えたのかについては、十分な検証がなされるにいたってはいない。

精緻な実証的歴史研究としては、戦後のフランス鉄鋼業の発展を分析したミオッシュによる博士論文と、ユジノール社（Union sidérurgique du Nord, USINOR）の組織的特質を解明したゴドリエ（Eric Godelier）の著書がある[14]。ミオッシュの研究は、フランス鉄鋼業が生産を拡大し、良好な経営状況にあった1960年代までを分析対象としている。そのためか、戦後のフランス鉄鋼業の発展が肯定的に捉えられており、共同体の発足もプラスに評価されている。これに対して、ゴドリエの研究は戦後のフランス鉄鋼業の中心的な企業に成長していくユジノール社を取り上げる。各工場に大きな裁量権を与えたことなど、同社の経営戦略の特質が、時間の経過とともにどのように変化していくかが、丹念に解明されている。ただし、これらの研究でもヨーロッパ統合の進展や国内経済政策の影響には、主たる関心は払われていない。

こうした研究動向に対して、戦後を中心にフランス鉄鋼業の盛衰を長期間にわたって解説しているフレシネ（Michel Freyssenet）、ボーミエ（Jean Baumier）やダンヴァル（Henri d'Ainval）の著作が、本書との関連では注目すべき論点を提示している[15]。これらの研究は戦後の成長期にもフランス鉄鋼業が他の先進国と比べて生産の拡大、企業の成長に後れを取っていたこと、20世紀末にはフランス鉄鋼業が消滅の危機に瀕していることを前提に、そうした事態を招いた原因として、戦後の発展のなかに問題があったことを指摘している。まず、フレシネは経営者たちが技術革新に消極的で、中小規模の企業を合併して大型化することも怠ったことなど、経営者の責任を強調した。ボーミエはヨーロッパ石炭鉄鋼共同体創設後もフランス政府が鉄鋼業への行政権限を保持し、投資計画や価格設定で政府の政策に誤りがあったと主張している。また、ダンヴァルは16項目にもおよぶ問題点をあげて、多数の諸問題が複合的に作用したことを論じている。そのなかでもフランス政府の政策が強く影響を与え、鉄鋼各社の積極的な設備投資を阻んできたことを、ボーミエと同様に指摘して

いる。だが、これらの著作は長期間を扱っているためか、議論が十分に掘り下げられていない。そのため、共同体が発足して以降もなぜ政府が行政権限を保持しえたのか、共同体はなぜそれを容認したのか、鉄鋼業界もなぜ政府の指導に従ったのかなどは解明されていない。

3　本書の課題と構成

　以上のように4つに分類して概観してきた先行研究は、それぞれの分野が横断的に扱われることは稀であり、経済統合であるヨーロッパ統合とフランス国内経済政策との関連は分析されていない。さらに、戦後のフランス鉄鋼業の発展に対するヨーロッパ石炭鉄鋼共同体の影響も十分に解明されることはなかった。そこで本書では、共同体、フランス政府、同国鉄鋼業界の3つのアクターに眼を配り、共同市場における経済統合の進展とフランス政府による経済政策の実施が、鉄鋼業あるいはフランス経済全体の発展とどのように関わっていたのかを検討する。

　したがって、利用する史料も最高機関の内部文書、フランス計画庁、財務省、産業省などの同国政府の内部文書、フランス鉄鋼協会（Chambre syndicale de la sidérurgie française, CSSF）文書、ポン・タ・ムーソン社（Pont à Mousson）文書など3つのアクターの内部文書などである。さらにいうまでもなく、各アクター内部も一枚岩ではなく、例えば政府においても省庁ごとに意見や立場は異なる可能性にも留意する。

　本書は以下のような構成をとっている。まず、「第1章　第1次近代化設備計画と鉄鋼共同市場」では、1947年から開始されるモネ・プランがいかに実行され、フランス鉄鋼業にとってどのような効果をもたらしたのかを検証する。それは、ヨーロッパ石炭鉄鋼共同体の鉄鋼共同市場に組み込まれる1953年時点で、フランス鉄鋼業がどのような復興状況にあったかを確認することになる。続く「第2章　戦後の鉄鋼取引の実態と鉄鋼カルテル再編構想」では、フランス鉄鋼業界自身が戦後の鉄鋼市場再編にいついて、いかなる構想を抱いていた

のかを解明する。それは、政府が提唱するシューマン・プランとは異なる別の選択肢の存在を示すものである。「第3章　シューマン・プランとフランス鉄鋼業」では、シューマン・プラン提案からヨーロッパ石炭鉄鋼共同体の創設までの過程における同プランをめぐるフランスでの論争を中心に検討する。ここでは、共同体結成に反対する鉄鋼業界と、それを推進する政府や他の産業界との論争を通して、フランス経済にとってのシューマン・プランの意義を検証する。ここまではシューマン・プランの構想と制度化についての検討であり、その過程で政府の政策意図と関連諸産業の利害がいかに調整されたのかを明らかにする。

続く第4章以降は、ヨーロッパ石炭鉄鋼共同体が結成されて以後、共同体結成時に期待された政策がいかに実現されるのかを、フランス政府の経済政策との関連に注目して検討する。そのうち、第4章から第6章までは鉄鋼共同市場が開設され、鉄鋼取引に関する基本原則がどのように確立されるかを明らかにする。まず、「第4章　ヨーロッパ石炭鉄鋼共同体によるカルテル規制」では、共同体の最高機関が実施したカルテルなどの独占規制の実態を、フランス鉄鋼業の事例を中心に分析する。「第5章　鉄鋼市況の停滞とフランス鉄鋼業界の対応」では、鉄鋼市況が停滞した1953年から1954年における鉄鋼共同市場開設当初の鉄鋼の取引状況と、そこで生じた問題、なかでも鉄鋼価格形成への鉄鋼業界、フランス政府、最高機関の対応を検討する。「第6章　第2次近代化設備計画と鉄鋼共同市場」では、第5章で問題となった鉄鋼共同市場における価格形成について、1954年末に共同体が確立した原則を明らかにする。それと並行して進められた、第2次近代化設備計画の作成作業も分析する。

だが、鉄鋼共同市場の基本原則が確立されて以降も、鉄鋼価格形成をめぐる問題はフランスにおいて解消されることはなかった。「第7章　第2次近代化設備計画と鉄鋼不足の再現」では、1955年から1956年における第2次近代化設備計画の進行を分析し、そこで再び鉄鋼価格の形成方法が問題化したことを明らかにする。「第8章　第3次近代化設備計画の作成と鉄鋼共同市場」では、1956年から1957年の第2次近代化設備計画の実施と第3次近代化設備計画の作

成作業においても、この問題がフランス政府や鉄鋼業界でどのように扱われたかを検討する。さらに、共同体、最高機関がそれにどのように関与したのかも分析する。それによって、鉄鋼共同市場における鉄鋼取引の実態を通じて、共同体、最高機関とフランス政府、鉄鋼業界の役割、機能を考察する。

　最後の「終章　ヨーロッパ石炭鉄鋼共同体と鉄鋼共同市場創設の歴史的意義」では、それまでの検討を踏まえて、シューマン・プランにモネらが期待したことがどこまで実現したのかを考察する。特に、加盟諸国政府から共同体、最高機関への行政権の移行が、どの程度実現されたのかを明らかにする。さらに、その結果がフランス鉄鋼業の発展に与えた影響を、同産業のその後の動向も整理しながら考察する。最後に、本書で明らかにした共同体創設期の鉄鋼共同市場の実態や、そこでの最高機関、フランス政府、鉄鋼業界の関係を、今日まで続くヨーロッパ統合の歴史のなかに、どのように位置づけることができるのかを検討する。

注
1）　ヨーロッパ石炭鉄鋼共同体の管理下におかれる製品は、石炭、コークス、鉄鉱石、銑鉄、鉄鋼、屑鉄である。
2）　K. Schwabe（Hrsg.）, *Die Anfänge des Schuman-Plan 1950–1951*, Nomos Verlag, 1988.
3）　G. Bossuat, *La France, l'aide américaine et la construction européenne 1944–1954*, Comité pour l'histoire économique et financière de la France, 1992; J. Gillingham, *Coal Steel and the Rebirth of Europe, 1945–1955, The Germans and French from Ruhr Conflict to Economic Community*, Cambridge, 1991; M. Kipping, *La France et les origines de l'Union européenne 1944–1952, Intégration économique et compétitivité internationale*, Comité pour l'histoire économique et financière de la France, 2002.
4）　J. Gillingham, *European Integration 1950–2003, Superstate or New Market Economy?*, Cambridge University Press, 2003.
5）　W. Diebold, *The Schuman Plan A Study in Economic Cooporation 1950–1959*, Praeger, 1959; D. Spierenburg et R. Poidevin, *Histoire de la Haute Autorié de la Communauté européenne du charbon et de l'acier*, Bruylant, 1993.

6) R. Perron, *Le marché du charbon, un enjeu entre l'Europe et les Etats-Unis de 1945 à 1958*, Publication de la Sorbonne, 1996.
7) 最近までの統合理論の全体の解説は、M. Elistrup-Sangiovanni (ed.), *Debates on European Integration, A Reader*, Palgrave Macmilan, 2006. などがある。機能主義については、L. Lindberg, *The Political Dynamics of European Economic Integration*, Stanford University press, 1963; E. B. Haas, *The Uniting of Europe: Political, Social and Economic Forces 1950-1957*, 2nd ed., Stanford University Press, 1968; S. Hoffmann and R. Keohane (eds.), *The New European Community: Decision-making and Institutional Change*, Boulder, CO: Westview Press, 1991; W. Sandholtz and A. Stone Sweet (eds.), *European Integration and Supranational Governance*, Oxford University press, 1998, etc.
8) A. S. Milward, *The European Rescue of the Nation-State*, Routledge, 1992; Moravcsik, Preferences and Power in the European Community. A Liberal Intergovernmentalist Approach, *Journal of Common Market Studies*, 1993, 31 (4), 473-524, etc.
9) F. Scharpf, *Governing in Europe, Effective and Democratic?*, Oxford University Press, 1999; P. Pierson, *Dismantling the Welfare State? Reagan, Thatcher and the Politic of Retrenchement*, Cambridge University Press, 1994.
10) Laure Quennouëlle-Corre, *La direction du trésor 1947-1967, l'Etat banquier et la croissance*, Comité pour l'histoire économiques et financières de la France, 2000; Frédéric Tristram, *Une fiscalité pour la croissance, Direction générale des impôts et la politique fiscale en France de 1948 à la fin des années 1960*, Comité pour l'histoire économiques et financières de la France, 2005, etc.
11) M. Margairaz, *L'Etat, les finances et l'économie Histoire d'une conversion 1932-1952*, Comité pour l'histoire économiques et financières de la France, 1991.
12) Henri Rousso, *De Monnet à Massé, enjeux politiques et objectifs économiques dans le cadre des quatres plans (1946-1965)*, Centre national de la recherches scientifiques, 1986.
13) H. Rieben, *Des ententes de maîtres de forges au Plan Schuman*, Lausanne, 1954; J. Chardonnet, *La sidérurugie française progrès ou décadence?*, Armand Colin, 1954; R. Birard, *La sidérurgie française*, Editions sociales, 1958; Prêcheur, *La Lorraine sidérurgique*, SABRI, 1959.
14) P. Mioche, La sidérurgie et l'Etat en France des années quarantes aux années soixante, thèse de doctrat d'Etat, Université Paris IV, 1992; E. Godelier, *Usinor-

Arcelor du local au global..., Lavoisier, 2006.

15) M. Freyssenet, *La sidérurgie française, 1949-1979. L'histoire d'une faillite. Les solutions qui s'affrontent*, Savelli, 1979; J. Baumier, *La fin des maîtres de forges*, Plon, 1981; H. d'Ainval, *Deux siècles de sidérurgie française*, Presses universitaires de Grenoble, 1994.

第1章　第1次近代化設備計画と鉄鋼共同市場
――モネ・プランとシューマン・プラン――

はじめに

　戦後のフランスは1947年からモネ・プランを実施し、戦後の経済再建をめざした。そこでは政府、計画庁を取りまとめ役として、官僚、各産業界の経営者、労働者と消費者代表などで構成される産業部門ごとの近代化委員会（Commission de modernisation）が当該産業の生産、投資計画を策定し、計画庁が各部門間の調整をした。こうした経済計画の立案は1954年からの第2次近代化設備計画（Deuxième plan de modernisation et d'équipement、以下2次プランと表記）以降も引き継がれ、戦後のフランス経済の再建のみならず、その後の成長、発展を主導するものとして実施されていく。

　モネ・プランの立案過程では、石炭、電力、鉄鋼、セメント、農業機械、輸送機械の6部門の再建がフランス経済全体の復興と発展に不可欠な基幹産業として重視され、資金や物資が優先的に配分された。すなわち、本章の分析対象である鉄鋼業は、他の産業よりも優遇されて、その再建が企画、実施されたのである。

　その結果、フランス経済はモネ・プランが終了した1953年までに、工業生産は戦前の最高水準を大幅に超え、戦後の経済成長を開始した。そのため、同プランの成果については、当時のフランス政府は公式には極めて高い評価を下し、従来のフランスにおける戦後経済史研究においても、概ね肯定的な評価が与えられている[1]。

　だが、モネ・プラン実施の結果について、同時代のフランス鉄鋼業界は必ず

しも肯定的な評価を与えていなかった。同プランも後半に入っていた1950年から1951年に、ヨーロッパ石炭鉄鋼共同体結成を企画したいわゆるシューマン・プラン[2]に関する論議が闘わされていた場面で、鉄鋼協会は同国鉄鋼業がドイツやベルギーの鉄鋼業と比較して、競争力を回復していないことを強調していた。すなわち、他の共同体参加諸国の鉄鋼業と比較して、フランス鉄鋼業が十分な競争力を備えていないことを根拠として、フランス鉄鋼協会はシューマン・プランに反対の論陣を張ったのである[3]。

　こうしたフランス鉄鋼協会の議論は、シューマン・プランに反対するために意図的に誇張された面がありうることも考慮しなければならい。だが、同プランを推進していたモネら政府、計画庁が主張したように、フランス鉄鋼業がモネ・プランの実施によって順調に生産力を回復し、ヨーロッパ石炭鉄鋼共同体参加諸国の鉄鋼業に対して優勢な競争力を保持するにいたったとは断定できない。この点については、従来の諸研究ではほとんど検証されていないのが現状である[4]。

　そこで本章では、パリ国立文書館に所蔵されたフランス政府、計画庁文書、財務省に保管されている同省関連文書、さらにフォンテーヌブローの現代史料センターにおいて管理されているフランス鉄鋼協会文書等の一次史料に依拠しながら、1947年に策定されたモネ・プランの内容と同プランが実施された過程を分析し、フランス鉄鋼業にとって同プランがどのような意味を持ったのかを検討する。そして、ヨーロッパ石炭鉄鋼共同体結成を前に同国鉄鋼業がおかれていた状況を考察する。

1　モネ・プランの立案とフランス鉄鋼業

　第2次大戦終戦直後にモネは、フランス政府を代表して、アメリカ政府との経済援助交渉にあたっていた。その過程でモネは、フランス政府自らが経済復興計画をたて、アメリカ政府に提示していくことが援助引出しのために必要であることを認識する。そこで彼は1945年8月からフランスの近代化計画立案を

提唱し、同年12月5日には臨時政府大統領ド・ゴール（Charles de Gaulle）に対して、近代化計画の策定を提案した。その結果、1946年1月3日の政令（décret）によってモネを長官とする計画庁が設置され、近代化計画の策定作業に入ることが決定された。そこでの作業の経過は、首相を議長とし政府閣僚16名と産業界代表5名、労働組合代表5名、農民代表4名、海外領土代表2名などからなる計画審議会（Conseil du Plan）に随時報告され、1947年1月14日の同審議会でモネ・プランは最終的に承認された5)。以下では、この年に実施に移された同プランの内容とその実施過程を概観する。

(1) モネ・プランの基本計画

プラン立案の過程ではまず、1946年3月16日から19日まで開かれた第1回計画審議会の席上に計画庁が第1報告書を提示し、モネ・プランの基本目標を掲げた。具体的には、プランの実施期間が1947年から1950年までに設定され、フランス国内の生産を1929年の生産水準と比較して25％増加させることが提案された。この数字は、それまでに最も工業生産の大きかった1929年の年間設備投資額や戦後の拡大する消費需要を勘案したものであった6)。さらに、「この努力は達成可能であり」「空想的ではない。なぜなら、現在近代化された生産設備を備えている諸国においては、その生産水準は達成されている。われわれが提案する目標は、われわれを他の世界に適合させるにすぎない」7)ものと評価され、是非とも達成されるべき目標と位置づけられた。

だが、この目標を達成するうえで深刻な障害となりうる要素として、エネルギー、輸送、労働力、外貨の不足が指摘された。そして、これら早急に解決されるべき問題への対応策として、関連する産業には1950年までに達成されるべき目標として次のような数字が設定された。すなわち、「6,500万トンの石炭生産、240億キロワットアワーの水力発電、1,500万トンの銑鉄・鋼鉄生産、農業生産拡大のための5年間にわたる年間5万台のトラクター供給」8)である。

これらの数字を基本目標として、産業部門ごとに組織された近代化委員会に各部門のプランの立案が任されることになる。1946年2月5日の石炭近代化委

第1-1表 モネ・プランの各近代化委員会の発足日

委員会	発足日
石炭近代化委員会	1946年2月5日
電力近代化委員会	2月12日
農業、農村設備近代化委員会	3月4日
野菜栽培近代化委員会	3月4日
家畜飼育近代化委員会	3月4日
建築資材近代化委員会	3月8日
住宅・公共事業近代化委員会	3月8日
鉄鋼近代化委員会	3月9日
国内交通近代化委員会	4月6日
労働力近代化委員会	4月24日
発動機用燃料近代化委員会	4月24日
海外領土近代化委員会	4月29日
消費・社会近代化委員会	4月30日
繊維近代化委員会	5月17日
自動車近代化委員会	6月3日
映画近代化委員会	6月3日
農業機械近代化委員会	6月6日
工作機械近代化委員会	6月8日

出典：AN 80 AJ 1, Commissariat Général du Plan, Rapport général à la deuxième session du Conseil du Plan, septembre 1946, p. 5.

員会、同月12日の電力近代化委員会を皮切りに、第1-1表のように近代化委員会が設置され、それぞれの産業部門の生産目標、生産計画の策定に取りかかった[9]。本章の主たる分析対象である鉄鋼部門については、3月9日に鉄鋼近代化委員会（Commission de modernisation de la sidérurgie）が組織され、同部門の生産計画の策定に入った。第1-2表にみられるように、同委員会は他部門の委員会同様、同業界の経営者、労働組合代表、鉄鋼需要産業の代表等の委員で構成されており、フランス産業全体の生産目標を前提として鉄鋼業の目標が設定された。

まず、鉄鋼近代化委員会で掲げられた目標の基本には、ヨーロッパ市場における戦前のドイツ鉄鋼業の地位を凌駕することがあった。そのために鉄鋼委員会がまとめた生産目標は、1950年の時点で粗鋼生産1,100万トン、モネ・プラン実施期間後に完成する設備の生産力を合わせると、粗鋼生産1,500万トンが目標として定められた[10]。

これらの生産を実現するために必要な投資額については、期間中の総額で700億フランが見積もられ、そのうち圧延設備に212億フラン、高炉に120億フラン、発電設備に111億フラン、コークス化施設に55億フランなどの投資計画が策定された[11]。そのなかでも、特に重視されたのは圧延設備である2基の連続式広幅ストリップ・ミルの建設であった。その一方は、ノール地方の2つの鉄鋼

第1-2表　モネ・プラン、鉄鋼近代化委員会メンバー

議長	ロワ　Eugène Roy	ロンウィ製鋼取締役
副議長	ビュロー　Albert Bureau	産業省鉱山・鉄鋼局長
委員	アントール　Antore	パリ技術者・管理職組合 （フランスキリスト教労働者同盟 CFTC）
	アロン　Alexis Aron	鉄鋼職業局臨時委員
	ボルジョー　Maurice Borgeaud	ノール・エ・レスト製鉄
	コステ　Alfred Costes	金属連合書記長
	ダミアン　René Damien	ドゥナン・アンザン製鋼取締役
	レイナル　Delaye Raynal	財務省経済計画局長
	フランク　Franck	技師（労働総同盟 CGT）
	グランピエール　André Grandpierre	ミシュヴィル製鋼取締役
	マルコー　Henri Malcor	マリーヌ・オメクール製鋼
	マルヴォー　Malvaux	技師（労働総同盟 CGT）
	ラティ　Jean Raty	鉄鉱石協会会長
報告者	ラトゥールト　Jean Latourte	鉱山技師
補助報告者	マルタン　Roger Martin	鉱山技師

出典：AN 80 AJ 11, Commissariat Général du Plan, Premier Rapport de la Commission de Modernisation de la Sidérurgie, novembre 1946, p. 5.

会社であるドゥナン・アンザン（Hauts fourneaux forges et aciéries de Denain Anzin）とノール・エ・レスト（Aciéries du Nord et de l'Est）が1948年に合併したことによって設立されたユジノールが建設するものである。もう一方は同じく1948年にロレーヌ地方にドゥ・ヴァンデル（De Wendel et Cie）などの出資で創設されたソラック（Société lorraine de laminage continu, SOLLAC）によって設置されるものである[12]。この2つの設備を中心とするユジノールとソラックの圧延設備への投資額は合わせて全体の27.4％を占めることになる[13]。

以上の目標を前提として、鉄鋼各社の設備投資、生産目標が設定された。その際、フランス鉄鋼業界はプランを受け入れる前提として、債券の発行、適正価格の適用、鉱物燃料や建設資材などの物資の優先的割当、コークス工場への政府による融資などをフランス政府に要求している[14]。

各産業部門の近代化委員会によって生産計画の立案が完了すると、1946年11月に第2回の計画審議会が、翌年1月に第3回の同審議会が開催された。第2回審議会に計画庁から提出された第2報告書では、歴史上有名な「近代化か退廃か」（modernisation ou décadence）というスローガンが掲げられ、同プラ

第1-3表 モネ・プランにおける基幹産業の生産目標（1947～50年）

	1929	1938	1945	1946	1947	1948	1949	1950
石炭（100万トン）	55	47.6	35.1	50	55.5	59	62	65
電力（10億kwh）	14.4	20.7	19.1	23.5	26	30	33	37
うち水力発電	6.5	11.6	10.3	13	14	16	19	20.5
鉄鋼								
粗鋼（100万トン）	9.7	6.2	1.5	4.2	7	9	10	11
鋳物銑（100万トン）	1.8	0.7	0.2	0.5	1.2	2	2.5	2.7
セメント（100万トン）	5.3	3.8	1.5	3	6	8	11.5	13.5
農業機械								
トラクター（1,000台）		2.7	1.3	1.7	12.3			
自動耕耘機（1,000台）				1.5	6			
運輸（輸送量）								
フランス国鉄（100万トン）	224	133	69	130	160	190	220	240
内陸水運（100万トン）	50.2	45	15.2	22	28	40	54	58
道路輸送　自動車保有許容量（1,000トン）		1,100	725	890	1,060	1,200	1,340	1,470

出典：Commissariat Général du Plan, *Rapport général sur le Premier Plan de Modernisation et d'Equipement*, novembre 1946 - janvier 1947, p. 37.

ンの重要性が再三強調されている[15]。そして、1947年1月7日からの第3回審議会の席上では、すでに触れたように同年1月14日にモネ・プランが承認されるにいたった。

(2) マーシャル・プランとモネ・プランの修正

フランス政府、計画庁を中心に策定されたモネ・プランは早速1947年1月から実行に移されたが、当初からそれが順調に実施されなかったことは、周知の事実である。その原因は、投資計画を実行するうえでの様々な物資、労働力さらには資金（特に外貨）の調達が困難を極めたからであった。したがって、1947年のモネ・プランの実施状況は、投資額では第1-4表にみられるように、計画されていた4,700億フランに対して、実際に投資された金額は4,600億フランのみであった。この年の物価上昇率15％を考慮すると、投資計画に対する実施額の不足は16％にものぼった[16]。そのため、財務省は1947年の10月と12月にアメリカ政府に対してマーシャル・プラン実施前の臨時援助の要請さえしてい

第1-4表　1947年の年間投資額と資金の調達先
(単位：10億フラン)

	予定額	実施額	投資資金の借入れ元			
			国　家	自治体	国有企業	民間企業
基幹部門						
石　炭	26	26	—	—	26	—
電　力	42	43	3	—	36	4
発動機用燃料	8	13	5	—	—	8
鉄　鋼	7	8	2	—	—	6
セメント	2	1	—	—	—	1
農業機械	1	1	—	—	—	1
国　鉄	43	55	45	—	10	—
水　運	5	5	4	—	—	1
小　計	134	152	59	—	72	21
他の部門						
農　業	36	40	3	2	—	35
住宅建設	126	114	97	—	—	17
商工業	51	52	10	—	3	39
運輸通信	96	83	70	8	2	3
公共サーヴィス	27	19	14	5	—	—
小　計	336	308	194	15	5	94
総　計	470	460	253	15	77	115

出典：Commissariat Général du Plan, *Deuxième rapport semestriel sur la réalisaton du plan de modernisation et d'équipement, Résultat au 31 décembre 1947*, Paris 1948, p. 35.

る[17]。

　翌1948年4月になるとマーシャル・プランによる援助が開始され、実質的にはフランス、アメリカ両国政府の話し合いによって援助物資の内容が決定されて、フランス政府に贈与された[18]。そして、その物資をフラン建てでフランス企業に販売した代金がいわゆる「見返り資金」として国庫に蓄積された。さらにアメリカ政府との交渉を経て、フランス政府は見返り資金の大部分を企業の設備投資を助成するための「設備近代化基金」(Fonds de modernisation et d'équipement, FME) に組み入れ、モネ・プラン実施の有力な資金源とした。すなわち、1948年6月10日の政令によって創設された「投資委員会」(Commission des investissements) が、この基金を国庫特別勘定として企業への貸付に

充当することになったのである。ただし、投資委員会の委員長は財務大臣が務めることと規定されており、財務省主導によって設備近代化基金が割り振られて、モネら計画庁の意向は制限されることになる。すなわち、1948年10月1日の政令によって、各産業部門の近代化委員会が作成した投資計画を計画庁が取りまとめ、それをもとに財務省が同基金の利用計画を決定することになったのである[19]。

マーシャル・プランの実施にともなって、モネ・プランも1948年から1949年にかけて改定され、モネ・プランの終了時期も1950年から1952〜53年までに延長された。すなわち、マーシャル・プランの実施期間に対応させて、モネ・プランの終了時期が改めて設定されたのである[20]。

さらに、重視されるべき基幹産業については、当初の6部門にガソリン、ガスなどの発動機用燃料生産と窒素肥料生産部門が加えられ、石炭とセメント生産への投資計画が縮小されるなど、一定の計画内容の修正も施された[21]。だが、生産の最終目標が大幅に変更されることはないまま、1952〜53年までに実施期間が延長されたため、修正モネ・プランは実質的な達成目標の縮小を意味した。すなわち、当初停滞していたモネ・プランは、マーシャル・プランによる援助物資と見返り資金を前提として、経済再建の速度を減速して再スタートすることになったのである。フランス政府がマーシャル・プランによって得た見返り資金の総額は、1948年から51年までで7,779億1,300万フランであり、そのうち設備近代化基金に割り当てられたのは5,332億9,400万フランであった。したがって、見返り資金の約3分の2が同基金に充当されたのである[22]。

(3) フランス政府の物価政策と鉄鋼価格の変遷

これまで検討してきたように、戦後のフランス政府は経済計画を実施して生産拡大を促進しようとしていたが、それと同時に商品やサーヴィスの価格設定にも厳格な統制を加えていた。だが、その物価政策と経済計画とは必ずしも密接に連携したものではなかった。以下では、戦後のフランスの物価政策について概観し、特に鉄鋼価格の変動をあとづけておこう。

まず、戦後のフランス政府の物価政策は、1939年にヴィシー政権によって開始されたいわゆる「物価凍結」(blocage des prix) 政策を1947年8月まで継続し、当時の物資の欠乏から生じる激しいインフレーションの抑制を試みていた。この政策は、1940年の「物価法」(Code des Prix) と、解放後その罰則規定を部分的に改正した1945年6月30日のオルドナンス (Ordonnance) に基づき、商品、サーヴィスに公定価格を設定し、価格を凍結するものであった[23]。

だが、実際には商品ごとに例外措置も適用されていた。すなわち、公定価格の引き上げが認められる商品や、公定価格制度自体が廃止されて価格設定が自由化されるものもあった。その際、以上の例外措置の適用を管轄したのは、財務省、物価局 (Direction des Prix) であり、その適用に関して物価局は中央物価委員会 (Comité central des prix)、1947年からは同委員会が改組された国民物価委員会 (Comité national des prix) の答申を受けたが、その答申には拘束力はなかった。この中央物価委員会は物価局長フールモン (Jacques Fourmon：在任期間1940〜47年2月)、国民物価委員会はフールモンの後任局長フランク (Louis Franck, Rosenstock-Franck：在任期間1947年3月〜1962年)[24]が議長を務めた。本章の分析対象であるモネ・プランの時期と直接関連する国民物価委員会は26名の委員からなり、農業生産者代表 (5名)、商工業者代表 (5名)、労働者代表 (労働総同盟 Confédération général du travail, CGT 代表5名、フランス・キリスト教労働者同盟 Confédération française des travailleurs chrétiens, CFTC 代表1名)、などのメンバーで構成され、各産業部門の利益代表が参加していた[25]。

上記の例外措置の適用によって、1946年末の時点では国内総生産の25％にあたる商品、サーヴィスの価格設定が自由化され、残りの75％が統制されていた。その結果実際には、第1-1図にみられるように、1944年から1947年までの間に卸売物価が約270％、消費者物価が約261％上昇した。現実にはこのような激しいインフレーションにみまわれていたが、戦後も物価統制システムは維持されていたのである[26]。

だが、食糧不足が緩和されたことを背景に、フランクを局長とする物価局は、

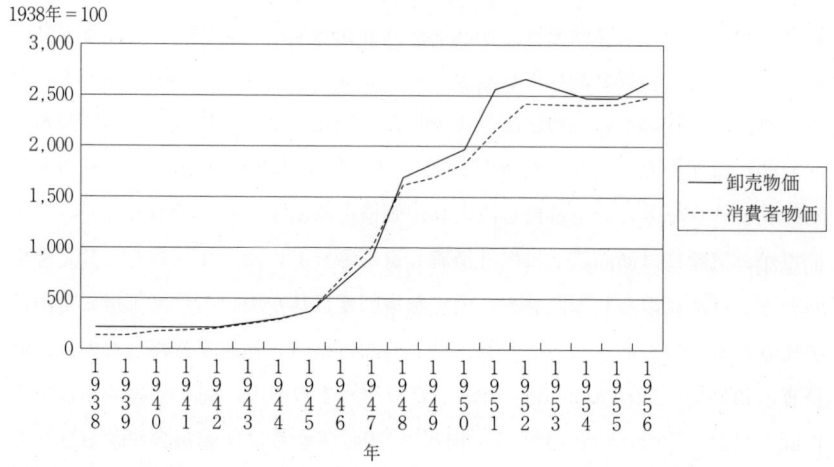

第1-1図　フランスにおける物価の推移（1938〜56年）

1938年＝100

（卸売物価／消費者物価）

出典：M. -P. Chélini, *Inflation, Etat et opinion en France de 1944 à 1952*, Paris, 1998, p. 11より作成。

1948年1月1日から凍結政策を緩和した。まず、ここでは生産物が統制品（国内総生産の50％にあたるエネルギー、セメント、鉄鋼、自動車、繊維、一次産品、小麦を含む農業生産物の10％など）、自由統制品（liberté contrôlée：国内総生産の25％にあたる建設、化学、繊維、一部の機械など）、自由化品（国内総生産の25％にあたる建築資材、金物、農産物の80〜90％など）の3つに分類された。すなわち、それまでの統制品と自由化品に加えて自由統制品が新たな分類として加えられたのである。この自由統制品は企業自らの価格決定が許されるが、適用15日前までに物価局に価格の変更を報告することが義務づけられた。これに対し物価局は審査のうえ、不適切と判断した場合には変更（引き上げ）を差し止めることもできた。

　以上の制度変更により、1948年以降はいわゆる「自由統制の時代」と呼ばれ、価格の引き上げをより柔軟に行うことが可能になった。したがって、1949年の前半を例外として価格設定は自由化の方向に向かい、実際の物価は第1-1図のように変動した[27]。

　いうまでもなく、これらの政策は鉄鋼価格の動向も大きく規定していた。戦

中、戦後に不足していた鉄鋼は、その価格高騰を防ぐために、1940年12月1日から1947年11月1日までは前出の物価凍結政策のもとで価格を低く抑えられていた。なかでも、1942年12月1日から1947年10月31日まではフランス政府が補助金を価格抑制の代償として各鉄鋼会社に交付している。期間中の交付総額は193億7,900万フランに達したが、そのうち162億5,700万フランは1946年3月1日から1947年10月31日までの最後の20カ月間に集中していた。したがって、補助金制度は戦後になってようやく実質的に機能し始めたのである[28]。

　だが、この補助金制度は鉄鋼の販売価格が生産原価を下回る異常な状況を継続させ、さらには、国家財政にとっても負担を招くものであった。そこで政府は事態を打開するために、鉄鋼の生産原価を調査することになった。すなわち、1946年11月から1947年12月にかけて財務省、物価局が産業省、鉱山・鉄鋼局（Direction des mines et de la sidérurgie）の協力を得て、鉄鋼の生産原価に関する大規模な実態調査を実施したのである。中央物価委員会に提出されたこの調査の報告書では、補助金制度について次のような2つの欠点が指摘された。第1は、上記の補助金制度によって、鉄鋼価格の設定が実際の生産コストを反映していないため、鋼材を加工する多くの製造業も正確な原価計算ができない。第2に、鉄鋼業にとってはこの制度が大きな負担となっており、鉄鋼会社の財務状況を悪化させている。

　以上のような調査結果から、フランス政府は1947年10月31日をもって補助金の交付を打ち切り、同年11月1日の行政命令（arrêté）で鉄鋼価格を平均40.4％引き上げ、翌1948年1月1日の行政命令でも平均51.0％引き上げることを決定した。すなわち、物価政策全般が自由統制に移行するのにともなって、鉄鋼製品は価格統制品としての位置づけは維持されたが、補助金政策は廃止され、価格そのものも大幅に引き上げられたのである。したがって、その販売価格は生産や販売に必要な諸費用や減価償却費をカバーし、さらに鉄鋼会社に一定の利益をもたらす水準に設定されることになった[29]。

　財務省、物価局はその後も1948年7月には鉄鋼価格を平均して6％引き下げ、同年10月には16％引き上げるなどの調整を行った。しかしながら、それ以降

1951年4月までの3年足らずの期間は、レール、梁材などごく一部の鋼材の価格が引き上げられたのみで、全体として鉄鋼製品の価格は固定された。この当時、第1-1図にみられるように統制が緩やかになったフランスの物価が大幅に上昇している事実を考えれば、鉄鋼価格は依然として厳しく抑制されていたといえる[30]。

　以上のように、戦後のフランスでは、1930年代の停滞と第2次大戦中の荒廃から経済再建、近代化をめざして経済計画化が断行された。その際、鉄鋼業は、石炭、電力、ガスなどのエネルギー産業を担う国有企業や、セメント、農業機械などの諸産業とともに基幹産業として重要視された。したがって、鉄鋼業はのちに見るように、民間部門でありながらモネ・プラン実施期間中に、クレディ・ナシオナル（Crédit National）などの政府系金融機関から多額の投資資金を融資される。それは他の民間部門と比べて破格の待遇といえるものであった。だが同時に、その安定した供給が戦後フランス経済近代化の命運を握るとみられた基幹産業の製品価格は、政府の管理下におかれた。そのため、戦後も民間企業によって担われた鉄鋼業も、1940年代から1950年代初頭にかけて、厳しい価格統制下におかれていたのである。

2　モネ・プランの実施とフランス鉄鋼業の近代化

　一度は修正されたモネ・プランがどのように実施され、いかなる結果を招いたのか。以下ではまず、フランス産業全体について、次いで同国鉄鋼業の事例について、モネ・プランに関する計画庁の報告書類に示されたデータを用いて分析する。さらに、その成果を前提として、1952年のヨーロッパ石炭鉄鋼共同体の結成にフランス政府、計画庁と鉄鋼業界がどのように対応するのかを検討する。

(1)　モネ・プランの成果——鉄鋼業の場合を中心に——

　すでに指摘したように、マーシャル・プランの受け入れにともなって改定さ

第1-5表　モネ・プランにおける新規投資（10億フラン時価）

	1947	1948	1949	1950	1951	1952	合　計
Ⅰ．国有企業							
フランス石炭公社	22.8	49.3	65.4	66	69.5	91.9	364.9
フランス電力	33.3	80.6	105.8	112.4	115.7	121.3	569.1
フランス・ガス	—	5.4	11.5	13.3	16.4	20.2	66.8
フランス国鉄	10.5	28.4	22.2	21	15.8	14.8	112.7
エール・フランス	4	4.9	4.7	5.4	6.6	6.3	31.9
小　計	70.6	168.6	209.6	218.1	224	254.5	1,145.4
Ⅱ．民間・混合企業							
ローヌ国民会社	4	11	18.4	16.7	18.9	18.7	87.7
鉄鋼・鉄鉱石	7.5	17.4	35.2	52.8	60.2	78.5	251.6
発動機用燃料	8	15	27	31	40	43	164
その他の産業（観光業を含む）	29.3	43.7	64.7	79	94.4	94.7	405.8
農業（食品加工、肥料、農業機械を含む）	47	60.8	93.7	107.7	153.8	168.6	631.6
バッテリー	0.5	1.2	4.9	3.3	2.4	2.3	14.6
海　運	—	—	—	1	4	5	10
小　計	96.3	149.1	243.9	291.5	373.7	410.8	1,565.3
本土合計	166.9	317.7	453.5	509.6	597.7	665.3	2,710.7
海外領土	10	38	122.3	160.4	202.6	268	801.3
総　計	176.9	355.7	575.8	670	800.3	933.3	3,512

出典：Commissariat Général du Plan, *Rapport sur la réalisation du plan de modernisation et d'équipement de l'Union française, Année 1952*, Paris, 1953, p. 78.

　れたモネ・プランは、ドル圏からの物資の受領と見返り資金の設備近代化基金への繰り入れによって、大きく進展した。第1-5表と第1-6表にみられるように実施期間中の1952年までに総額3兆5,120億フラン（1952年におけるフランに換算すると5兆6億フラン）が投資され、そのうち設備近代化基金からは1953年までに1兆8,618億フランが供給された。その結果、1949年には主要産業部門の生産は戦前の最高水準を回復し、従来の研究でも基幹産業部門は経済発展の隘路ではなくなったと評価されている[31]。さらに、1952年のフランスの工業生産は1946年より71％増加するまでに拡大した。これは、戦前の最高水準を記録した1929年の生産と比べると8％の増加であった。

　さらに、モネ・プランのなかで生産の拡大が特に重視された基幹部門につい

第1-6表　モネ・プラン投資資金の調達源（1952年の物価水準による）

(単位：10億フラン)

	自己金融	債券発行	設備近代化基金	国家資金	銀行等からの借入れ	合計
Ⅰ．国有企業						
フランス石炭公社	96.8	39.3	339		64	539.1
フランス電力	123	103	552.5	3.6	65.6	847.7
フランス・ガス	48.1	—	37.7	—	3	88.8
フランス国鉄	12	8	156.8		8	184.8
エール・フランス	6.4	—	16.5	24.9	3	50.8
小　計	286.3	150.3	1,102.5	28.5	143.6	1,711.2
Ⅱ．民間・混合企業						
ローヌ国民会社	9.6	19.5	52.5	—	47	128.6
鉄鋼・鉄鉱石	105.7	24.3	116	—	95	341
発動機用燃料	163	25	2	15.7	27.7	233.4
その他の産業（観光業を含む）	243.1	140.3	8.5	—	196.1	588
農業（食品加工、肥料農業機械を含む）	405.3	10	188	89	226	918.3
バッテリー	4.9	—	—	1	14.9	20.8
海　運	—	—	6.3	—	—	6.3
小　計	931.6	219.1	373.3	105.7	606.7	2,236.4
本土合計	1,217.9	369.4	1,475.8	134.2	750.3	3,947.6
海外領土	366.8	20.6	386	251.4	28.2	1,053
総　計	1,584.7	390	1,861.8	385.6	778.5	5,000.6

出典：Commissariat Général du Plan, *Rapport sur la réalisation du plan de modernisation et d'équipement de l'Union française, Année 1952*, Paris, 1953, p. 80.

ても、第1-7表にみられるように、1946年から1952年までの間に大幅な生産増加を記録した。1952～53年の生産目標に対して、ガソリン、ガスなどの発動機用燃料生産が115％に達したのをはじめ、電力が95％、石炭が96％の生産を達成している。

　こうしたモネ・プランの結果について、計画庁が発表している様々な報告書、なかでも議会向けに毎年作成されていた報告書などでは、高い評価が与えられ、プランの成果が強調されていた。だが、計画庁内部でもモネ・プランに関して問題点が認識されなかったわけではない。モネの後任計画庁長官イルシュ（Etienne Hirsch）は、モネ・プランに続く2次プランの策定に着手した1952

第1-7表　モネ・プラン基幹産業の生産実績

	1929年	1938	1946	1949	1950	1951	1952	1952～53年（生産目標）	1946年からの増加率	1952年における目標達成率
石炭（100万トン）	55	47.6	49.3	53	52.5	55	57.4	60	16.5%	96%
電力（10億kwh）	15.6	20.8	23	30	33.1	38.3	40.8	43	77	95
うち水力発電	6.6	10.4	11.3	11.1	16.2	21.2	22.4	22.5	98	100
発動機用燃料（100万トン）	0	7	2.8	11.5	14.5	18.4	21.5	18.7	668	115
粗鋼（100万トン）	9	6.2	4.4	9.2	8.7	9.8	10.9	12.5	148	87
セメント（100万トン）	6.2	3.6	3.4	6.4	7.2	8.1	8.6	8.5	153	101
トラクター										
生産（1,000台）	1	1.7	1.9	17.3	14.2	16	25.3	40	1,230	63
保有数	20	30	50	115	135	150	200	200	300	100
窒素肥料（100万トン）	73	177	127	214	236	272	285	300	127	95

出典：Commissariat Général du Plan, *Rapport sur la réalisation du plan de modernisation et d'équipement de l'Union française, Année 1952*, Paris, 1953, p. 13.

第1-8表　欧米諸国の工業生産指数（1952年）

	1946＝100	1938＝100	戦前の最高年＝100
オランダ	200	145	130（1939）
フランス	171	144	108（1929）
西ドイツ	―	125	125（1938）
イタリア	152	146	144（1929）
ベルギー	147	139	95（1929）
ノルウェー	145	149	139（1939）
デンマーク	144	145	135（1939）
カナダ	138	216	205（1928）
イギリス	137	133	127（1937）
アメリカ	128	248	181（1929）
スウェーデン	121	165	151（1939）

出典：Commissariat Général du Plan, *Rapport sur la réalisation du plan de modernisation et d'équipement de l'Union française, Année 1952*, Paris, 1953, p. 37.

　年11月の段階で、モネ・プランの成果は欧米諸国の同時期の生産拡大と比べると、決して十分ではないと評価している[32]。この点は計画庁の報告書に掲載された第1-8表でも確認できるように、他の欧米資本主義諸国と比較するとフランスの戦後復興、成長は必ずしも高い水準にはなかった。さらに、モネ・プラン立案当初に掲げられた目標である1929年の生産水準を25％上回るという目標も1952～53年の時点で達成されることはなかった。すなわち、モネ・プラン

によって戦後のフランスは高率の生産増加を実現したものの、戦前の最高水準に対する増加率は、当初の目標よりもはるかに低い水準にしか達しなかったのである。

では、フランス鉄鋼業は、モネ・プランによってどのような発展を遂げたのだろうか。以下では同プランにおける鉄鋼業の資本調達と設備投資の実態を分析し、同プラン実施による鉄鋼業の生産拡大の概要をあとづける。

フランスにおいては1947年から1952年までの間に名目で総額2,560億フラン、1980年のフランに換算して、約139億フランの資金が鉄鋼業に投資された。この139億フランのうち、1947〜48年の投資額は14億フランのみであり、本格的に設備近代化基金が投入された1949年には26億フランに達した。その後1950年代に入ると1950年には35億フラン、1951年に30億フラン、1952年に34億フランと3年続けて30億フランを超える投資が継続された。その資金の調達もとは、設備近代化基金を中心とする公的資金に36％までを依存し、鉄鋼業が同基金の配分において優遇されていたことが従来の研究でも指摘されている[33]。特に、電力や石炭などの国有化された産業部門と異なり、民間部門に属する鉄鋼業が破格の扱いを受けたことは明白である。

その投資資金の用途については、圧延設備に50％、高炉建設に15％、コークス工場と発電設備に9％、製鋼設備に9％、労働者住宅、その他に17％の資金が割り振られた。このように、圧延設備に投資資金の半分ほどが割り当てられ、高炉の建設やコークス工場、製鋼設備の建設資金は比較的小額に抑えられたのである。圧延設備のなかでもユジノール、ソラック両社の2基の連続式広幅ストリップ・ミル建設がとりわけ重視されていたことはすでに指摘したとおりである[34]。

その結果、鉄鋼業の粗鋼生産は第1-7表のように1952年の時点で約1,100万トンに達し、1952〜53年の達成目標の87％を実現していた。だが、翌年1953年は後半の景気停滞のためもあって、生産を減少させた。したがって、モネ・プラン終了時の生産目標を達成することはできなかったのである。この1952年の生産水準は、第2次大戦前に最大の生産量に達していた1929年を12％上回り、

第1-2図　ドイツ、フランス、ベルギーにおける粗鋼生産量（1925〜65年）
(100万トン)

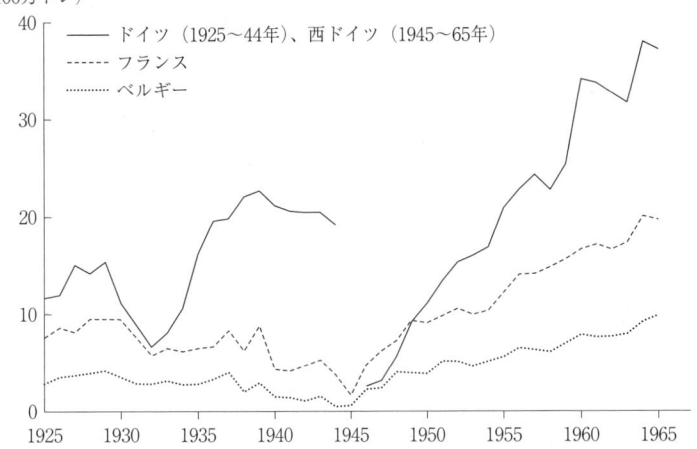

――― ドイツ（1925〜44年）、西ドイツ（1945〜65年）
------- フランス
.... ベルギー

出典：Institut national de la statistique et des études économique, *Annuaire statistique de la France*, 1966, pp. 68-69より作成。

前年の1951年を11％上回る数字であった[35]。

　だが実際のところ、フランス鉄鋼業は1949年から1951年には復興する同国諸産業の旺盛な鉄鋼需要に対して十分に応ずることができず、納期の大幅な遅れなどの問題を深刻化させていた。そのため、第3章で詳しく検討するように、金属機械工業や自動車産業の経営者から鉄鋼業は激しく批判されるありさまであった。さらに、西ドイツの鉄鋼業には1950年に生産量で追い抜かれており、1952年のイギリスの粗鋼生産1,630万トン、西ドイツの1,580万トンを下回っていた。したがって、生産増加のペースでも1952年の粗鋼生産量が前年に比べて17％増加した西ドイツに遅れをとっていたのである[36]。

　結局、モネ・プランによってフランス鉄鋼業は粗鋼生産量では、目標を達成することはできなかった。さらに、西ドイツの生産を凌駕するというモネ・プラン立案当初の目標にも遠くおよばなかった。このようにフランス鉄鋼業が西ドイツ鉄鋼業に遅れをとった原因について、産業省、鉱山・鉄鋼局長のビュロー（Albert Bureau）は1951年11月24日付の報告書で以下のように分析している[37]。

　まず、フランス鉄鋼生産の復興、発展の足枷になっているのは、コークスの

不足である。フランス産出の石炭の大部分はその成分からコークス化には適さず、コークス炭は基本的に輸入に依存せざるをえなかったが、マーシャル援助をもってしてもコークス炭の調達は十分ではなかった。さらに、フランス国内炭のコークス化技術の開発も成果をあげるにはいたっていない。「このコークスの不足は、フランスの銑鉄生産がいまだに月に15万トンという1929年の水準を超えられない唯一の理由」であった。さらに、フランスと西ドイツの主要鉄鋼生産地域であるロレーヌとルールの主だった製鉄工場の規模には較差があり、「ロレーヌの諸工場の生産は、年間100万トンの粗鋼を生産しているルールよりはるかに少なく、重要かつ多様な圧延鋼についても時としてルールよりも大幅に少ない量の生産しか実現していない」。したがって、ビュローは次のように記している。「鉄鋼業発展のための一貫したヨーロッパ政策が直ちに確立されることが期待されるべきであり、ロレーヌ諸工場の高炉を整備、発展させ、コークスを供給することも求めるべきである」[38]。

モネ・プランは、1930年代以来のフランス経済の停滞を打破し、戦後の高度な生産拡大、成長を開始させた点で重要な意義があったことは否定できない。だが、当初の目標と比較した場合、あるいは国際比較をした場合には、必ずしも十分な成長をスタートさせたとはいえなかった。鉄鋼業に関しても、モネ・プランにおける設備投資によっては、目標をやや下回るレヴェルの生産増加しか達成できなかった。特に、当初目標の1つでもあった西ドイツの鉄鋼業と比較すると、生産拡大の相対的な遅れはより明確であった。これらの事実は当時のフランス政府、産業省においても認識されていたのである。したがって、コークス炭の調達などフランス国内では解決できない問題について、ヨーロッパ・レヴェルで対応する必要を、ビュローは訴えたのである。

(2) モネ・プランとシューマン・プラン

フランスにおけるモネ・プランの実施と並行して、この時期の西ヨーロッパではヨーロッパ石炭鉄鋼共同体の結成をめざしたシューマン・プランをめぐる国際交渉が進行していた。1950年6月20日から開始されたフランス、西ドイツ、

イタリア、ベネルクス諸国による国際会議では、1951年4月18日に同共同体の結成条約、いわゆるパリ条約が調印され、翌1952年にかけて参加6カ国により批准された。その結果、1952年に結成された同共同体は1953年の2月10日に石炭、鉄鉱石、同年5月1日に鉄鋼の共同市場を開設し、6カ国間の石炭、鉄鉱石、鉄鋼などの取引を自由化することになる。

　すなわち、モネ・プランを終える段階でフランス鉄鋼業はドイツ、ベルギーなどの鉄鋼業との競争に直面することが想定されていたのである。したがって、この時期のフランスの政治、経済界では、共同体参加諸国におけるフランス鉄鋼業の競争力が問われることになる。

　そこでヨーロッパ石炭鉄鋼共同体の結成が現実味を帯びると、鉄鋼業の業界団体であるフランス鉄鋼協会は、1950年の夏から1952年のパリ条約批准までの期間に、激しい反対運動を展開した。その主張は、共同市場で展開される西ドイツやベルギーの鉄鋼業との競争において、生産コストが割高なために[39]、フランス鉄鋼業は不利な立場に立たされることを論拠としていた。これに対して、シューマン・プランを推進する政府、計画庁は、モネ・プランの成果を根拠に、フランス鉄鋼業が生産コストの点で、共同市場における競争に十分耐えうると反論した。すなわち、計画庁はヨーロッパ石炭鉄鋼共同体結成の是非をめぐって、1950年の後半から鉄鋼協会と真っ向から対立したのである[40]。以上のフランス政府、計画庁とフランス鉄鋼協会との対立は、1952年4月2日にフランス議会においてパリ条約が批准され、フランスがヨーロッパ石炭鉄鋼共同体に加盟することが承認されて決着をみた。

　加盟諸国の批准が相次ぎ、ヨーロッパ石炭鉄鋼共同体の結成が決定的となるにつれ、フランス鉄鋼協会もそれを前提とした共同市場における競争条件の改善を政府に対して要求していくことになる。具体的には、鉄鋼価格の引き上げ、鉄鋼業への投資資金の融資、ロレーヌ地方とライン川を結ぶモーゼル運河の建設[41]などであった。フランス政府は投資資金の融資に対する金利を引き下げるなどの融資条件の改善に応じ、鉄鋼協会の要求に一定程度応じた。だが、鉄鋼価格の設定については、政府が鉄鋼協会に対して妥協することはなかった。こ

の問題は次節で検討するように、モネ・プランが進行するにつれて鉄鋼協会と政府の間の対立点として浮上した懸案事項である。したがって、これ以降もこの問題をめぐって同協会と政府との折衝が継続されていくことになる[42]。

3 ヨーロッパ石炭鉄鋼共同体創設時のフランス鉄鋼業

すでに触れたように、ヨーロッパ石炭鉄鋼共同体の結成が現実味を帯びてくると、同共同体による鉄鋼共同市場の創設を前提として、フランス鉄鋼協会は政府に対して経営条件の改善を要求した。以下ではまず、そのなかで最も重要な要求事項であった鉄鋼価格の適正水準に関する政府、財務省の見解と鉄鋼協会の引き上げ要求の内容を検討する。それを前提に、モネ・プランが終了し鉄鋼共同市場が開設される1953年までに、財務省、物価局が実際に設定した鉄鋼価格を一般的な物価政策と関連させながら分析し、共同市場が開設される時点でフランス鉄鋼業界がおかれていた経営条件を考察する。

(1) 鉄鋼共同市場開設に向けた鉄鋼価格の設定

モネ・プランが進行していた1949年から1951年にかけて、鉄鋼需要が高まり、供給がそれを満たせなかったことは、すでに指摘したとおりである。そうした鉄鋼市場の逼迫を背景として、財務省、物価局は鉄鋼価格の適正水準を研究するために、1950年代に入っても数度にわたる鉄鋼価格に関する調査を実施している。まず、産業省、鉱山・鉄鋼局と合同で各地方の鉱山技術者の協力を得て、1950年11月から1951年1月にかけて鉄鋼価格に関する調査を実施した。この調査は、ユジノール、シデロール（Union sidérurgique lorraine, SIDELOR）、ドゥ・ヴァンデル、ル・クルーゾ製鉄（Société des forges et ateliers du Creusot）などの諸工場で1949年10月から1950年10月に生産された製品について実施された。その結果、この期間の鉄鋼価格は、トーマス鋼が8.56％、マルタン鋼が3.75％、平均して約7％不足していたと結論づけられたのである[43]。

さらに、この調査をもとに、財務省、物価局の物価委員（Commissaire aux

Prix)、プーラン（Pierre Poulain）は「鉄鋼価格再調整に関する報告書」を著している。そこでは、上記の調査が対象とした期間、すなわち1950年10月以降の様々な商品、サーヴィスや賃金の上昇も加味して、鉄鋼価格が引き上げられるべき幅を具体的に以下のように提言している。

まず、賃金については、1949年10月から1951年4月までの間に31％上昇している。鉄鋼生産にとっての賃金コストは販売価格の23.17％にあたるため、同報告書は上記の賃金上昇が約7.2％（31×0.2317）の価格引き上げに相当する、と算定した。次に鉄鉱石については14.50％、屑鉄については39.50％から40％の価格引き上げがそれぞれで認められたため、鉄鉱石の値上がり分が1.20％、屑鉄のそれが2％、鉄鋼価格を引き上げるものとして評価した。

さらに、燃料価格については、コークス炭は外国産が20.80％、フランス・ザール産が15％、コークスは外国産が17.60％、フランス・ザール産が15.20％上昇した。燃料費を鉄鋼業の1951年計画に基づいて計算すると、値上がり前の価格で596億フラン、値上がり後では697億フランとなり、燃料費は約17％増加する。これら燃料コストは鉄鋼価格の約30％にあたり、その17％の増加は鉄鋼価格の約5％引き上げに相当する。

最後に、上記の一次産品などのフランス国鉄による輸送料金は、1950年10月に6％、1951年3月末に10.51％引き上げられ、合計17.14％の料金引き上げが実施された。この輸送費は鉄鋼価格の7％にあたり、輸送費の17.14％の上昇は鉄鋼価格の1.20％上昇に相当する。

これら主要な製品やサーヴィスの費用以外に、工業用油、石灰などの物品や金利負担などの費用の増加は鉄鋼価格の3％にあたった。

これら諸費用の上昇を合計するとトーマス鋼価格が28％、マルタン鋼価格が25％、全体の平均で27％の鉄鋼価格引き上げを必要とするものであると、報告書は結論づける。ただし、上記の計算では、原価償却費が1948年10月の水準に固定されている点と、1948年10月以来の操業率の改善は考慮されていないことが指摘されている[44]。

こうした鉄鋼生産に関わる費用計算から鉄鋼価格の不足を算定した同報告書

第1-9表 「鉄鋼価格再調整に関する報告書」が指摘する鉄鋼価格の引き上げ必要分（1952年初頭）

要　因	引き上げ割合（％）
当初からの不足	7
賃金上昇	7.2
鉄鉱石価格上昇	1.2
屑鉄価格上昇	2
石炭価格上昇	5.25
輸送費増加	1.2
その他	3.2
小　計	27.03
操業率の上昇	-2.41
	24.62
減価償却費の不足	5.4
合　計	30

出典：AN 62 AS 94, Rapport sur le réaménagement du prix de l'acier présenté par M. Poulain, s. d. より作成。

は、さらに章を改め、減価償却費の算出方法についても検討を加えている。鉄鋼に対する補助金が廃止された1947年11月に設定された公定の減価償却費は、トーマス鋼がトン当たり1,690フラン、マルタン鋼は1,440フランであったが、1948年10月の時点ではトーマス鋼は2,660フラン、マルタン鋼は2,260フランに引き上げられていた。その後、鉄鋼価格全体が固定されていたため、減価償却費もこの水準に固定されていた。だが、1947年に設定された値を基準として、諸物価の上昇分を考慮し適正な減価償却費を算出すると、1950年の時点ではトーマス鋼がトン当たり4,090フラン、マルタン鋼が3,485フランであると、報告書は指摘している。したがって、1951年現在減価償却費は適切な水準を54％下回って設定されており、この不足分は鉄鋼販売価格の5.4％に相当すると評価された。

これらの分析結果を総合して、報告書は第1-9表にみられるように鉄鋼価格は30％引き上げられるべきだという結論を下している[45]。さらに、以上の結論を踏まえて、鉄鋼価格の不足が鉄鋼会社の経営を圧迫し、モネ・プランに沿った設備投資にも支障をきたしていることさえも指摘している[46]。こうした報告の内容は、財務省内部で作成されたものとして重要であり、当時のフランスにおいては少なからぬ影響力を持ったはずである。

先に触れた1950年11月から1951年1月までの調査と上記の報告書の内容を踏まえて、1951年前半にはフランス鉄鋼協会から政府に対して、鉄鋼価格の見直し（＝引き上げ）が繰り返し要求された。例えば、同協会会長オブラン（Jules Aubrun）は1951年2月26日付で総理大臣プレヴァン（René Pleven）に宛て

た書簡のなかで、以下のように訴えかけている。

　「われわれに関する限り、販売価格設定の自由を要求することが認められていない現状において、公定価格制度が継続される以上は、われわれの製品に正統な価格が設定されることを総理にお願いするものであります。それは、鉄鋼各社に毎年の設備更新のための費用を含む経営費用全体を保証し、合理的な利潤をももたらすものであります。

　このような根拠から、われわれは鉄鋼販売価格が平均して30％ほど引き上げられるべきだと見積もっております。〔中略〕

　この数字はわれわれの生産原価について注意を払っていた者を驚かすものではありません。この時期に存続し、役目を果たすために、われわれの業種の企業は日々痛めつけられてきたのであります。〔中略〕

　販売価格の適当な見直しなくして、どうして鉄鋼業がこのような負担に耐えることができるのでしょうか。もはや設備更新プログラムの実施だけではなく、現在の条件での生産活動の遂行さえ問題になっています。われわれの産業の企業経営者は、株主や従業員に対して責任をもち、産業施設の良好な管理を担っているのであります。月ごとに財務を均衡させるために、早晩破綻して計り知れない結果をもたらすような、その場しのぎの政策を適用することに、彼ら経営者がこれ以上忍従するのは不可能でありましょう」[47]（以下、〔　〕内は著者補足）。

　このようにフランス鉄鋼協会は、1948年から鉄鋼価格が固定されていることから、鉄鋼会社の財務状況が悪化し、モネ・プランによる設備投資を実現するだけでなく、通常の鉄鋼生産を継続することも困難になっていることを訴えている。

　これに続き、3月6日にオブランは、鉄鋼協会事務局員フェリ（Jacques Ferry）とともに物価局長フランクに会見し[48]、さらに4月4日にはオブランが産業大臣ルーヴル（Jean-Marie Louvel）にも書簡を送って鉄鋼価格の引き上げを訴えた[49]。にもかかわらず、4月26日に発表された行政命令では、平均で18％の価格引き上げが認められたのみであった。この決定に対しても、鉄鋼

協会側からはオブランが新首相クイユ（Henri Queuille）に宛てた 4 月30日の書簡のなかで、引き上げ幅が18％に限定されたことに激しい抗議がなされた[50]。

その後、同年の 8 月末になると再度、鉄鋼価格の引き上げが検討され、政府側の専門家によって、物価の上昇により平均27％から28％の引き上げが必要であると報告された。だが、9 月末には 4 月の決定と同様に、物価局は報告書が必要と認めた27～28％よりも低い、平均22％の引き上げを認めたのみであった[51]。

このような財務省、物価局の判断の根拠については、同局の文書、国民物価委員会の文書などからは明確な説明を見出すことは困難である。だが、鉄鋼協会に残された当時の文書のなかでは、政府側の調査に基づいて鉄鋼価格を引き上げることに対する次のような批判が存在したことが記されている。

「最も頻繁に現れた議論は、鉄鋼の販売価格を決定するために行政によって利用されている方法、すなわち業界の平均原価に対応して価格を固定することは、確定が難しくとも十分に感知しうるアドヴァンテージをいくつかの工場に与えていると、断言する。さらに、この方法は、業界の平均価格を推定するために、いくつかの本来採算の取れない施設における原価が考慮の対象となっていることから、それらが消費者の利益を損ないながらも操業することを可能にしていると、断定した」[52]。

以上のように、政府の公定価格が生産性の高い鉄鋼会社には不当な利潤を保障し、本来は採算が採れないような生産性の低い生産設備の存続も可能にしているという、鉄鋼公定価格引き上げに反対する見解がフランス国内に存在したことを鉄鋼協会も認めている。

こうした見解は、当時のフランスにおける鉄鋼需要産業が、政府や鉄鋼業界に対して加えていた批判であった。したがって、戦後のインフレ抑制を重要課題としていた財務省が鉄鋼価格の引き上げを抑制していたのは、その本来の政策目的を遂行するとともに、上記の鉄鋼需要産業の批判にも配慮していたと思われる。

(2) 鉄鋼共同市場開設時のフランス鉄鋼業

　これまで検討したように、1951年には1948年以来固定されてきた鉄鋼価格が2度にわたって引き上げられたが、鉄鋼協会の要求にもかかわらず、政府による調査が示した必要引き上げ幅を下回る規模での引き上げにとどまった。だが、翌1952年になると政府が物価政策を自由統制から、凍結政策に大きく転換させる。

　まず、財務省、物価局は、屑鉄価格の上昇を理由に1952年初めに認めていたマルタン鋼価格の6％引き上げを同年3月25日に取り止め、さらにいったんは9％引き上げた銑鉄価格も3月6日にはそれ以前の価格に引き下げた[53]。

　さらに、財務大臣ピネー（Antoine Pinay）は再び物価凍結策に乗り出し、同年9月12日には8月31日を基準として商品やサーヴィスの価格を固定することを決定した。そのため、共同体により石炭や鉄鋼の価格設定が自由化されようとしているまさにその直前に、フランス製造業の製品価格は同年8月末の水準に据え置かれることになったのである。こうしてヨーロッパ石炭鉄鋼共同体の政策決定、執行機関である最高機関が発足した翌月の9月12日から鉄鋼共同市場が開設される1953年5月までの期間には、フランスの鉄鋼価格も固定されることになった[54]。

　では、こうした複雑な状況下でヨーロッパ石炭鉄鋼共同体の結成、すなわち参加6カ国の鉄鋼業との競争にさらされることになったフランス鉄鋼業は、どのような競争条件に立つことになったのであろうか。

　この点について、1952年6月26日の財務省、物価局の物価研究部会（Groupe d'études des prix）の席上で、フランス鉄鋼協会副会長のリカール（Pierre Ricard）は次のように述べたことが、議事録に記録されている。まず、戦後の鉄鋼価格の変遷をあとづけ、その不十分さを訴えた。なかでも減価償却費については、実際には販売価格の3.5％から4％を占めているが、理論上は12％から15％が必要である。例えば、フランス石炭公社（Charbonnages de France）には石炭価格の13％にあたる減価償却費が認められているとして、鉄鋼価格に占

める減価償却費の不足を強調している。さらに、低い価格設定のために鉄鋼各社は十分な利益や資金的余裕を確保できず、モネ・プランに基づく設備投資計画の実施に支障をきたしているとも指摘した。具体的には、1951年のプログラムでは700億フランの設備投資が予定されていながら、実際には530億フランしか実現されなかったことをリカールは示している。さらに、530億フランの投資実績のなかでもその調達先が、第1-6表のように、設備近代化基金や銀行からの外部資金の借入れが大部分を占め、自己金融の比率が低い点も問題視している[55]。このようなフランス鉄鋼業の抱える問題状況について、シューマン・プランによって直面せざるをえないドイツ鉄鋼業との競争を前提に、リカールは以下のように発言した。

「ドイツ産業の活力は、劣等感を持つことなく立ち向かわなければならない、おそるべき競争をフランス鉄鋼業に突きつけることになります。

　共同市場の開設は、隣国の産業に負けない拡大への強い意思を奪うものではありません。しかし、政府はこの産業への課税、金融の負担をドイツと対等なものになるよう軽減するための決断を早急に下さなければなりません。ドイツは設備投資資金の調達（高い比率の自己金融と低い割合での借入れ）と同様に価格についても非常に有利な措置（最近の15％の引き上げ）に恵まれたばかりであります」[56]。

以上のように、フランス鉄鋼協会はヨーロッパ石炭鉄鋼共同体による鉄鋼共同市場開設に際して、共同体参加諸国の鉄鋼業との競争に備えてフランス鉄鋼業の経営強化の必要性を訴えた。具体的には、戦後政府によって抑制されてきた鉄鋼価格を引き上げ、鉄鋼各社の財務状況を改善することを主張した。それによって、モネ・プランに沿った設備投資資金の調達を自己金融によって賄う比率を高め、設備近代化基金や銀行などの外部資金への依存度を削減する必要性を訴えたのである。

おわりに

　フランスの戦後経済の再建と近代化をめざして、フランス政府主導でモネ・プランが作成され、1947年から1953年までの生産目標や投資計画が産業部門ごとに作成された。マーシャル援助が開始された1948年からモネ・プランは軌道に乗り、フランス経済は戦後の復興から成長への途を歩み始めたのである。それでは本章の最後に、ヨーロッパ石炭鉄鋼共同体が発足するこの時期に、モネ・プランの最終段階を迎えて、フランス鉄鋼業界がどのような経営状態にあったのかを確認しておこう。

　鉄鋼業については、モネ・プランの期間が終盤を迎えていた1952年の段階で約1,100万トンの粗鋼生産を記録し、1946年からは150％近く生産を増加させていた。これは、モネ・プランの目標を87％達成した数字であった。だがこの結果については、フランス政府、産業省や計画庁において、高く評価されていたわけではなかった。その理由は、生産目標が達成されなかったこともあるが、1950年代の初頭には、国内の旺盛な鉄鋼需要に対して十分に応える供給ができなかったことである。さらには、西ドイツやイギリスなど周辺諸国の鉄鋼業と比較しても、生産の拡大が相対的に小規模にとどまったことも問題視されたのである。

　モネ・プランが半ばを過ぎた1951年になると、生産の拡大が思うに任せないフランス鉄鋼協会からは、次のような問題点が政府に訴えられた。戦後フランス政府が実施していた物価政策のもとでは鉄鋼価格が抑制され、鉄鋼業は十分な利益を確保できない。そのため、モネ・プランによる設備投資の資金確保は困難な状況になり、外部からの借入れに依存せざるをえなくなっている。その結果として、鉄鋼業は設備投資に消極的にならざるをえず、生産の拡大も抑制されている。

　このような鉄鋼協会が訴える鉄鋼価格の不十分さについては、フランス財務省、物価局における調査でも裏づけられていた。だが、政府は自身の調査結果

にもかかわらず、鉄鋼協会の要求を退けて、鉄鋼価格の引き上げを抑制したのである。したがって、フランス鉄鋼業の財務状況は負債を累積させ、その返済と金利負担を抱えることになった。これは自己金融を中心に、フランスをはるかに超える勢いで生産を伸ばしていた西ドイツの鉄鋼業に対しては、不利な条件を強いられることを意味していた。すなわち、生産力でも後れを取り始めたフランス鉄鋼業は、その背後で財務面でも弱点を抱えることになったのである。

だが、ヨーロッパ石炭鉄鋼共同体は、自由競争を基本原則とすることが約束されており、さらに、鉄鋼業に関する行政権限も最高機関に移転されるはずであった。したがって、同共同体が発足すると、政府による鉄鋼価格の抑制は停止されることになっていた。この点では、シューマン・プランは、フランス鉄鋼業にとっては経営条件を改善する効果が期待できたのである。だが、すでに触れたように、鉄鋼業界は共同体に加盟する西ドイツ、ベルギー、ルクセンブルクの鉄鋼業との競争では劣勢が予想されるとして、共同体結成には反対した。では、鉄鋼業界がシューマン・プランを受け入れることができなかった理由はこれだけなのか、フランス政府は戦後の物価政策と共同体の結成をどのように折り合いをつけることになるのかなどは、次章以降で検討することとしよう。

注
1) モネ・プランは、すでに数多くの研究のなかで扱われている。とりあえず、P. Mioche, *Le Plan Monnet genèse et élaboration 1941-1947*, Publication de la Sorbonne, 1987; H. Rousso (dir.), *De Monnet à Massé*..., M. Margairaz, *L'Etat, les finances et*..., t. II, pp. 845-1354；新田俊三『フランスの経済計画』日本評論社、1969年、中山洋平『戦後フランス政治の実験——第四共和制と「組織政党」1944-1952年』東京大学出版会、2002年、などをあげておく。
2) シューマン・プランについてもすでに多くの論考が発表されている。W. Diebold, *The Schuman Plan*..., K. Schwabe (Hrsg.), *Die Anfänge des Schuman-Plans*..., J. Gillingham, *Coal, Steel, and the Rebirth*..., pp. 97-372; S. Lefèvre, *Les relations économiques franco-allemandes de 1945 à 1955, De l'occupation à la coopération*, Comité pour histoire économique et financière de la France, 1998, pp. 241-316; G. Bossuat et A. Wilkens (ed.), *Jean Monnet, l'Europe et les chemins de la paix*, Pu-

blication de la Sorbonne, 1999, etc.
3) P. Mioche, Le patronat de la sidérurgie française et la Plan Schuman en 1950-1952: les apparences d'un combat et la réalité d'une mutation, K. Schwabe, Die Anfänge des Schuman-Plan..., pp. 308-312.
4) 注2) にあげた諸文献など。
5) P. Mioche, *Le Plan Monnet*..., pp. 75-167; M. Margairaz, *L'Etat, les finances et l'économie*..., t, II, pp. 807-859；廣田功『現代フランスの史的形成——両大戦間期の経済と社会』東京大学出版会、1994年、395〜396頁。
6) Arichives de la Fondation Jean Monnet (以下、AMFと省略) 2/3/1, Commissariat Général du Plan de Modernisation et d'Equipement (以下、CGPと省略), Premier Rapport au Conseil du Plan, 16 Mars 1946, pp. 8-9.
7) Ibid., p. 9.
8) Ibid., p. 12.
9) Archives Nationales (パリ国立文書館所蔵史料、以下、ANと省略) 80 AJ 1, CGP, Rapport général à la deuxième session du Conseil du Plan, septembre 1946, p. 6.
10) CGP, *Rapport général sur le Premier plan de modernisation et d'équipement, novembre 1946-janvier 1947*, Paris, 1947, pp. 44-46.
11) P. Mioche, Les plans et la sidérurgie: Du soutien mitigé à l'éffacement possible (1946-1960), H. Rousso, *op. cit.*, p. 141.
12) *Ibid.*, pp. 140-141.
13) CGP, *Rapport sur la réalisation du plan de modernisation et d'équipement de l'Union française, Année 1952*, Paris, 1953, pp. 155-156.
14) P. Mioche, *Le Plan Monnet*..., p. 255.
15) AN 80 AJ 1, CGP, Rapport Général à la deuxième session du Conseil du Plan, septembre 1946, p. 11.
16) CGP, *Deuxième rapport semestriel sur la réalisation du plan de modernisation et d'équipement, résultats au 31 décembre 1947*, Paris, 1948, pp. 74-75.
17) M. Margairaz, Les Finances, le Plan Monnet et le Plan Marshall entre contraintes, contreverses et convergences, R. Girault et M. Lévy-Leboyer (dir.), *Le Plan Marshall et le relèvement économique de l'Europe*, Comité pour l'histoire économique et financière de la France, 1993, p. 146.
18) 形式的にはアメリカ側のECAがヨーロッパ側のヨーロッパOEECとの折衝によって援助の配分を決定することになっていた。だが、実際はOEECには援助物資配分の実権はなく、ECAとヨーロッパの被援助国政府が個別に交渉して援助の

中身、見返り資金の利用法を決定した。*Ibid.*, p. 156, etc.
19) M. Margairaz, *L'Etat, les finances et l'economie…*, t. II, pp. 1038-1047.
20) ただし、この時にモネ・プランの終了期日をあえて限定しなかったのは、「プランによる事業が多様であるため、正確な期日を設定することは厳密すぎることが明白だから」と計画庁の報告書では説明されている。CGP, *Rapport sur la réalisation du plan de modernisation et d'équipement de l'Union Française, Année 1952*, Paris, 1953, p. 3.
21) *Ibid.*, pp. 9-10; M. Margairaz, *L'Etat, les finances et l'économie…*, t. II, pp. 981-986.
22) M. Margairaz, Les Finances, le Plan Monnet et le Plan Marshall…, pp. 169-170.
23) M. -P. Chélini, *Inflation, Etat et opinion en France de 1944 à 1952*, Paris, 1998, pp. 347-350.
24) フランクについては次の自伝がある。L. Franck, *697 ministres Souvenirs d'un directeur général des prix 1947-1962*. Comité pour l'histoire économique et financière de la France, 1990.
25) 国民物価委員会の議事録、関連文書は、財務省文書館所蔵史料（Archives économiques et financières, AEF）、物価局文書、コード番号B55898以下に閲覧することができる。
26) M. -P. Chélini, *Inflation, Etat et opinion…*, pp. 353-358.
27) *Ibid.*, pp. 515-520; L. Franck, *Les prix*, collection《Que sais je?》n. 762, 5e édition, Paris, 1979, pp. 23-31.
28) AN 62 AS（鉄鋼協会文書。現在、鉄鋼協会文書はフォンテーヌブロー現代史料センター（Centre des archives contemporaines）に移管され別のコード番号が付されているが、本書ではパリ国立文書館のコード番号で表記する）51, Les prix des produits sidérurgiques, sd., pp. 1-3.
29) AN 62 AS 51, Les prix des produits sidérurgiques, sd., pp. 3-4; Ministère des finances et des affaires économiques, Direction générale des prix et du contrôle économique, Compte-rendu analytique de la séance du 26 juin 1952 du Groupe d'étude des prix, p. 2.
30) AN 62 AS 51, Le prix des produits sidérurgiques, sd., pp. 4-5.
31) M. Margairaz, *L'Etat, les finances et l'économie…*, t. II, pp. 1139-1140.
32) AN 80 AJ 17, E. Hirsch, Le deuxième plan de modernisation et d'équipement, novembre 1952.
33) 公的資金に36％依存したほかは、銀行からの中期信用の借入れ25％、増資、社

債の発行などが8％、自己資金31％であった。M. Margairaz, *L'Etat, les finances et l'économie*..., t. II, pp. 1250-1254.
34) CGP, *Rapport sur la réalisation du plan de modernisation et d'équipement de l'Union française, Année 1952*, Paris, 1953, pp. 155-156.
35) *Ibid.*, p. 18.
36) *Ibid.*, p. 18.
37) AN 81 AJ 140, A. Bureau, Sidérurgie française et sidérurgie allemande comparaison des produits mensuelles d'acier brut des principales usines, 24 novembre 1951.
38) Ibid.
39) AN 81 AJ 135, Note par A. Aron, le 12 octobre 1950; Chambre syndicale de la sidérurgie française (以下、CSSFと省略), Note sur le Plan Schuman, le 13 décembre 1950; CSSF, Note, le 18 décembre 1950; etc.
40) AN 81 AJ 134, CGP, Note relative aux effets du Plan Schuman sur les industries du charbon et de l'acier en France, le 9 décembre 1950.
41) S. Lefèvre, *Les relations économiques*..., pp. 286-293.
42) AEF, B 18210, Comité interministeriel du 30 septembre 1952, document préparation, Note pour le Ministre, sd.; Note pour le Président, 21 février 1952; Estimation de l'allègement de charges que procureraient à l'industrie sidérurgiques des dispositions fiscales et financières, 8 octobre 1952.
43) AN 62 AS 94, Ministère des finances et les affaires économiques, Rapport sur le réaménagement du prix de l'acier présenté par M. Poulain, sd., pp. 10-12.
44) *Ibid.*, pp. 13-17.
45) *Ibid.*, chapitre III pp. 1-5 et chapitre VII.
46) *Ibid.*, chapitre IV.
47) AN 62 AS 94, Lettre de J. Aubrun, le 26 février 1951.
48) AN 62 AS 94, L'objet de l'entretien avec M. le Directeur des Prix est double, le 5 mars 1951; Compte-rendu de l'entretien avec M. R. Frank le 6 mars 1951, le 6 mars 1951.
49) AN 62 AS 94, Lettre de J. Aubrun, le 4 avril 1951.
50) AN 62 AS 94, Lettre de J. Aubrun, le 30 avril 1951.
51) AN 62 AS 94, Entretien du 30 août 1951 avec M. Hugues, Secrétaire d'Etat aux Affaires Economiques, le 30 août 1951; Note sur les prix des produits sidérurgiques, le 4 septembre 1951; Observations sur le Rapport de la Direction des Prix

relatif au prix de l'acier, le 7 septembre 1951; AN 62 AS 51, Le prix des produits sidérurgiques, sd., p. 7.
52) AN 62 AS 51, Le prix des produits sidérurgiques, sd., p. 10.
53) AN 62 AS 51, Les prix des produits sidérurgiques, sd., pp. 8-9.
54) P. Chélini, *Inflation, Etat et opinion...*, pp. 471-472, etc.
55) AN 62 AS 94, Ministère des Finances et des Affaires Economiques, Direction générale des prix et du contrôle économique, Compte-rendu analytique de la séance du 26 juin 1952 du Groupe d'études des prix.
56) Ibid., p. 5.

第2章　戦後の鉄鋼取引の実態と鉄鋼カルテル再編構想
───フランス鉄鋼業界の戦後構想───

はじめに

　第2次大戦前の1920年代から1930年代には、フランス国内には様々な鋼材ごとに共同販売機関を備えたカルテルが形成されていた。さらに、カルテルの形成は国境を越え、ドイツ、イギリス、ベネルクス諸国を含む国際鉄鋼カルテルも形成されていたことは周知の事実である[1]。こうした鉄鋼業界の民間企業による市場の管理は第2次大戦中の戦時経済を経て、戦後どのように再編されることになるのか。

　それは、フランスをはじめ、戦後のヨーロッパがおかれていた時代状況によって、大きく規定されていたことはいうまでもない。すなわち、戦時から続く生産全般の停滞と物資の不足を背景に、それらを緩和して生産を回復軌道に乗せるための政府による管理、統制の継続、さらには、政府の経済復興策を支えるマーシャル援助やヨーロッパ統合構想の浮上などが、鉄鋼市場の再編成に多大な影響をおよぼしたのである。

　すでに前章で検討したように、戦後のフランスにおいては政府、計画庁主導によるモネ・プランが1947年に開始された。そのなかでも、重点産業に数えられた鉄鋼業の市場再編は、フランス経済の復興、発展に向けた重要な政策課題の1つであった。そこで、モネ・プランの実施過程にあった1950年には、同政府によりヨーロッパ石炭鉄鋼共同体の結成に結実するシューマン・プランが発表された。このシューマン・プランでは、石炭、鉄鋼の自由貿易のみならず、独占規制も打ち出され、加盟諸国における自由競争市場の創設が標榜されてい

たのである。

　だが、当事者であるフランス鉄鋼業界は、シューマン・プランに反対する論陣を張っていた。それでは、同業界は自らの製品市場の再編にどのような展望をもっていたのだろうか。

　従来の諸研究でも、シューマン・プランが発表される直前の1950年前半に鉄鋼業界内部で戦後の鉄鋼市場再編策が研究されていたことは指摘されている。だが、その内容や鉄鋼業界の狙いについては十分に説明されていない[2]。

　そこで本章では、フランス鉄鋼協会文書、大手製鉄会社ポン・タ・ムーソン社文書などを分析し、戦後の鉄鋼市場の再編に関して、フランス鉄鋼業界はどのような見解をもっていたのかについて検討を加える。それによって、同国政府の戦後復興策やヨーロッパ石炭鉄鋼共同体の産業政策に対する鉄鋼業界の基本的立場を解明する。

1　戦後フランスにおける鉄鋼販売システム

(1)　鉄鋼取引に関する法規定

　ナチス占領体制下のフランスにおいては、鉄鋼の生産、流通は厳しい統制下におかれていた。解放直後にも、原材料や半製品が極度に不足する状況にあって、鉄鋼の生産は厳しく管理され、その供給も厳格な統制が加えられた。終戦直後のフランスにおける鉄鋼生産と流通のあり方を規定していたのは、1946年4月26日の法律 (la loi n. 46-827 du 26 avril 1946)[3]と1947年6月28日の産業省令 (Arrêté du 28 juin 1947)[4]であった。これらの法令に基づいて、フランス鉄鋼業の業界団体であるフランス鉄鋼協会、鉄鋼製品の共同販売機関であるフランス鉄鋼コントワール (Comptoir français des produits sidérurgiques) とフランス政府産業省の鉱山・鉄鋼局の3者が鉄鋼販売システムを管理していた。以下では、上記の法令に規定された取引制度を紹介し、従来の諸研究では十分に解明されていない鉄鋼取引の実態を分析して、そこで生じていた諸問題

第 2 章　戦後の鉄鋼取引の実態と鉄鋼カルテル再編構想　49

第 2-1 表　フランス主要鉄鋼会社の鉄鋼生産量

(単位：1,000 トン)

	1945	1946	1947	1948	1949	1950	1951	1952	1953	1954	1955	1956	1957	1958	1959	1960
ドナン・アンザン				エジノール 1,009 (13.9)	1,188 (12.9)	997 (11.5)	1,247 (12.6)	1,469 (13.5)	1,363 (13.6)	1,520 (14.3)	1,945 (15.4)	2,050 (15.2)	2,160 (15.3)	2,278 (15.5)	2,408 (15.8)	2,845 (16.4)
ノール・エスト																
ドゥ・ヴァンデル							ドゥ・ヴァンデル 1,326 (13.4)	1,483 (13.6)	1,432 (14.3)	1,382 (13.0)	1,524 (12.1)	2,016 (15.0)	2,206 (15.6)	2,288 (15.6)	2,460 (16.1)	2,703 (15.6)
ドゥ・ヴァンデル SA																
マリーヌ・オメクール						シアロール 1,190 (13.7)	1,257 (12.7)	1,413 (13.0)	1,225 (12.2)	1,266 (11.9)	1,585 (12.5)	1,770 (13.2)	1,907 (13.5)	1,960 (13.4)	2,074 (13.6)	2,304 (13.3)
ミシュヴィル																
ポン・ダ・ムーソン																
ロンバ		236 (5.3)	312 (5.4)	448 (6.1)	564 (6.1)											
ロンウィ																
スネル・モーブージュ						358 (4.1)	403 (4.0)	422 (3.8)	ロレーヌ・エスコー 1,335 (13.3)	1,382 (13.0)	1,634 (12.9)	1,716 (12.8)	1,727 (12.2)	1,830 (12.5)	1,874 (12.3)	2,120 (12.2)
エスコー・ミューズ																
ソラック									55 (0.5)		944 (7.4)	1,061 (7.9)	1,022 (7.2)	1,256 (8.5)	1,411 (9.2)	1,683 (9.7)
U. C. P. M. I.								683 (6.2)	624 (6.2)	678 (6.3)	790 (6.2)	839 (6.2)	804 (5.7)	877 (6.0)	949 (6.2)	1,032 (5.9)
ラ・シェール						535 (6.1)	465 (4.7)	490 (4.5)	530 (5.3)	547 (5.1)	569 (4.5)	659 (4.9)	680 (4.8)	680 (4.6)	726 (4.7)	789 (4.5)
クニュターニュ						566 (6.5)	552 (5.6)	622 (5.7)	505 (5.0)	529 (4.9)	663 (5.2)	658 (4.9)	642 (4.5)	707 (4.8)	713 (4.6)	750 (4.3)

出典：Michel Freyssenet et Françoise Imbert, *La centralisation du capital dans la sidérurgie 1945-1979*, Centre de sociologic urbaine, 1975, pp. 97-98 より作成。

注：下段（　）内はシェア，％を示す。

にも検討を加えよう。

　まず、鉄鋼の生産、販売システムの基本原則から確認する。このシステムの中心的役割を果たしていたのは、1919年にフランス製鉄コントワール（Comptoir sidérurgique de France）として創設され、1940年11月9日に改名されたフランス鉄鋼コントワールである。同コントワールの定款は、この共同販売機関のあり方を次のように規定していた。まず、同コントワールは「全鉄鋼製品の販売と取引に関連するあらゆる業務の遂行を目的とする株式会社（Société Anonyme à capital variable）」[5]である。その資本金は10万フランで、額面500フランの合計200株の保有者は、原則として鉄鋼生産に携わる個人、企業またはその代理人に限定された。鉄鋼生産を停止するなどして保有者がこの条件を満たせなくなった場合には、保有株式を返還することが義務づけられ、返還された株式については取締役会（Conseil d'administration）が既存の株主間に再配分することになっていた。また、新たに株主になるためには、取締役会の承認を得て株式を取得することが条件づけられた。このような株式の受け渡しに際しては、年次株主総会で決定された価格で株式が売買され、年ごとに一定の取引価格を適用することが規定されていた[6]。

　次に、コントワールの営業方針の最高決定機関である取締役会は、5名から12名の役員で構成され、年次株主総会で任命される。1名の取締役会長と1名または数名の副会長は取締役の間で互選された。実際には10名の役員によって構成されていたが、その内訳は大手鉄鋼会社の代表7名、高炉や製鋼工場を備えておらず、他の会社からの鉄鋼半製品の提供を受ける必要のある圧延企業の代表2名、ブリキ製造企業の代表1名であった。これらの取締役を送り出している企業はフランスの鉄鋼生産の65％を占めていた[7]。主要鉄鋼会社の代表がコントワールの運営を担ったのであるが、鉄鋼会社のなかでその方針に不満を抱く企業があった場合には、調停委員会（collège arbitrage）が提訴を受けることになっていた。

　以上のように、フランス鉄鋼コントワールは株式会社の形態をとりながらも、株式取得資格が鉄鋼生産者とその代理人に厳しく限定され、取締役も大手の鉄

鋼会社の経営者が主流を占めていた。したがって、まさに鉄鋼業界の意向を具体化する共同販売会社としての経営が確保されていたのである。

このコントワールと鉄鋼協会に前述の1947年の産業省令が付与した役割は、次の３点である。①全鉄鋼製品の受注、引き渡しを政府の意向に沿ったかたちで実施するための生産計画を鉄鋼協会が作成し、産業省、鉱山・鉄鋼局の承認を受ける。②この生産計画を実現するため、コントワールは顧客から注文を受けてそれを各企業に配分し、③実際の生産、引き渡しを監視する。これを実施するために、1947年の省令では、すべての鉄鋼会社がコントワールへ加盟することが義務づけられた[8]。すなわち、この鉄鋼の生産、流通管理の仕組みは、鉄鋼業の「アンタント体制」(régime d'entente)[9]と当時呼ばれたシンジケート形態の強制カルテルである。

(2) 鉄鋼販売システムの実態

フランス鉄鋼コントワールによる受注から製品の引き渡しまでの販売システムは、どのように運営されていたのか。以下ではその実態を分析して、鉄鋼業界にとってこのシステムがいかなる意味をもっていたのかを検討する。

上記のように、コントワールが鉄鋼会社と需要者との間を仲介することが原則となっていたが、実際のところは鉄鋼取引が生産者と顧客の直接交渉に任されるケースも少なくなかった。鉄鋼協会の文書によれば、重量にして70％の鉄鋼製品の販売については、各鋼会社が顧客から直接注文を受けていた。したがって、1947年の産業省令の規定どおりに実態は運用されておらず、産業省も鉄鋼協会もそれを黙認していたのである。ただし、コントワールは契約が成立したすべての取引について請求書を作成し、顧客からの支払いを受ける役目を担った。そのため、各鉄鋼会社の受注から納品までの状況はコントワールが正確に把握しており、生産計画を実現するための各社への生産の配分、すなわち注文の再配分は可能であった[10]。こうしたかたちでの生産の配分と流通の管理は、鉄鋼業界の利害や需要産業への便宜を配慮して、以下の３つの点を実現すべく実施されていた。

第1には、鉄鋼製品の規格化をコントワールが実施し、生産原価を引き下げることである。それは多様な製品の生産を一定の規格に限定することで、規格品の量産を可能にすることであった。さらに、受注が少ない鋼材については、コントワールが一定量の注文をまとめてから、鉄鋼会社に生産を割り当てることで生産コストを削減した。だが、それは同時に、規格外の鋼材については生産を抑制するもので、製品の規格は、戦時中に鉄鋼業を統制していた鉄鋼組織化委員会（Comité d'organisation de la sidérurgie）による規定に準じて決定された。

　第2には、鉄鋼輸送費用の節約である。いうまでもなく、鉄鋼製品は重量がかさみ、引き渡し価格に占める輸送費用の比重は高く、その節約には重要な意味があった。すなわち、受け付けた注文を、発注者の所在地に応じて生産者を選定し、輸送コストを圧縮したのである。

　第3には、「予約済みの顧客」(clientèle réservée）として指定された、行政機関、フランス国鉄、造船会社、ザール鉱山会社、主要な鋼材仲買業者、自動車会社などに対して、コントワールが製品供給にあたって特別の便宜をはかったことである。これらの顧客は鋼材の大口需要者であり、コントワールはその注文を受けると、各鉄鋼会社に優先的に割り振った。この措置は終戦直後の鉄鋼生産が停滞している状況下で、需要者側からも望まれたものでもあった。

　だが、終戦後、時間が経過するにつれて鉄鋼生産が回復し、供給も安定すると、徐々に「予約済み」扱いする必要性は減少した。そこで、コントワールは1950年にノールとパ・ドゥ・カレ（Pas-de-Calais）の炭鉱などを予約済みの顧客から除外したが、政府、産業省はさらに特別扱いする顧客を減らすよう指導している[11]。

　次に、鉄鋼価格については、前章で詳しく検討したように行政府によって公定価格が設定されていた。価格設定にあたって、政府は1947年の省令によって義務づけられた生産者の原価報告と、それへのコントワールの協力を利用した。だが同時に同省令は、その生産が鉄鋼不足を補っているにもかかわらず、公定価格では十分な収益をあげられない工場のために、鉄鋼協会が工場間の収益を

調整することを認めていた。特に、圧延専門会社にとっては、原材料となる半製品と完成品との販売価格の間に差が少なく、十分な収益をあげることができなかった。したがって、これらの企業に対しては、公定価格で販売することに対して一定の補償金が鉄鋼協会から支払われた[12]。

しかし、こうした補足的な措置をともなっていても、鉄鋼協会の認識では公定価格は概して低く抑えられ、鉄鋼会社にとって厳しいものであった。戦後の激しいインフレのなかでも、1948年10月から1951年4月まで、梁材、レール、ブリキなどの一部を除いて、鉄鋼価格は改定されず、据え置かれたままであった。鉄鋼協会の内部文書は、この点について以下のように述べている。

「鉄鋼製品の価格は1948年10月から変更されることはなかった。この間、生産者たちの負担は著しく増大した。長い間不可欠であった価格の改定を先延ばしにしてきたことで、行政は鉄鋼業を日々より困難な状況に追い込んできた。適切な価格を保証することにより、生産者の利害のみを守る組織として、フランス鉄鋼コントワールを位置づけることほどの誤りはない」[13]。

以上の鉄鋼公定価格は、工場からの出荷価格であった。鉄鋼製品を購入する顧客にとっては、それに輸送費が加算された引き渡し価格が問題であったことはいうまでもない。そこでこの鉄鋼販売システムには、各工場間の輸送コストの差異についても調整し、消費地との距離によって生じる有利、不利を緩和する次のような仕組みも備えられていた。

各鉄鋼会社は、工場から顧客に対する引き渡し場所への輸送費を公定価格に加えて、請求金額を算定し、請求書を作成する。それを受けたコントワールは輸送費分を請求書から差し引き、それに「追加金」(avenant)を加えた金額を顧客に請求する。したがって、各鉄鋼会社は製品の公定価格(出荷価格)に追加金を加えた金額を受け取ることになる。追加金から輸送費を引いた金額を「パリテ」(parité)と呼び、フランスの鉄鋼取引全体では、パリテはマイナスになるよりもプラスになる場合の方が僅かに多かった。1950年についてみると、平均のパリテは鉄鋼製品1トン当たりプラス120フランである。

ここでの追加金の算定については、多くの鉄鋼製品の生産において支配的な地位を占めるロレーヌ地方（フランスの鉄鋼生産全体の約70％を占める）の鉄鋼業の他に比類ない影響力を反映していた。それは、鉄鋼会社に戦時統制が加えられる以前の次のような実態を踏襲していたのである。すなわち、他の地域の工場は、引き渡し価格をプライス・リーダーであるロレーヌの諸工場の価格に合わせて設定する。その結果、フランスの全鉄鋼会社の出荷価格はロレーヌの生産拠点であるティオンヴィル（Thionville）における出荷価格に統一された。さらに、輸送費についてもティオンヴィルから引き渡し場所への輸送費が一律に引き渡し価格に加算された。したがって、実際の生産工場から消費地までの輸送費は、必ずしも引き渡し価格には反映されなかった。上記の追加金はこのティオンヴィルから消費地への輸送費にあたるのである。

引き渡し価格＝出荷価格＋追加金（＝ティオンヴィルからの輸送費）
パリテ＝追加金（＝ティオンヴィルからの輸送費）－生産地からの実際の輸送費

以上のような引き渡し価格の算定方式は、ティオンヴィルに比べて、消費地までの距離が近接した工場にとって有利であることはいうまでもない。例えば、ロレーヌ地方の工場には当然僅かなパリテしか認められなかったが、フランスで第2の鉄鋼生産地域であるノール地方の工場は、地元の産業に製品を供給した場合には、平均よりはるかに有利なパリテを獲得できたのである。

そのため、コントワールによって算定されるパリテについて、各鉄鋼会社はより有利なパリテの獲得が関心事となっていた。したがって、各企業は近接した顧客からの注文を優先的に引き受けようとした。こうした傾向は実際の製品輸送コストを全体として抑制し、引き渡し価格を割高に設定する効果があった。だが、パリテが拡大することは地域ごとの生産条件の格差拡大にもつながった。そこでコントワールは、工場ごとのパリテの格差を一定範囲以内に制限する措置を講じた。すなわち、ある工場のパリテが全工場の平均値から1トン当たり50フラン以上離れるとパリテは見直された。この「地理的プレミアム」（primes

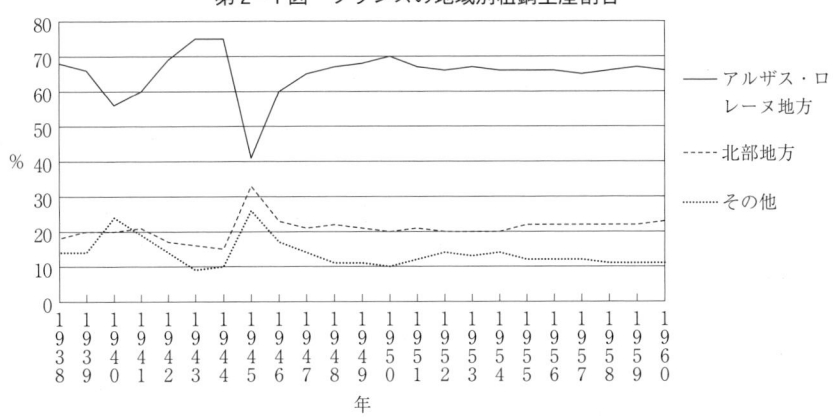

第2章 戦後の鉄鋼取引の実態と鉄鋼カルテル再編構想 55

第2-1図 フランスの地域別粗鋼生産割合

凡例：アルザス・ロレーヌ地方／北部地方／その他

出典：P. Mioche, La sidérurgie francaise et l'Etat en France des années quarante aux années soixante, 1992, thèse de doctorat d'Etat, Université Paris IV, p. 180.

géographiques）と呼ばれる修正されたパリテを設定し、工場ごとのパリテの隔差を一定幅以内に抑えたのである[14]。

このようなコントワールによる追加措置は、政府が設定する公定価格（出荷価格）の同一性と、引き渡し価格の均一性とを両立させていた。すなわち、一定の出荷価格を全国の各工場が設定しても、輸送コストを人為的に均一化することで引き渡し価格にも差異が生じないように調整し、工場の立地条件の格差を減殺したのである。コントワールはこの操作によって、公定価格（出荷価格）を順守することから生じる矛盾を緩和して、政府が介入する以前の鉄鋼価格形成方法に近づけていたのである。

第2-2表 フランスの地域別鉄鋼需要比率

パリ	30.8%
ノール	21.4
ナンシー・アルザス	11.8
リヨン	9.8
ランス	6.1
ルーアン	4.4
ナント	4.2
ディジョン	2.8
マルセイユ	2.6
その他	5.1

出典：AN 81 AJ 149, Conseil de la République, Annexe au procès-verbal de la séance du 12 fevrier 1952, Avis présenté au nom de la Commission de la production industrielle, par Armengaud.
注：この数字の年月日は明記されていないが、作成日付、文書の性格から1950年前後のものと考えられる。

だが、その価格水準は政府による価格抑制政策により、鉄鋼各社にとって低く抑えられているとの認識から、鉄鋼業界には不満がつのっていたことはすで

に触れたところである。しかし逆に、鉄鋼需要産業などからは、コントワールが硬直的な生産割当を実施し、競争を排除してきたことに批判が集中していた。その批判によれば、生産割当により利益を保証された鉄鋼業は、技術開発をはじめ生産性向上への努力を怠り、自らの発展を遅らせてきた。そのため、鉄鋼製品を購入する多くの産業に多大な悪影響をもたらしてきたのである[15]。以上のように、戦時中からの鉄鋼流通システムは、鉄鋼業界、鉄鋼需要産業の双方から批判の対象とされていた。だが、批判の根拠となった問題点は全く異なっており、その違いは、鉄鋼製品の供給者と需要者という異なる立場から生じる利害関係を色濃く反映したものであった。

2　フランス鉄鋼協会のカルテル再編構想

　戦後フランスの鉄鋼市場は、これまで分析してきたようにヴィシー体制以来の強制カルテルに基づく「アンタント体制」下にあった。だが、この政府による管理色の強い制度は、物資の流通が正常化するにつれてその存在理由を失うのは必然といえよう。そこで、戦後の市場再編という緊急の課題に直面し、フランス鉄鋼業界はどのような構想を建てていたのか。フランスの経済史家であるミオッシュによって、1950年の2月から7月にかけてフランス鉄鋼協会の内部では、同協会の最高決定機関である理事会（Conseil d'administration）メンバーであるアロン（Alexis Aron）を中心に、検討が重ねられていたことが指摘されている[16]。そこで以下では、ミオッシュを含めた従来のフランスにおける諸研究でも取り上げられることのなかった同協会の構想の内容について、同協会で作成された諸文書を分析して、協会内部における論議の進展を検討する。

(1)　構想の基本原則

　アロンがフランス鉄鋼協会会長オブランに送付した「将来の鉄鋼カルテル設定の基本原則」（Principes de constitution des futures ententes sidérurgiques）と題する同年4月17日付の報告書には、2月以来の検討作業によって

作成された鉄鋼市場の基本構想が示されている。それによれば、同協会は鉄鋼の需給が安定しない当時の状況を踏まえて、自由競争をとることを危険視している[17]。そこで、協会ではコントワールによる市場の管理を前提とした、次のような構想が形成されていた。

まず最初に、カルテルへの加入は強制されるべきではなく、各企業の選択に任せる自由加入の原則を採るべきであることが述べられている。それは、戦中、戦後の「アンタント体制」のような強制カルテルを採用するためには、法的な規制が必要であり、行政による管理、統制を前提とするからである。すなわち、フランス鉄鋼協会は行政権力の鉄鋼市場への介入を排除した、鉄鋼協会主導の市場管理を志向したのである。

だが、その選択は、カルテルの市場管理能力を減殺することも意味していた。この点については報告書も、自由参加にした場合に、次のような問題が生じることを検討課題として列挙している。第1に、カルテルに参加しない企業の存在をどのように位置づけるのか。第2に、離反者がでた場合の対応。第3に、新規参入企業をカルテルに受け入れるのか。いうまでもなく、このようなアウトサイダーの出現は、カルテルの市場管理能力を損ない、その存立さえ脅かす危険性をもつものである。したがって、鉄鋼協会はこうした危険性を認識したうえで、行政の介入を排除することをより重視した。すなわち、同協会は「公権力にカルテルの存在を認知させることが必要だが、行政による監督は極力避けるべきで、重要事項はコントワールが決定する」ことを、必要不可欠の前提条件として位置づけていたのである[18]。このように行政介入の排除が重視された背景には、前章で分析した政府、財務省による価格抑制策が、鉄鋼業の経営を圧迫していた事情があったことはいうまでもない。

そこで鉄鋼協会は、政府の介入を排除したカルテルとして、各鉄鋼製品ごとに新たな共同販売機関（コントワール）を形成することを提唱した。それは、規格品についても、特注品についても同様であり、各共販機関は国内向け、国外向けともに生産量、販売価格をコントロールすることが必要と考えている。

ではまず、生産量のコントロールについてどのような構想がなされていたの

かを検討しよう。報告書は、製品ごとの生産割当によることを提起している。その割当の基準としては、生産設備の性質や生産力、生産原価、一定期間の引き渡し実績、販売組織の整備状況、技術開発力、集中・合理化の成果などを考慮すべき要素としてあげている。そして、これら諸要素のなかでも大きな意味をもつ過去の実績については、参考にされるべき時期は、「ほぼ自由な競争状態が確保されていた」と報告書が評価する1920年代が適当と考えられている。1930年以後の約20年間は、カルテルによる生産の割当、戦中・戦後の統制や破壊によって、生産活動に制約が加えられており、割当設定の参考にすべきではないと、判断したからである[19]。

さらに、生産割当には見直しが必要であり、技術の進歩や市場の変化などを考慮すると、少なくとも2年ごとには割当改正を実施することが必要だと考えられていた。それは、定期的に改正することで、設備の合理化や近代化、新製品や新技術の開発、新市場の開拓などの企業努力や企業間の競争を誘発するためであった。すなわち、従来のコントワールの規則と異なり、「技術革新を尊重すべき」であり、企業活動を「古い枠組みに押し込むのではなく、施設の近代化、新しい生産方法の導入を刺激することが重要」だと主張したのである。このような競争による刺激が過剰投資を招くことを懸念する見解に対しては、生産割当を「改正する条項がなくては、世論の批判に抵抗できない。同様に、われわれはそこに行政からの独立を守るための最も強力な議論の1つを見出すだろう」と反論している[20]。

次に、販売価格については以下のような見解が示されている。価格の設定については、行政、鉄鋼需要産業ともに関心の高い問題であり、生産コストの高い企業の経営を守る高水準の価格設定がなされているのではないかと、常に疑われる傾向にある。したがって、価格の公表に際して、行政の承認が義務づけられるような事態を避けるために、こうした疑惑を生じさせない価格設定を実施する必要がある。特に、行政によって価格に関する調査が行われることも予想されるため、価格の設定方法はあらゆる批判に耐えられるものでなければならない。

そこで、価格の設定や改正の基準として生産原価を採用し、原価が低い企業により多くの生産を割り当てる。それによって、各企業のコスト引き下げ努力を促し、鉄鋼業界全体の平均コストの低下、生産性の上昇を実現する。それは、生産性の低い企業を保護することへの批判に応えると同時に、フランス鉄鋼業の合理化、生産性の上昇のためにも望ましいことである。このように報告書は原価計算を根拠として販売価格を設定することを謳っているものの、その水準をどのレヴェルの企業にどの程度の利益を保証するように設定するかは、具体的に明示していない。だが、原価の低い企業に優先的に生産割当を配分することで周囲の批判をかわすのと同時に、価格設定権を行政の手から鉄鋼業界に取り戻すことを意図していたのである。さらに、フランス鉄鋼業全体の原価引き下げ、生産性の向上に結びつけ、その競争力強化をはかることも念頭においていた[21]。

これら各企業への生産量の割当、販売価格の設定は、製品ごとの共同販売会社であるコントワールによって決定される。それに違反した企業については、以前のコントワールも違反企業によって機能が阻害された経験から、罰則が必要であることを報告書は指摘している。さらに、各コントワールによる上記の諸規定や罰則に不満のある企業は、それらへの異議を全コントワール共通の調停委員会（Collège arbitral）に提訴するとこができる。そして、調停委員会はコントワールと各企業間の対立を仲裁、調停する役割を担うことが構想されたのである[22]。

以上のような基本構想は、戦後の経済状況や鉄鋼業界のおかれている立場を前提として形成されたものであるが、いくつかの点では曖昧で矛盾する側面を内包していたことは否定できない。第1に、技術開発の面では企業間の競争を導入することをめざしたが、新製品の開発やコストの引き下げが実現されるたびに、いかに生産の割当量や販売価格を変更するのか、その方法や基準は明確にされていない。第2に、組織の存続に関わる上記の問題を抱える構想であったにもかかわらず、加盟企業に対する利害調整や組織統制のための強力な権限が組織に付与されていない。それは、価格抑制策をはじめとする政府による市

場介入の排除をめざした鉄鋼協会が、それに替わる管理体制を打ち出すことができなかったからである。罰則などを含む強力な管理体制の構築は行政の介入なしには困難であることは、すでに触れたように鉄鋼協会も自覚しているところであった。

(2) 構想をめぐる懸案事項

上記のような基本構想をもとに、フランス鉄鋼協会内部では一連の会議が開催され、同業界のカルテル組織再編についての審議が行われた。その経過については同協会の理事会に報告され、そこでも意見交換がなされている[23]。これらの審議の内容をまとめた報告書は、シューマン・プランが発表されたのと同じ5月9日付で作成され、鉄鋼協会内部における論議の進展が記録されている[24]。以下では、そこに記録された論議を分析し、争点となった問題を中心に、鉄鋼協会における再編案の推敲過程を検討する。

まず最大の争点となっていたのは、鉄鋼生産の総枠を各加盟企業に割り当てる方法と、鉄鋼製品の品目ごとの生産枠を割り当てる方法の2つの生産割当のうち、どちらを採用するのかという点であった。後者は戦前から採用されていた方法で、すでに指摘したように、戦前には各製品ごとに形成された諸コントワールによって生産量がコントロールされていた。

第1の方法をとると、割当総枠の範囲内で生産者（企業）は製品ごとに最適な生産量の配分を選択することができる。すなわち、一定の総枠があるとはいうものの、加盟企業は独自の経営判断を働かせる余地が残り、全体の規定によって拘束される度合いが低い。したがって、この割当方法を支持する立場からは、次のような議論が提起された。第1の方法では、個々の生産者にとってより納得のいく生産活動を実施することができ、同時に望ましい競争も喚起される。この競争によって、カルテルが技術や経営面での新しい発案や進歩を阻害することなく、消費者にとっても好ましい状況を実現できる。

だが、会議出席者の多数派は、第2の割当方法を支持した。これは、製品ごとに形成されるコントワールによって、加盟企業の生産枠を決定する方法であ

り、各企業はどの製品を重点的に生産するのかについては、選択の余地はほとんど残されていない。だが、第2の割当方法の支持者は、第1の総枠のみによる方法が実質的には過当競争を制限する効果をもたないであろうと予想する。すなわち、総枠割当のみでは、「異常な競争はうわべだけでしか制限されないため、過酷な競争が各製品で展開されて、すべてのコントワールが存在しないかのように鉄鋼価格は下落してしまう」。したがって、各生産者の活動を制限し、競争を回避するのは、製品ごとの生産割当であり、「将来のコントワールは、旧コントワールの形態を踏襲することによってのみ、設立可能」であると断定する[25]。

ただし前にも指摘したように、戦前の鉄鋼カルテルに対しては、他部門の産業経営者、官僚、労働組合などから厳しい批判が寄せられていた。それは、厳格な生産制限が企業間の競争を阻み、新しい技術の開発や生産設備の建設を遅らせたため、フランス鉄鋼業の生産力は停滞してきたというものである。こうした批判が指摘するカルテルの問題点については、鉄鋼協会の内部でも十分に認識されていた。それが、生産量の総枠のみを規定するにとどめ、生産者の自主性と競争を導入しようとする第1の生産割当方法の提案のなかにも反映されている。さらに、第2の割当方法を支持する鉄鋼協会内の多数派も、この問題を看過することはできなかった。彼らも、製品ごとの生産割当の設定やその後の割当見直しの基準に、加盟企業の技術開発や設備投資を誘発する要素を盛り込む必要性を認めている[26]。

そこで、審議の過程では、新しい生産施設や新しい製品の扱いについても考慮されている。すでに触れたように、それまでのコントワールでは規格外の製品、すなわち新しい製品の生産は排除されていた。また、新しい設備や施設の建設は、生産割当の見直しには反映されないことになっていた。だが、こうした規定を新しいコントワールが維持するのは不可能であることが、鉄鋼協会内で確認された。ただし、そこで確認された限りでは、その理由はコントワールへの加入が任意である以上、非加盟企業の新規投資、設備更新は制限を加えることができない。したがって、加盟企業だけにこうした行動を制限することは、

加盟企業に著しく不利な立場を強いることになり、適切ではないからである。結局のところ、単純に生産割当枠を拡大することのみを目的とするような設備の新設は好ましくないが、技術水準を高め、生産性を向上させるような生産の特化については、その必要性を認めていくことが急務であると結論づけられた[27]。

以上のように、生産割当方法の決定をめぐって鉄鋼協会内部における最大の争点が形成されていた。そこでの論議では、より厳格な統制である製品ごとの生産割当が優位を占めていた。だが、技術開発や新規投資を促進する割当の柔軟さも必要であることが認識されるなど、矛盾する側面が完全に解消されるにはいたらなかったのである。

(3) フランス鉄鋼協会のカルテル再編構想

上記のような鉄鋼協会内部の論議を踏まえて、1950年6月20日にはカルテル再編に関する同協会の覚書が作成された[28]。この日は奇しくもシューマン・プランに賛同した6カ国によるヨーロッパ石炭鉄鋼共同体結成のための国際交渉がスタートした日でもあった。この時に固められた戦後鉄鋼市場再編構想の根底にある基本認識は、同協会の「鉄鋼カルテル」(Ententes sidérurgiques) と題する同年8月1日付の文書の冒頭に以下のように記述されている。

「鉄鋼業が今もなお従属している行政による統制は、一次産品と工業製品の不足という2重の現象が存在したために容認されてきた。だが、状況は全く変化し、この例外的な規制は根本的な存在意義を喪失した。〔中略〕

しかし、自由への回帰は鉄鋼業者に課せられた重責を除去するものではない。その責務の本質は、異なる事業所間への生産配分と、国内外同様の製品流通体制に関わるものである。フランス鉄鋼コントワールはこの2つの任務を遂行する組織として設立され、その存在と強制的な性格は、現行の規制が早急に規定された結果である。したがって、この規制が廃止されることは、結果として製品流通におけるすべての原則を即座に停止することになる。それは、この業界がめざすところではないし、この業界にとっ

ては必要な主導権を回復するための時間を稼ぐことが重要である。

　長い経験が教えるところによれば、論理的にも感覚的にも納得されているように、鉄鋼各社には業界組織が唯一産業の崩壊を回避しうるという考えが浸透しているのである」[29]。

　このように鉄鋼協会は、戦後経済が平常な状態に戻り、政府による市場介入の必要性がなくなったことを指摘している。だが同協会は生産や流通の自由化を容認するのではなく、鉄鋼業界自身による市場の管理が必要であることを確認している。以下では、6月20日と8月1日に作成された文書をもとに、鉄鋼協会がまとめた構想の内容を、組織構造、生産割当、価格設定などについて検討する。

　まず、戦前の諸コントワールと同様に各製品ごとにコントワールを形成することを前提とし、それらを統括する組織として、銑鉄中央事務局（Office central des fontes）と鋼鉄中央事務局（Office central des aciers）を設置する。そして、各コントワールと両事務局との役割について、以下のように振り分けている。個別のコントワールに任される権限は、取り扱う製品の特定、生産の割当、受注と注文の配分、代金の取立て、価格設定など、通常の受注から代金取立てまでの一連の作業である。さらに、注文の配分の際に避けられない不平等を是正するための補足金（soultes）の支給、立地条件によって生じる輸送費の差額を埋める「地理的プレミアム」の設定と、コントワールの活動の基準となる統計の作成、監視、罰則規定などの制定と適用である。これらの通常業務の実施方法はコントワールの参加企業総会（Assemblée des adhérents）における審議によって決定される。これ以外の全コントワール共通事項やコントワール間の調整ついては、両中央事務局で審議、決定される。

　だが、各コントワール、あるいは、両中央事務局における審議によって合意が得られなかった場合、コントワールの議長は、フランス鉄鋼協会会長に仲裁を求め、同会長は彼が選んだ専門家に意見を求めることができる。さらに会長が仲裁を断念した場合には、調停委員会にその案件は委ねられる。

　調停委員会は全体に共通する単一の組織とするか、銑鉄、鋼鉄のそれぞれに

1つずつの2つの組織とすることが考えられる。そのメンバーは、フランス鉄鋼協会会長が提示する候補者リストのなかから、加盟企業の4分の3以上の賛成を受けた3名によって構成される。最終的には、同委員会の仲裁、調停によって問題の決着がはかられる[30]。

次に、生産割当の見直しについては、原則として2年間ごとに割当を改正する。ただし、規定された生産割当が守られているのか、3カ月ごとに実際の生産量と比較し、監視する。その際に2％以内の超過については、不問にふされるが、2％以上の超過については、当該企業は超過分に比例した補償金を徴収される。さらに、5％を越える生産超過が3カ月続いた場合には、超過した製品の生産割当、すなわち当該製品コントワールにおける生産超過企業の割当枠に超過分が加えられ、別の製品コントワールにおいて同企業の生産割当から超過分に相当する生産が削減されて、生産割当を調整する。

2年ごとの生産割当の改正時には、各企業の生産設備、市況の変化などを考慮して割当量を見直す。ただし、各コントワールの加盟企業が全会一致で合意した場合か、調停委員会が承認した場合には、2年以内でも生産割当の改正を実施することができる。生産割当の決定または見直しにおいて、加盟企業間で合意が得られない場合は、調停委員会は、各企業の生産設備の能力、質、販売組織の発達、技術開発能力に基づいて調停する[31]。

次に、以上の生産割当の根拠ともなる新設備の導入については、加盟企業の申請に基づき、鉄鋼協会会長が新設備設置を許可するか否かの審査に着手する。その際には、鉄鋼協会の技術協会（Association technique）の意見を参考にし、さらに会長が選んだ専門家の意見を聴くこともできる。会長は自身の判断を企業と調停委員会に通告し、最終判断は同委員会によって下される。だが、非加盟企業が新しい生産設備を稼働させた場合には、関連コントワールの加盟企業は自由にその設備を導入することができる。

さらに、新製品の生産については、それが新設備の建設につながるものであれば上記の新設備に関する規定に順ずる。そうでない場合には、次の2つの可能性が考えられる。まず、当該企業が新製品の生産を関連するコントワールに

よって統制されることを望まなければ、その生産は自由に任され、他の企業も自由に参入することがができる。逆に、当該企業がコントワールによる統制を望んだ場合には、鉄鋼協会会長は新製品の生産に関わる利害状況を調査し、各企業と調停委員会に通告して、同委員会が生産割当などの新製品に関する規定を検討する[32]。

以上のように、1950年の前半までにフランス鉄鋼協会が構想していた戦後のカルテル再編の具体的方法は、十分に完成されていたとはいえない。だが、基本的には次のような原則に沿うものであった。

第1には、各製品ごとに共同販売機関であるコントワールを設置して、生産の数量と製品の価格をコントロールする。いうまでもなく、ここでは自由競争の導入は全く考慮されていない。各コントワールの活動については、加盟企業総会が決定権をもち、生産割当量や販売価格など通常の決定事項を同総会の判断によって決定する。だが、この総会において、加盟企業間の意見の対立が生じ、合意が得られなかった場合には、フランス鉄鋼協会が問題の調査に乗り出す。さらに、その調査の結果を踏まえて、調停委員会が最終的な決定を下す。

第2には、生産と価格の統制に行政の介入を排除することが最大の眼目として位置づけられている。すなわち、戦時中から継続されている行政による管理から、自らの生産、販売を解放して、鉄鋼業界の自主的な判断によってカルテル組織の運営を行うことが追求された。特に、政府、財務省による価格抑制は、前章で分析したように鉄鋼業の経営を圧迫していたため、それを排除することが重要であった。さらに、行政の介入を阻止するために、カルテルへの加入を各鉄鋼会社に対して強制することは回避された。そのため、カルテルの規制に従うか否かは各鉄鋼会社の判断に任され、強制カルテルの形態をとることはあえて差し控えることになった。この選択は当然のことながら、カルテル組織の結束力を弱め、各鉄鋼会社に対する拘束力を脆弱化することは明らかであった。

第3には、新たな施設や設備の建設を禁止せず、新製品の導入も条件つきで認めることを打ち出している。すなわち、カルテル内の力関係を変動させる可能性をもつ新規の設備投資や新製品の開発を、一定の条件のもとで容認する方

針を提示したのである。その形式的手続きは、技術協会やその他の専門家などの調査に基づく鉄鋼協会会長の判断、それを前提にした調停委員会による最終決定を経て承認される。

戦前から抑制されてきた新しい施設、設備の建設や新製品の開発について、鉄鋼協会自らが条件つきながらも承認手続きを考案したことは、画期的であった。さらに、生産割当も2年ごとに見直し、その際にはこれらの新しい要素も見直しの判断材料に加えられた。したがって、技術開発や生産性向上をめぐる競争が加盟企業間で活性化する可能性が確保されたのである。だが、新設備の建設や新商品生産の承認基準、さらには、生産割当の見直し基準も具体的に規定するまでにはいたっていない。したがって、カルテル組織の内部でどこまで競争的要素が導入され、生産力の向上につながるのかは、この時点でも明確にされることはなかったのである。

おわりに

これまで検討してきたように、戦後のフランス鉄鋼協会は、戦時中からのフランス政府の介入をともなう管理された鉄鋼市場の再編について、独自の構想をあたためていた。それは、戦前のコントワールの再建や国際鉄鋼カルテルの再結成などを単純にめざすものとは異なっていた。すなわち、その構想では、鉄鋼業界自らも鉄鋼市場に一定の競争原理を導入し、技術開発などの点で国際競争に対応できる鉄鋼会社の出現を期待するものであった。それは、鉄鋼需要産業である機械工業や造船業などからの厳しい批判に応えるものであったが、自らの判断に基づく方針の決定でもあった。しかしながら、そうした鉄鋼協会の方針が、ヨーロッパ石炭鉄鋼共同体のパリ条約に規定されることになる自由競争市場の確立をめざしたものではないことは、すでに指摘したところである。

最後に、その後実際に行われた再編成を概観し、上記の鉄鋼協会主導で立案された鉄鋼市場再編構想との関連を指摘しておこう。この問題に最初に具体的改革案を示したのは、長官モネを中心とするフランス計画庁であった。1950年

5月9日にフランス外務省で発表されたいわゆるシューマン・プランであり、それが結実したヨーロッパ石炭鉄鋼共同体の結成である。同共同体の結成条約は、石炭、鉄鋼などの当該産業については、自由で公正な競争が展開される市場が開設されるべきであり、独占規制が想定されるとともに、各国政府の市場介入も原則として認めてはいなかった[33]。

このようなシューマン・プランの石炭、鉄鋼市場に関する構想がより明確になったのは、同年の6月から始まる上記共同体結成のための国際会議においてであった。それにともない、鉄鋼協会の戦後市場再編に関する戦略も修正を迫られることになる。そのため、すでに前章でも触れたように、この年の秋以降、鉄鋼協会はシューマン・プランに反対するキャンペーンを展開することになる。そこで同協会が主張したのは、鉄鋼共同市場における自由競争は、ドイツやベルギーの鉄鋼業にとって有利に展開し、フランス鉄鋼業は大きな打撃を被る。したがって、フランス経済は基幹産業の1つを弱体化させ、失業問題にも深刻な影響をおよぼすことになるというものであった。詳しくは次章で検討するが、以上の論陣をはった鉄鋼業界の反シューマン・プラン・キャンペーンは、鉄鋼業界のアンタント体制を批判する世論の前に退けられてしまう。その結果、1952年8月にはヨーロッパ石炭鉄鋼共同体が結成されて、翌1953年5月には自由競争を基本原則とする鉄鋼共同市場が開設される。

だが、同市場では必ずしも自由競争が展開されたわけではなかった。実態として、どの程度まで自由競争が実現されたかは、本書における次章以降の研究課題である。だが、同共同市場開設直後の1953年から1954年にかけての景気停滞期において、フランス鉄鋼業界はヤミ・カルテルを結成して需要の減退に対応することになる。したがって、フランス鉄鋼協会が1950年の前半に想定していたカルテルの再編構想はヨーロッパ石炭鉄鋼共同体の結成によって完全に立ち消えになったわけではなく、1953年から1954年の時点で実行に移されることになる[34]。ただし、そこでも、構想と実態がどの程度まで一致していたかは、本書第5章で検討する。

注

1) フランス国内の鉄鋼カルテルについては、Henri Rieben, *Des ententes de maîtres de forges...*、戦前の国際鉄鋼カルテルについては、Eric Bussière, *La France, la Belgique et l'organisation économique de l'Europe 1918-1935*, Comité pour l'histoire économique et financière de la France, 1992；工藤章「国際粗鋼共同体（1926-1932年）とドイツ鉄鋼業」『社会科学紀要』第32輯、1982年3月、1〜74頁、などがある。

2) 第2次大戦中から戦後にかけてのカルテル再編構想については次のような諸研究がある。Françoise Berger, Les sidérurgistes français et allemands face à l'Europe: convergences et divergences de conception et d'intérêts, *Journal of European Integration History*, 1997, Volume 3, Number 2, pp. 35-52; Philippe Mioche, Une vision conciliante du future d'Europe: le plan d'Alexis Aron en 1943, Michel Dumoulin, *Plans des temps de guerre pour l'Europe d'après-guerre 1940-1947*, Bruyant, 1995, pp. 307-323; Philippe Mioche, Le patronat de la sidérurgie française..., pp. 307-308; Andreas Wilkens, L'Europe des ententes ou l'Europe de l'integration? Les industires française et allemande et les débuts de la construction européenne (1948-1952), Eric Bussière et Michel Dumoulin, *Milieux économiques et intégration européenne en Europe occidentale au XXe siècle*, Artois Presses Université, 1998, pp. 267-283.

3) Principales dispositions de la loi n 46-827 du 26 avril 1946 portant dissolution d'organisation professionelles, *Journal Officiel* de 28 avril 1946.

4) Arrêté du 28 juin 1947, Ministère de la production industrielle, *Journal Officiel* du 4 juillet 1947.

5) Archives du Ministère de l'industrie（産業省史料、以下、AMI と省略）DIMME 770600 IND 22306, Comptoir français des produits sidérurgiques, le 25 octobre 1947, p. 1.

6) Ibid., pp. 2-11.

7) AN 62 AS 76, Le Comptoir français des produits sidérurgiques, s. d., pp. 3-4.

8) AMI DIMME 770600 IND 22306, Note sur le Comptoir français des produits sidérurgiques, le 12 mai 1947; AN 81 AJ 135, Note sur les pouvoirs de la Chambre syndicale et du Comptoir français des produits sidérurgiques, le 31 janvier 1951.

9) AN 81 AJ 135, Rapport sur les travaux du comité chargé d'examiner les effets du Plan Schuman sur la sidérurgie français, le 21 févier 1951, p. 11.

10) AN 62 AS 76, Le Comrtoir français des produits sidérurgiques, s. d., pp. 4-7.

11) Ibid., pp. 7-8.

12) AN 62 AS 51, Le prix des produits sidérurgiques, s. d., pp. 1-6; AN 62 AS 76, Le Comptoir français des produits sidérurgiques, s. d., pp. 8-9.
13) AN 62 AS 76, Le Comptoir français des produits sidérurgiques, s. d., p. 9.
14) コントワールは小規模の鉄鋼会社が近接した顧客の注文を優先的に引き受け、有利なパリテを獲得することを黙認した。それは、小規模企業が近接地域の需要に応じることが本来の役割であったからだと、鉄鋼協会の内部文書は説明している。Ibid., p. 12.
15) Ibid., pp. 9-12.
16) Philippe Mioche, Le patronat de la sidérurgie française..., pp. 305-318.
17) AN 62 AS 76, Suggestions divers concernant des modifications qui pourraient être apportée à la structure du CPS, le 8 février 1951; AN 62 AS 99, Note Annexe, principes de constitution des futures ententes sidérurgiques, Paris, le 17 avril 1950.
18) AN 62 AS 99, Note annexe, principes de constitution des futures ententes sidérurgiques, Paris, le 17 avril 1950, p. 1.
19) Ibid., pp. 8-9.
20) Ibid., pp. 11-12.
21) Ibid., pp. 12-13.
22) Ibid., pp. 13-14.
23) Archives de Saint Gobain Pont-à-Mousson（サン・ゴーバン・ポン・タ・ムーソン社史料、以下、PAMと省略）88337, CSSF, Conseil d'administration, réunion du mercredi 26 avril 1950 au sujet des futures ententes en sidérugie.
24) AN 62 AS 99, Le problème des ententes en sidérurgie, Paris, le 9 mai 1950; AN 62 AS 99, Observations principales formulées au cours de la réunion du 26 avril 1950, Paris, le 9 mai 1950.
25) AN 62 AS 99, Observations principales formulées au cours de la réunion du 26 avril 1950, Paris, le 9 mai, p. 5.
26) Ibid., p. 5.
27) Ibid., p. 6.
28) AN 62 AS 99, Convention générale, Paris, le 20 juin 1950; PAM 70364, Ententes sidérurgiques, le 1er août 1950.
29) PAM 70364, Ententes sidérurgiques, le 1er août 1950, pp. 1-2.
30) AN 62 AS 99, Convention générale, Paris, le 20 juin 1950, p. 4.
31) Ibid., pp. 5-6.
32) Ibid., p. 8.

33) シューマン演説については、AN 81 AJ 152, Proposition du 9 mai を、ヨーロッパ石炭鉄鋼共同体結成条約は、Ministère des Affaires Etrangères, *Rapport de la délégation française sur le traité instituant la CECA et la convention relative aux dispositions transitoires, signé à Paris*, le 18 avril 1951, Paris, 1951を参照。
34) Jean Sallot, Le contrôle des prix et la sidérurgie française 1937-1974, thèse pour le doctorat nouveau régime, avril 1993, p. 216.

第3章 シューマン・プランとフランス鉄鋼業
——ヨーロッパ石炭鉄鋼共同体の創設——

はじめに

 シューマン・プランは、1950年5月9日に時のフランス外相シューマンによって発表された。これは西ヨーロッパに石炭や鉄鋼などの貿易制限を廃した共同市場の創設をめざすものであり、1952年に、西ドイツ、ベルギー、フランス、イタリア、ルクセンブルク、オランダの6カ国によるヨーロッパ石炭鉄鋼共同体の結成というかたちで実現をみる。

 では、フランス政府はなぜこのプランを提唱し、フランス国民もこれを支持したのだろうか。従来の諸研究では政治、経済のそれぞれの側面から次のような理由が指摘されている。まず、政治的要因としては、①西ヨーロッパ諸国、特にフランス・西ドイツ間の平和的関係の確立、②西ドイツの西側世界への包摂、といった共産主義陣営の拡大に対抗する自由主義陣営の一員としての政治戦略が挙げられている。経済的側面からは、①ルール地方からの石炭輸入の確保、②自由競争に基づく共同市場を開設し、生産の近代化を促進すること、③共同体を通じて西ドイツの経済政策に干渉し、復興に制限を加えること、などの点が指摘されている。

 ただし、これら経済的要因は政治的要因とは違って、断片的に指摘されるにとどまっている。それは、シューマン・プランを扱った諸研究が伝統的に外交史的観点から、シューマンら、このプランの推進者である一部の政治家や官僚たちの言動と国際交渉の分析に主要な関心を払ってきたからである[1]。さらにまた、近年の新しい傾向としてヨーロッパやフランス経済史研究のなかでもシ

ューマン・プランに分析が加えられ始めたものの、同プランがフランス経済にもつ意味が正面から取り上げられることは少なく、同プランの経済政策としての側面は十分な検証がなされていないからでもある[2]。しかし序章でも述べたように、プランが当時の重要なエネルギー産業である石炭産業と素材産業である鉄鋼業に関連している点と、プランを立案し推進したのが当時のフランス政府の経済計画策定の中心にあった計画庁である事実を考えるならば、プランの経済的側面が軽視されるべきではない。

そこで本章では、パリ国立公文書館に保存されている計画庁文書を中心に、外務省、産業省文書などにも基づいて、シューマン・プランの発表から共同体結成条約の批准にいたるまでの時期に、フランスにおいて展開された同プランをめぐる論議を分析する。特に、プランを推進しようとするフランス政府、計画庁とプランから大きな影響を受けることになる石炭、鉄鋼など産業界の対応を検討し、プランがいかにしてフランスの産業界、労働界に受け入れられ、ヨーロッパ石炭鉄鋼共同体への参加が実現するにいたったか吟味する。

1 シューマン・プランの立案とパリ条約

ここではまず、ヨーロッパ諸国にヨーロッパ石炭鉄鋼共同体の結成を提案したシューマン・プランの立案、発表と、発表後から共同体結成のためにパリ条約が調印されるまでの外交交渉について分析する。そして、この過程の背景にあった諸問題を整理し、シューマン・プラン立案当時にフランス政府がおかれていた状況とプランを提案した同政府の意図を明らかにしよう。

すでに触れたように、シューマン・プランを立案したのは計画庁のスタッフであった。プランが発表された1950年当時、計画庁は、1947年から進められていたモネ・プランの実施にあたっていた。この経済計画は世界恐慌以降停滞していたフランス経済を活性化し、資本主義的自由競争のもとで国際競争力を高めること、すなわち、アメリカ流の大規模生産による生産の合理化、生産性向上をめざすものであった[3]。

計画庁のスタッフがヨーロッパ経済の部分的統合計画案の作成に着手したのは、モネ・プランの実施期間（1947～52/53年）が半分ほど経過した1950年の前半であった。当事者たちの回想録によれば、この計画案の作成は極秘のうちに進められ、同年4月16日から5月6日までの間に、計画庁長官モネ、同庁次官イルシュ、同庁経済財政担当ユリ（Pierre Uri）、国際法学者で外務省法律顧問のルーテル（Paul Reuter）らによって同計画発表原稿の最後の推敲作業が行われた[4]。4月28日、この計画は外務大臣のシューマンに知らされ、5月1日にシューマンはこの計画に同意するとともに計画への協力を約束した。シューマンは5月3日の閣議に計画を提案し、9日に計画推進への了承を得た。ただし、この席では、計画のごく基本的原則、すなわち、西ヨーロッパ諸国に基幹産業である石炭と鉄鋼の国際的な共同市場と生産者連合を結成し、各国が協調して経済発展をめざすという点が確認された[5]。

この計画の推進が閣議で承認された5月9日の夕方に、シューマンはヨーロッパ諸国の駐仏大使をフランス外務省に招き、この席でモネらが草案した計画案を公式に発表した。このシューマン演説は以下のような内容であった。

まず、シューマンが訴えたのは、2度にわたる大戦を引き起こしたフランスと西ドイツの関係を安定させ、ヨーロッパに平和を確立することと、荒廃したヨーロッパ経済を復興させ、発展させることの重要性である。そして、シューマンは、この2つの課題を実現する方法として、フランスと西ドイツのいずれの国にとっても基幹産業であり、軍事とも関連の深い石炭、鉄鋼産業に共同市場を設け、共同体の最高機関の管理下におくことを提案する。さらに、他のヨーロッパ諸国もこのプランへの参加が可能であるとして、周辺諸国にも参加を呼び掛けた[6]。

次いで、シューマンは共同体結成の条件として次の3項目を挙げる。①参加諸国の経済の状態に隔りが予想されるため、それらを調整するための過渡的措置が必要である。②自由競争を制限する独占を禁止する必要がある。③組織全体の活動を統括する最高機関は、参加各国、各産業の利害から独立した諸個人によって構成される。すなわち、最高機関は各国の利害を代弁する代表者が構

成する組織ではなく、超国家機関である[7]。

　この時期にシューマン・プランが計画庁によって立案された契機は、従来の諸研究[8]によって次のように説明されている。東西の対立が激化するなかで、アメカ、イギリスは西ドイツを西側陣営に組み入れるために、同国の独立を認め、復興を援助する方針を固めていた。そこでフランス政府は、西ドイツの独立承認をめぐる外交交渉において主導権を握り、西ドイツが主権を回復したのちにもフランスが西ドイツ、なかでも同国最大の工業地帯であるルール地域に対して一定の行政的影響力を維持することに腐心した。それは、当時、西側戦勝国によって実施されていたルール地域の石炭、鉄鋼の生産、流通に対する管理統制[9]が、西ドイツの主権回復によって廃止されることは、フランス経済にとって2つの点で致命的な意味をもっていたからである。

　第1は、重要なエネルギー源である石炭をルール地域から安定的に輸入することを保証する手段が失われることである。1940年代末のヨーロッパでは、石炭が不足しており、第3-1図にみられるように石炭輸入国であるフランスは、深刻な石炭不足に悩まされていた。そこで、フランスにとってはルール地域で産出される石炭が安定的に供給されることが必要であった。特に、同地域ではフランスの炭鉱では産出が少ない工業用のコークス炭が採れるため、フランス産業界にとって同地域は石炭の調達先として非常に重要だと考えられていた。だが、石炭が不足していたこの時期、独立した西ドイツ政府、あるいはルール地域の石炭業者は同地域の石炭生産が回復しても輸出を制限することが十分に予想されたのである。

　第2には、ルール地域の石炭、鉄鋼業の国際管理が撤廃されることによって、潜在的に高い生産力を備えていると考えられていたドイツ産業の復興が可能になり、フランス経済はドイツ経済に対して従属的な立場に立たされる危険性がある。

　以上のような事情から、アメリカ、イギリスが西ドイツの独立を認める動きをみせたことを契機として、フランスの計画庁はシューマン・プランを立案し、外務省もプランの推進に協力したのである。シューマン・プランは共同体とい

第3-1図　フランスにおける石炭の生産と消費（1945〜70年）
(100万トン)
――生産
-----消費

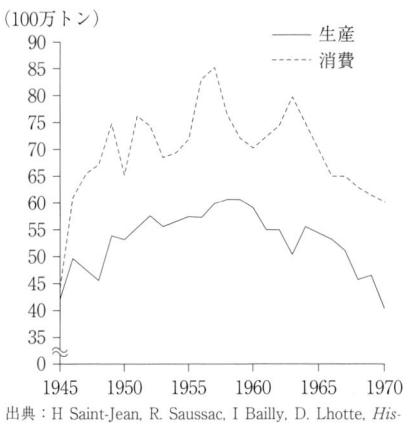

出典：H Saint-Jean, R. Saussac, I Bailly, D. Lhotte, *Histoire économique en chiffres depuis 1945*, Paris, 1989, pp. 66-67.

第3-2図　フランスの粗鋼生産指数と工業生産指数（1946〜60年）（1953年を100とする）
――粗鋼生産指数
-----工業生産指数

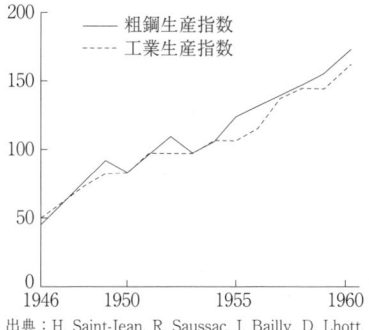

出典：H. Saint-Jean, R. Saussac, I. Bailly, D. Lhott, *Histoire économique...*, p. 82, et p. 90.

う枠のなかで西ドイツの石炭、鉄鋼の生産と流通にフランス政府が一定の影響をおよぼすことを可能にすると考えられたのである。

　シューマン演説を受けてプランへの参加を表明したのは、西ドイツのほか、ベネルクス3国とイタリアであり、これら5カ国にフランスを加えた6カ国によって、6月20日からパリで共同体結成のための条約締結会議が開催された。同会議は参加各国の行政府、財界、労働組合の代表者たちから構成され、6カ国は翌1951年の4月18日にパリ条約に調印することになる。会議における条約締結交渉の進展については、従来の研究[10]によってすでに分析されているので、概略のみを示しておく。

　同会議においては、①最高機関の権限、②過渡的措置、③独占の禁止をめぐって、議論は白熱した。最高機関の権限については、ベルギー、オランダの代表が、超国家機関である最高機関が各国の国民的利害を無視した政策をとるのではないか、特に小国である両国の利害が軽視されるのではないかという懸念から、同機関の権限を制限することを主張した。これに対し、フランス、西ドイツはシューマン演説の精神を擁護し、ベルギー、オランダの説得に努めた。

その結果、最高機関は各国の外相からなる「閣僚理事会」(Conseil spécial des ministres)、各国選出の代表者からなる「共同総会」(Assemblée commune)によって行動が監視されることになった。さらに、「裁判所」(Cour de justice)が条約の既定に基づき最高機関の決定をチェックすることが決定され、最高機関の行政活動が以上の諸機関によって監視されることで合意がえられたのである。これらの組織に加えて、各国の石炭、鉄鋼業界、労働組合、石炭や鉄鋼の需要産業などの代表で構成される諮問委員会（Comité consultatif）も最高機関の諮問機関として設置された。

　過渡的措置としては、5年の移行期間に生産性の低いベルギーの石炭業、イタリアの鉄鋼業に対しては保護政策をとることが認められた。最後の独占禁止については、企業間の合意による価格決定や投資制限と、市場、生産物、顧客の割当といったカルテル行為が禁止され、共同市場における自由競争を最高機関が保証することになった。さらに、最高機関は自身の判断で企業の集中合併を禁止する権限が与えられた。

　ところが、パリ条約調印の重要なポイントで最後まで各国間で争点となったのは、条約の内容に関するものではなかった。それは、1950年5月の連合国側法律第27号に基づいてアメリカ、イギリス、フランスなど西側連合国が策定したルール地域の石炭、鉄鋼業の「コンツェルン解体」(dissolution des konzerns)計画を西ドイツが受け入れるか否かという点であった。

　連合国が西ドイツに提示した基本的条件は、次の3つの点であった。①ルール産石炭の販売を独占している共同販売機関、「ドイツ石炭販売」(Deutscher Kohlenverkauf)を解体する。②合同製鋼（Vereinigte Stahlwerk AG）、フリート（Fried）、クルップ（Krupp）など12の主要鉄鋼会社を24の企業に分割する。③分割後に新たにできる鉄鋼会社が系列支配する炭鉱を制限する。すなわち、各鉄鋼会社が系列会社として支配できるのは、鉄鋼会社の生産を満たすのに必要なコークス炭の75％までを産出する炭鉱のみに限定する。これによって、ドイツの鉄鋼会社の系列支配は同国の石炭産出の約15％（戦前は60％）にしかおよばなくなると、推計されていたのである[11]。

だが、1950年の秋から連合国側がこの計画を実施に移そうとしたのに対して、西ドイツは激しく反発した。それは、この解体計画の実施が、同国石炭、鉄鋼業の生産力を制限し、他の加盟国と対等な条件で共同体に加わることを妨げると、西ドイツ政府が考えたからである。これに対して、モネらフランス政府はルールのコンツェルン解体を共同体結成の前提条件と位置づけて重視し、アメリカと協力して西ドイツとの交渉にあたった。交渉は難航し、翌1951年1月に膠着状態が続くと、モネは、西ドイツがコンツェルン解体に同意しない場合には、ヨーロッパ石炭鉄鋼共同体の結成を断念すると、アデナウアー（Konrad Adenauer）に強く迫った。そしてついに、3月14日にアデナウアーは連合国側の解体案を受け入れるにいたった[12]。

　以上の結果、1951年4月18日に調印されたパリ条約の骨子は次のようなものであった。①関税や輸出入制限など石炭、コークス、銑鉄、鉄鋼、鉄鉱石、屑鉄の貿易を制限する政策措置を一切廃止した共同市場を開設する。②最高機関は石炭、鉄鋼などの関連産業の生産投資計画を策定し、公的機関による企業の投資に対する貸付、債務保証などの助成を認可するとともに、自らも助成を行う。③最高機関は関連物資が供給過剰になった場合には生産制限、逆に供給不足時には物資の割当を実施し、価格もコントロールする。④自由競争を阻害する企業間の協定、集中を禁止する。⑤最高機関は加盟諸国の石炭、鉄鋼会社から生産額の1％以内の課徴金を徴収することができる。すなわち、この共同体は独自財源をもち、この点でも加盟国政府から独立した、画期的な国際機関であった[13]。

　以上の検討から、これまでの経済史研究[14]でも指摘されているシューマン・プラン立案の諸要因を、次のようにまとめることができる。アメリカ、イギリスが、西ドイツの独立を認める政策を打ち出し、1950年当時、フランスもこれを受け入れざるをえない状況に直面していた。だが、フランス経済の再建を担う計画庁は、西ドイツの独立が以下のような2つの現象を引き起こすことをおそれていた。第1には、フランスで不足していた重要なエネルギー源である石炭をルールから安定的に調達できなくなること。第2には西ドイツの経済が急

速に復活することである。こうした事態を防ぐために、計画庁は連合国によるコンツェルン解体とシューマン・プランとを同時に実施しようとした。そして、ルールの鉄鋼会社による石炭産業の系列支配を制限し、同地域の石炭産業を共同市場に組み入れて、ルール炭がフランスにも西ドイツ国内向けと同じ条件で供給されるための条件整備を企てた。さらに、ルール地域の鉄鋼会社も分割したうえで共同市場に組み入れ、これらが再び集中合併して強大化することを防止しようとしたのである。

ただし、このように自由競争が強調されたことは、同時にフランスの石炭、鉄鋼業にも影響がおよぶことは明らかであった。すなわち、本書で詳細に分析してきた、フランスにおける鉄鋼の生産や流通を管理するアンタント体制や、政府、財務省による価格管理は、自由競争が導入されれば、大幅な変革を迫られることになる。さらには、フランス鉄鋼協会が構想していたカルテル再編とも矛盾することは明白であった。

2 鉄鋼協会の反発と政府の対応（1950年7月～1951年2月）

シューマン・プラン発表当時のヨーロッパ諸国は戦争による荒廃とアメリカ経済に対する相対的な地位の低下に直面し、経済再建のための各国間の協力、さらにはヨーロッパ統合の必要性を訴える社会運動が活発化していた[15]。そうした時代状況を背景にして、同プランはフランスでは概ね好意的に迎えられた。まず、フランス各界の同プランへの反応を概観しておこう。

政界においては、当時政権を主導していた社会党、人民共和運動（Mouvement républicain populaire, MRP）、急進社会党などがこのプランを支持した。労働界では、非共産党系のフランス・キリスト教労働者同盟、労働総同盟・労働者の力派（Confédération générale du travail-Force ouvrière, CGT-FO）がプランに賛同した。だが、共産党と同党系労組、労働総同盟はシューマン演説の翌日には、はやくもプランへの批判を表明し、さらに、ド・ゴール率いるフランス人民連合（Rassemblement du peuple français, RPF）もプランへ反対

の態度を明らかにする。のちに詳述するが、共産党は西側諸国による共同体の結成が東西の対立を激化させ、平和を脅かすことになるとの理由から、またRPFの方はナショナリズムに固執する立場から、それぞれプランに反対した。だが、このようなイデオロギー色の強い反対論は、ヨーロッパの復興と発展を説くプラン推進派の議論の前に、大きな力とならなかったことは、従来の研究[16]によってすでに明らかにされている。

プランを推進する行政府の内部では、唯一、産業省、鉱山・鉄鋼局の高級官僚たちが石炭、鉄鋼産業の保護を理由に両産業の行政権を共同体に委譲することに反発した。だが、同省大臣ルーヴルとモネらは、共同体の結成がルール炭を確保する手段になりうるとして、それがフランス産業界全体にもたらす利点の方を強調し、1950年10月には鉱山・鉄鋼局を説きふせるにいたった[17]。

経済界においてもシューマン・プランは概ね好意的に迎えられた。プランに直接関わりをもつ産業部門のなかでは、戦後解放期に国有化されていた石炭産業は政府の政策に従い、プランに協力的な態度を示したものの、鉄鋼業界はそれに強硬に反対した[18]。以下では、従来の研究では十分に検討されることのなかった鉄鋼業界のプランへの反発と、計画庁を中心とする政府側の対応を分析することにする。まず、鉄鋼業界と政府の間で折衝が繰り返された1950年夏から1951年初頭までの時期からみることにしよう。

(1) 鉄鋼協会の反発

フランス鉄鋼業界のシューマン・プランに対する論調を主導したのはフランス鉄鋼協会である。同協会はパリ会議の進展に併行してプラン反対の態度を明確にしていく。鉄鋼協会会長のオブランは1950年7月12日にモネに宛てた書簡のなかで、共同市場の開設はフランス鉄鋼業にとって得るものがないと、プランに対する疑問を投げかけた[19]。次いで、フランス代表の一員としてパリ会議に参加していた鉄鋼協会のアロンは、共同体の概要がしだいに明らかになってきた10月12日に、シューマン・プランに関する報告書を作成し、プランへの最初の体系的な批判を展開したのである[20]。

第 3-3 図

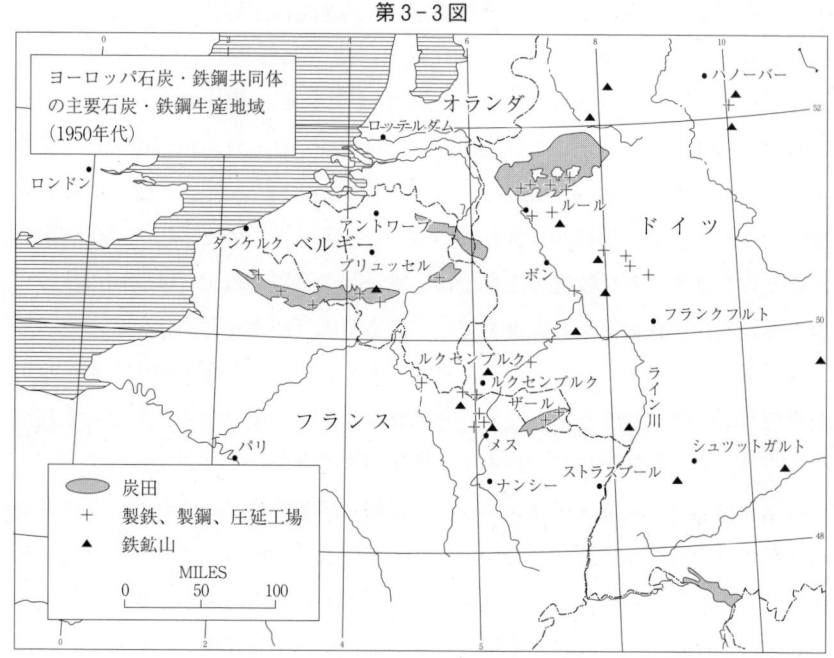

ヨーロッパ石炭・鉄鋼共同体の主要石炭・鉄鋼生産地域（1950年代）

炭田
＋ 製鉄、製鋼、圧延工場
▲ 鉄鉱山

MILES
0 50 100

出典：W. Diebold, *The Schuman Plan, A Study in Economic Cooperation*, New York, 1959.

そこで、このアロン報告を分析し、鉄鋼協会のシューマン・プラン批判の内容を検討しよう。第1に、報告書は共同市場開設がおよぼすコークス調達コストへの影響を分析する。モネらプラン推進派の主張では、ルール産のコークス炭ないしコークスの調達が容易になり、コークス価格が低下することが鉄鋼業をはじめとするフランス経済全体にとって最大の利点であるとされていた。この点についてのアロンの見解は次のようである。確かに、西ドイツの石炭販売業者が実施している二重価格制度、すなわち、外国向けの販売価格を国内向けよりも高く設定する制度（輸出向け石炭はトン当たり400フラン割高）が廃止されれば、フランス鉄鋼業にとって1カ月当たり1億2,500万フランの費用節減効果がある。だが他方で、同時に、鉱物燃料補償基金（Caisse de compensation des combustibles minéraux）による石炭輸入費補償の停止によって、鉄鋼業の負担は1カ月当たり1億4,000万フラン増えることになるし、共同市場

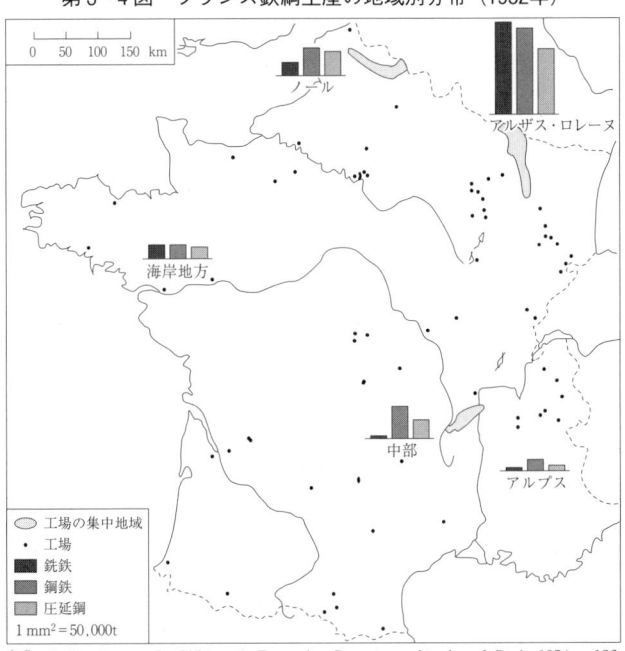

第3章 シューマン・プランとフランス鉄鋼業 81

第3-4図 フランス鉄鋼生産の地域別分布（1952年）

[図：フランス地図。地域別の鉄鋼生産量が棒グラフで表示されている。
地域：ノール、アルザス・ロレーヌ、海岸地方、中部、アルプス
凡例：工場の集中地域、工場、銑鉄、鋼鉄、圧延鋼、$1 mm^2 = 50,000t$]

出典：J. Chardonnet, *La Sidérurgie Française, Progrès ou décadence?*, Paris, 1954, p. 136.

開設後に見込まれるフランス国有鉄道の運賃引き下げの効果もあまり期待できない。したがって、シューマン・プラン実施によるコークス調達コストの低下は期待できないと、アロンは結論づける。ただし彼は、ベルギー、ルクセンブルクの鉄鋼業にとっては、ルール炭の価格低下が両国の生産費を引き下げることになり、フランス鉄鋼業に比べて共同市場開設のメリットが大きいと指摘する[21]。

第2に、報告書は共同市場内における鉄鋼の販路拡大の可能性を検討する。アロンの分析によれば、フランスの鉄鋼生産地域ロレーヌに隣接するルクセンブルクの鉄鋼業は、生産コスト、輸送費などの点でロレーヌと同じ条件にあり、同じ価格でフランスに製品を供給できる。さらに、ベルギーの場合もフランス鉄鋼業に等しい出荷価格で生産可能になり、船舶輸送によってフランスの大西

洋岸地方へ、鉄道輸送によってパリ周辺の工業地域へと販路の拡大が可能になる。

しかし、フランスに比べて狭隘な市場しか持たないベルギーやルクセンブルクに対して、フランス鉄鋼業が輸出を拡大できるとは考えにくい。鉄鋼消費地域である西ドイツ南部地方での販売市場開拓についても、同国の鉄鋼生産地域であるルールから同地方へはライン川、マイン川を利用した低コストの船舶輸送が可能であり、ルールの鉄鋼業の方がフランスよりも競争条件ははるかに有利である。それどころではなく、潜在的に生産力の高いルールの鉄鋼業の復興はフランスにとって大きな脅威であると、アロンは予測する。

以上の分析に基づいて、アロンはシューマン・プランについて最終的に次のような評価を下す。「われわれの国境の解放はわれわれの隣人には莫大な利益をもたらし、彼らが、その輸出に応じて、最大限の利益を引き出すことは間違いない。シューマン・プランは、彼らに、われわれの犠牲のうえに、努力もせずに重要な〔フランス〕国内市場を征服するという予測もしなかった機会をもたらすことになるだろう」[22]。

以上のように、アロンは、共同市場の創設によって期待されるコークスの調達コストの低下が実際には見込めないこと、さらに、ベルギー、ルクセンブルク、西ドイツの鉄鋼業との競争はフランス鉄鋼業にとって不利であることを理由に、シューマン・プランに反対を唱えたのである。このような反対論の背景には、第1章でも触れたように、西ドイツなどの鉄鋼業がこの1950年当時にはフランスを超える急速な復興、発展をみせていた事実があることは、明白である。さらに、政府によって鉄鋼価格が抑制されていたため、フランス鉄鋼各社の債務が累積していたことも、フランス鉄鋼協会の反対論に拍車をかけたと考えられる。ともあれ、鉄鋼協会はその後も11月から12月にかけて計画庁に数回にわたって報告書、書簡類を送付し、上記のアロンの報告書にみられる議論を根拠として、プランの撤回を迫ったのである[23]。

(2) 計画庁の見解

　鉄鋼協会の批判に対し、計画庁もシューマン・プランのフランス産業界への影響についての綿密な調査報告を12月9日に完成させる[24]。以下、計画庁の見解が詳述されている同報告書の中身を吟味しよう。

　計画庁の報告書は「1、石炭」「2、鉄鋼」の2部から構成されており、これら2つの産業の現状とプラン実施の影響を分析している。まず、石炭産業の現状については、フランス国内の需要に十分応えることができないことが指摘される。報告書によれば、1949年4月から1950年3月までのフランスの石炭産出は5,320万トンであったが、消費は7,130万トンにものぼった。だが、すでに触れたように、イギリスの石炭産出の大幅な減少、ポーランドからの輸入の途絶など、戦後の状況変化によって、フランスは極端な石炭不足をきたし、新たな調達先を模索していた。当時、依存度を高めていたアメリカからの輸入は輸送費が高く、マーシャル・プランによる経済援助が終了すれば、ドルによる支払いが困難になる。そこで、報告書は石炭供給地としてのルール地域の重要性を強調する。特に、ルール地域はフランスでは僅かな量しか産出されないコークス炭を供給するため、フランスにとって同地域は石炭供給地として非常に好都合であった。だが、西ドイツからの石炭輸入には次のような障害が存在する。それは、(a)石炭不足時における同国による輸出制限、(b)前述の輸出向け石炭の価格を割高に設定する二重価格制、(c)ドイツの鉄道会社が石炭の国外への輸送に不当に高い運賃を設定していることである。したがって、共同市場の開設はこれらの障害を取り除き、ルール炭を安定して有利な条件で輸入することを可能にするとレポートは評価する[25]。

　次に、フランスの石炭産業への影響について、計画庁の報告書はフランス石炭公社の見積もりに基づいて以下のように述べる。共同市場の開設により、ルールからの石炭輸入の増加によって、5年間にわたって毎年500万から600万トンの石炭消費が国内炭からルール炭に置き換えられ、フランス石炭公社の労働者25万人のうち4万人の削減が必要になる。だが、この人員削減はフランス

第3-1表　計画庁によるロレーヌ、ルール鉄鋼業の1トン当たり生産コストの試算

(単位：フランスフラン)

	シューマン・プラン実施前		シューマン・プラン実施後	
	ロレーヌ	ルール	ロレーヌ	ルール
トーマス鋼	9,000	9,700	9,247	10,549
圧延鋼	19,255	17,822	19,605	18,822

出典：AN 81 AJ, Commissariat général au plan, Note relative aux effets du plan Schuman sur les industries du charbon et de l'acier en France, le 9 décembre 1950.

第3-2表　鉄鋼協会による圧延鋼1トン当たり生産コストの試算

(単位：フランスフラン)

	シューマン・プラン実施前	シューマン・プラン実施後
ドイツ	18,400	18,400
フランス	22,400	23,400
ルクセンブルク	23,700	23,140
ベルギー	23,900	22,650〜22,840

出典：AN 81 AJ, Chambre syndicale de la sidérurgie française, Note sur le Plan Schuman, le 13 décembre 1950.

における炭鉱の生産性の低さに原因があり、経済計画に沿った合理化の過程では必要である。すなわち、シューマン・プランが実施されなくても、人員削減は必要であり、共同市場開設がフランス石炭業に、不都合をもたらすものではない[26]と報告書は断言する。

第2に、鉄鋼業について報告書は、地理的に近接し、競合が予想されるロレーヌとルール、ノールとベルギーの鉄鋼業の生産コストなどを比較し、現状（シューマン・プラン実施前）の共同体参加諸国におけるフランス鉄鋼業の競争力を次のように評価する。現在ロレーヌ鉄鋼業はルールよりも高い生産コストを余儀なくされているが、シューマン・プランが実施されなくても、「生産コストを節減する努力によって、ドイツ鉄鋼業に比肩する原価を実現できるだろう」。さらに、ノールについては少なくともベルギーより7％は安い原価で生産が可能であり、ノール鉄鋼業はベルギーのそれに十分対抗しうる[27]。

次いで、報告書は共同市場開設が各国の鉄鋼業に与える影響を推定して、シューマン・プラン実施後についても同様の比較を行っている。これによれば、共同市場の開設が鉄鋼の原料となる鉄鉱石、屑鉄などの調達コストに与える影

響は取るに足らない。だが、燃料となる石炭については各地域に看過できない変化をもたらす。ロレーヌとルールでは、西ドイツの二重価格制度の廃止、共同体内からの輸入に対するフランスの鉱物燃料補償基金による補助の廃止などルール炭購入をめぐる諸条件の変化によって、1トンのトーマス鋼を生産するのに要するコークス調達コストが、ロレーヌ鉄鋼業にとって、300フラン上昇するのに対して、ルール鉄鋼業にとっては835フランもの上昇になる。すなわち、シューマン・プランの実施はルールよりもロレーヌに有利な影響をもたらす。これは、計画庁がドイツの二重価格制廃止はドイツの石炭価格が割安な国内向けの価格にではなく、割高な従来の輸出価格に統一されることを見込んで、ルールへの石炭供給価格が大幅に上昇すると推測したためである。さらに、連合国によるコンツェルンの解体と共同体の独占規制によって、ルールの鉄鋼業は戦前のような強大な生産力を回復するおそれはないと報告書は断定する。

　さらに、ノールとベルギーの原価の比較では、次のように述べている。フランスでも数少ないコークス炭を産出するパ・ドゥ・カレ炭鉱を擁するノールにとっては、共同市場の開設によって石炭の調達コストはほとんど変化しない。だが、高価なベルギー炭を利用しているベルギーにとっては、共同市場の創設がトーマス鋼のトン当たりの生産原価を1,000フラン引き下げ、鉄鉱石の調達コストも100フラン減少させる。したがって、プランの実施はノールよりもベルギーに有利に作用するが、それでもなおノールではベルギーよりも低い原価で鉄鋼の生産が可能であり、優位を保つことができると、報告書は断言している[28]。そしてさらに、報告書は共同市場内での競争を以下のように予測する。

　　「〔フランスの〕鉄鋼業は、進行中の近代化、合理化の作業によって、将来の生産コストを大幅に引き下げることができるでしょう。この点からみれば、過去には欠けていた合理的な競争が、生産者によってすでに成し遂げられた上記の努力に、新たな刺激を与えるでしょう」[29]。

　以上にみられるように、計画庁は、一次産品（石炭、コークス）調達の安全を確保すること、ルールの鉄鋼資本を解体したうえでの「合理的な競争」によって、石炭、鉄鋼業の生産の近代化、合理化を促進すること、という2点の実

現をシューマン・プランに期待していた。すなわち、計画庁は上記2点を1954年から始まる2次プラン実施の条件整備として位置づけ、シューマン・プランを推進していたのである。

(3) イルシュ委員会における論議——新たな対立点の浮上——

これまで検討してきたように、計画庁と鉄鋼協会がシューマン・プランのフランス鉄鋼業におよぼす効果について、全く異なった見解をとり対立していた。特に、生産コストの推計をもとにしたフランス、西ドイツ、ベルギーの生産力、競争力比較の点で対立は決定的であった。そこで、フランス政府は、1950年末に鉄鋼業をはじめフランス産業に与えるシューマン・プランの影響を調査、検討するための委員会を組織し、鉄鋼業と関連産業の経営者の意見を聴取することにした。

計画庁副総裁のイルシュを議長とするこの委員会（以下、イルシュ委員会と呼ぶ）は、1950年12月29日から翌1951年2月9日まで都合18回、計画庁、産業省の政府側委員7名が産業界側20名の代表者の意見を順次聴取するかたちで進められた。委員会の席上、オブラン、アロンなど鉄鋼協会の代表者はもちろん、主要鉄鋼企業の経営者たちは、共同市場内での西ドイツ、ルクセンブルク、ベルギーの鉄鋼業との競争において、フランス鉄鋼業が対等の立場に立てず、危機に直面するであろうと、プラン実施への不安を訴えている[30]。

こうした鉄鋼業界側の証言を参考にして、イルシュ委員会は2月21日付で報告書を作成した。だが、その見解は、前年12月の計画庁の報告を踏襲したものであり、同委員会の報告書はフランス鉄鋼業が共同市場内での競争に十分対応でき、この競争によって生産設備の近代化、合理化を促進することができると結論づける[31]。

以上のように、イルシュ委員会においても、鉄鋼協会を中心とする鉄鋼業界と計画庁を中心にプランを推進する政府とは、共同市場における競争がフランス鉄鋼業にとって不利であるか否かで対立し、意見を調整することはできなかった。だが実のところ、共同市場開設後の石炭、鉄鉱石など鉄鋼業の原材料市

場の構造変化を考慮したうえで、西ドイツ、ベルギー、ルクセンブルク、フランスという共同体参加諸国の鉄鋼業の生産コストを予測し、シューマン・プラン実施後の競争力を比較することは至難の技といわねばならない。実際に、鉄鋼協会は自らの報告書のなかで、ベルギー、ルクセンブルクについては正確な予測が困難であることを認めており、占領体制下にある西ドイツについても、連合国によるルール地域のコンツェルン解体がいかなるかたちで実施されるのか、占領体制が解けたあとドイツの産業はいかに発展するのか、などの難問が存在し、事前の予測は困難であった[32]。したがって、各国鉄鋼業の競争力比較をめぐる論争は、どちらも決め手を欠き、その意義をしだいに喪失してゆく。だが、われわれはイルシュ委員会での議事録と同委員会の報告書に鉄鋼協会とフランス政府との間に、以下のような注目すべき別の対立点を見出すことができる。それは、鉄鋼業の生産性を向上させるための基本条件に関する両者の見解の相違に起因するものであった。

　フランス政府は、フランスの製鉄工場のなかにはシューマン・プランと関わりなく生産の縮小ないし閉鎖されるべき生産性の低い工場が存在すると考えていた。イルシュ委員会報告ではこれらの工場を「脆弱な工場」（usines vulnérables）と規定し、製銑工場と製鋼工場に分けて、次のように見積もっている。まず、1949年の時点でフランスには製銑工場が18存在し、その生産高は合計1,672万トンで約7,200人の労働者を雇用している。これら18工場のうちの4つが脆弱な工場であり、それら4工場の生産高は18工場全体の13％にあたる22万トンで1,400人の労働者を雇用している。製鋼工場については、フランスで操業している52工場のうちで、全鋼鉄生産の3.7％を生産し、6,500人を雇用する8工場が「統一市場内で特別な困難に直面するおそれがある」[33]と推定している。

　次いで、同報告書は、脆弱な工場の存在する原因は、脆弱な工場の「活動が、どんな場合にも一定程度の生産水準を保証するアンタント体制の恩恵を受けて維持されている」ことにあると、指摘する。すなわち、同報告書は、鉄鋼製品の自由な取引を制限していたアンタント体制が脆弱な工場の操業を可能にし、脆弱な工場の集中、合理化を阻害する桎梏となっているとして、同体制の存続

を深刻な問題と位置づけた。そして、共同市場の創設にともない、アンタント体制を廃止し自由競争を導入することによって、フランス鉄鋼業の生産性向上が期待されると結論づけた[34]。このような政府、計画庁の見解は、1947年以来進行中のモネ・プランにおいて、鉄鋼生産量は順調に伸びてはおらず、鉄鋼業の生産性も十分に向上していないと認識する、第1章で分析した政府、産業省の評価を反映していたものと思われる[35]。

ここで問題にされたアンタント体制とはすでに前章で分析した、産業省、鉄鋼協会とフランス鉄鋼コントワールによる鉄鋼製品の生産、流通管理システムであった。つまり、アンタント体制とは、政府、産業省監督のもとにある鉄鋼業界の強制カルテルである。このシステムは、第2次大戦によって打撃を受けた各鉄鋼工場に一定の需要を保証して鉄鋼生産の回復を促進し、不足している鉄鋼を政策的に諸産業に配分する、終戦直後の時代状況に対応したものであった[36]。

このようなアンタント体制の廃止を主張するフランス政府、計画庁の見解に対して、鉄鋼協会は強く反発した。イルシュ委員会において、同協会のオブランとアロンは議長イルシュのアンタント体制の廃止がいかなる状況を招くのか、という質問に対して、「その条件のもとでは、熾烈な戦いが繰り広げられるでしょう」（アロン）、「その時には、設備の整っていない工場に死の判決を下すことになり、結果として、すでに悪い経済状態にあるところに失業を増加させることになるでしょう」（オブラン）と、アンタント体制の廃止に反対の意見を述べた[37]。さらに、この年の7月19日にオブランがシューマンに宛てた書簡では次のようにアンタント体制を擁護している。

「カルテルに頼ることを実際上禁止している〔パリ〕条約の条文は、われわれの目には、われわれの産業にとってのより良い市場や、われわれの顧客へのより良いサーヴィスを実現するのに最も都合の良い構造的条件と、矛盾しているように思われます」[38]。

すなわち、鉄鋼協会は、同協会と産業省による流通のコントロールを内容とするアンタント体制が生産者にとっても消費者にとっても最も好都合であり、

その廃止は過当競争、弱小工場の閉鎖、失業の増大を招くとして、アンタント体制廃止に強く反対した。さらに、前章で分析したカルテル再編構想をあたためていた鉄鋼協会にとって、その構想を覆すシューマン・プランは容易に受け入れられるものではなかった。

以上のように、1950年末から翌年2月までのイルシュ委員会は、シューマン・プランをめぐる鉄鋼協会と計画庁の対立要因の1つがフランス鉄鋼業界のアンタント体制の存廃にあることを明確にした。

3 シューマン・プランと鉄鋼アンタント体制
   (1951年2月～1952年4月)

鉄鋼協会はイルシュ委員会ののちもシューマン・プランに反対する主張を継続する。そして、パリ条約調印（1951年4月18日）後には条約批准をめぐって、論争は鉄鋼協会と計画庁との間の応酬から、国民的規模に拡大する。本章では、この条約批准をめぐって展開された論争をイルシュ委員会後から条約が批准されるまでを吟味し、条約批准にいたる産業界、労働界の諸利害と力のバランスを考察する。

(1) 鉄鋼アンタント体制批判論の展開と鉄鋼業界の動向

イルシュ委員会後も、鉄鋼協会は、共同市場で展開されるであろう西ドイツ、ベルギー、ルクセンブルクの鉄鋼業との競争はフランス鉄鋼業にとって不利であることを論拠として、シューマン・プラン反対の立場をとった。こうした鉄鋼協会の運動はフランスの主要鉄鋼生産地域であるアルザス、ロレーヌ、ノール、そして中部の各地域にも拡大していく。例えば、ダンケルク、ヴァランシエンヌ、ストラスブール、メスなどノール、アルザス、ロレーヌの主要鉄鋼生産都市の商業会議所などの地方産業界、モーゼル鉄鋼業界、フランス北部鉄鋼連合（Union sidérurgique du Nord de la France）などの各地の鉄鋼業界は、外国鉄鋼製品によりフランス市場が浸食され、フランス鉄鋼業が危機に陥ることを懸念して、プランの中止、条約批准反対を求める声明を1951年に各地方選

出の国民議会議員、計画庁、外務省に送っている[39]。

　このように、鉄鋼業界の反シューマン・プラン・キャンペーンは各地に拡大するが、イルシュ委員会で顕在化した鉄鋼業界のアンタント体制の存廃問題は、このキャンペーンで積極的に取り上げられず、この体制存続の必要性が主張されることもなかった。それは、当時のフランスにおいて同体制に対する批判が高まっており、鉄鋼協会も同体制擁護の論陣を張ることが不可能であったからだと思われる。では、パリ条約批准論議への影響を考察するために、鉄鋼製品の流通システムへの批判を検証しておこう。

　ここで、鉄鋼業界のアンタント体制に対して強い批判の声をあげたのは、鉄鋼製品の需要者である他の産業界であった。すなわちそれは、同体制によって管理された鉄鋼製品の販売についての購買者側からの苦情であった。

　計画庁内で作成された『フランス鉄鋼コントワールの輸出政策――独占の時代は再来したのか――』(La Politique d'exportation du Comptoire français des produits sidérurgiques, le temps des monopoles serait-il revenu) と題する小冊子（日付は記載されていないが、内容から1951年の半ばに書かれたものと思われる）は、アンタント体制で重要な役割を演ずるフランス鉄鋼コントワールの活動の問題点を外国貿易のみならず、国内の鉄鋼製品の売買についても詳細に分析し、次のように述べている。

　　「この共同販売機関〔＝フランス鉄鋼コントワール〕は、〔鉄鋼業界の〕利益を追求しており、顧客の利益に気を配るよりも、同産業の優良な経営条件を確保することがはるかに重要な任務とされている。

　　　さらに、わが国の商取引に自由が原則として確立されて以来、このような諸権限は驚くべき特権を構成しているといえるのではないだろうか。鉄鋼製品の利用者または加工業者は、アンタント体制のために、その供給者を選択できず、価格について交渉ができず、支払い方法を選ぶことも配送の遅れを改善することもできない」[40]。

続いて、このような問題点からアンタント体制への批判がフランス国内にひろがっていることが、次のように記されている。

「非常に集権的な共同販売機関の性格が、再三、鉄鋼の利用者、加工業者である顧客からの激しい批判を招いている。〔中略〕製造業者によるこれらの批判は、機械工業または中小企業の一定層の人々によって表明されており、そのなかでは特に、外国からの輸入鉄鋼製品との十分な競争によってフランスの鉄鋼生産が刺激を受けることがなく、その価格があまりに高く、時に品質も非常にものたらないと、訴えられている」[41]。

以上の文書から、鉄鋼需要者などによって指摘されたアンタント体制の問題点は次のように要約できる。①鉄鋼の購買者はその供給先を選択できず、価格、支払い方法についても交渉できない。②その結果、鉄鋼製品の劣悪な品質、高価格、納期の遅れなどの問題が生じても、購買者はそれを甘受せざるをえない。③鉄鋼の貿易が制限され国外の良質な鉄鋼を輸入できない。

結局、これらの諸問題を引き起こしているアンタント体制のために、フランス鉄鋼業の発展が遅れ、同体制を維持する必要はなくなっている。さらに、他の製造業の発展条件を整備するためにもアンタント体制を廃止しなければならないと、フランス政府からも認識されるにいたった。こうした問題認識から、前年12月9日の計画庁による調査報告では触れられなかったアンタント体制の解体が、イルシュ委員会以降、シューマン・プラン実施の目的の1つとして明確に打ち出されたのである。

このような政府や鉄鋼需要者側の認識は、1940年代末から1950年代初頭に深刻化していた鉄鋼不足に由来するものであった。フランス鉄鋼コントワール作成の資料によれば、第3-5図のように、受注量は出荷量を大幅に上回っていた。そのため、1949年から1953年まで極度に不足していた薄鋼板、鉄筋、梁材などは、通常受注から3カ月ほどで引き渡されるべきところを、10カ月を越えることも珍しくなかった[42]。したがって、鉄鋼不足は機械、造船、建設などをはじめ鉄鋼を需要する製造業全体の生産活動を制限し、フランスの経済成長の桎梏になる危険性さえ孕んでいたのである。

政府のプラン推進論の変化に応じ、鉄鋼業のアンタント体制に強い不満をもつ他の産業界はシューマン・プラン支持へと傾いていく。例えば、機械工業の

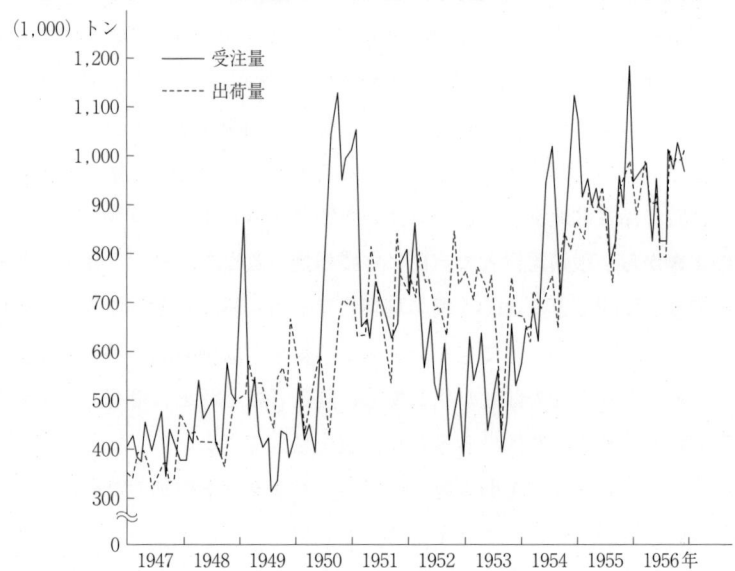

第3-5図　フランス鉄鋼業界の受注量と出荷量（1947〜56年：月ごと）

出典：PAM 74161, Chamber syndicale de la sidérurgie, Réunions mensuelles d'information 1947-1956より作成。

　業界誌『機械工業』（Les industries mécaniques）は、1951年2月号に掲載された「鉄鋼問題」と題する記事のなかで、共同体の結成に際してアンタント体制の解体が、鉄鋼需要者にとって不可欠であることを次のように述べている。

> 「われわれ〔鉄鋼〕消費者は1926年に組織された国際鉄鋼カルテルにも、今日なおわれわれが接している国内の共同販売機関にも決して満足していない。カルテルに基づく共同市場は、われわれ製造業の未来に魅力的な展望をもたらすものでないばかりか、われわれの不安をかきたてるものでさえある」[43]。

　そして、同誌は「真に競争的な共同市場を創設しようとするプラン提唱者の意図」を歓迎し、シューマン・プラン実施を支持している[44]。

　さらに、反シューマン・プラン・キャンペーンを展開していた鉄鋼業界のなかからも、1951年の後半にはシューマン・プランに賛同する経営者が現れた。

フランス最大の鉄鋼生産地域ロレーヌ地方のナンシーを県庁所在地とするムル・テ・モーゼル県では、フランスの大手製鉄会社ポン・タ・ムーソンの経営者であるグランピエール（André Grandpierre）、マルタン（Roger Martin）、同じく大手製鉄会社シデロールのバブアン（Robert Babouin）らがプラン支持にまわった。そして、同県では「シデロール・グループに率いられたプラン賛成派と伝統的な大製鉄会社ドゥ・ヴァンデルを中心とする反シューマン・プラン・グループとが激しく対立する」にいたっている[45]。

以上のような諸事実から、鉄鋼協会は、従来の鉄鋼業界の秩序を維持する（中小鉄鋼資本の保護）とともに、鉄鋼業界主導のカルテル再編を実現するためにシューマン・プラン反対の主張を展開したといえよう。だが、大手鉄鋼会社経営者のなかには、政府による価格管理から解放された自由競争に基づく共同市場の開設を支持して、鉄鋼協会の運動から離脱するグループが出現した。すなわち、1951年の後半には鉄鋼業界の立場も、反シューマン・プランで統一されているとはいえなかったのである。

(2) 経済審議会における論議

こうしたシューマン・プランをめぐる論争が展開されるなか、1951年夏以降に実施された経済審議会（Conseil économique）におけるパリ条約に関する論議がわれわれの目を引く。同審議会は、私企業、国有企業、農業団体、労働組合などの代表から構成され、社会・経済的議案が政府により議会に提出される前に、その議案について各階層の利害を代表して審議する機関である。したがって、ここでの論議は、当時のフランスにおける様々な経済グループのパリ条約に対する姿勢を看取することができるのみならず、議会にも多大な影響を与えるものだからである。

まず、経済審議会は、7月31日に同審議会の経済問題・計画委員会（commission des affaires économique et du plan）にパリ条約についての調査、研究を委託し、その成果をもとに、審議を行うことになった。同委員会の議長で積極的なシューマン・プラン支持者フィリップ（André Philip）を中心にまとめら

れた報告書は、11月29日の経済審議会で発表された[46]。

そこで示されたフランス石炭、鉄鋼業の現状と共同体結成の影響についての分析は、大筋で前年の計画庁の見解を踏襲したものであり、次のように述べている。石炭については、フランスでは国内需要を賄うだけの石炭の産出は期待できず、国外からの輸入に頼らなければならない。したがって、共同市場を開設してコークス化に適したルール炭の輸入を安定させることが重要である。共同市場の開設にともなって、ルール炭の輸入は500万トンから600万トン増加する見込みだが、国内消費の増加もあり、経済計画に沿った近代化を進めていけば、フランスの石炭業が受ける打撃は軽微なものにすぎない。鉄鋼業については、コークスの調達が容易になり、国外市場が拡大することによって、全体としてフランス鉄鋼業の環境は改善される。共同市場内で困難に直面するのは、銑鉄専門工場では、フランスの銑鉄専門工場による生産全体の13％を占め、1,400人の労働者を雇用する諸工場のみであり、銑鋼一貫工場では、全フランスの鉄鋼生産高の3.7％を生産し、労働者6,500人を雇用している諸工場にすぎないと、委員会の報告書は予測する。

さらに同報告書は、共同体が結成されなかった場合には解決できない諸問題として以下の点を指摘している。(a)「保護貿易のもとでは、弱小企業が保護され、非効率な投資が行われる」。(b)「時代遅れの生産設備の活用継続とコークス調達の困難さのために、鉄鋼業の操業率が制限される」。(c)「生産者間の不十分な競争が利用者のおかれた状況を悪化させる」[47]。以上のように、経済問題・計画委員会は、ある程度の生産性の低い炭鉱や製鉄工場が経営危機に直面するであろうことも予測したうえで、石炭と鉄鋼の需要者の立場を重視した観点から、パリ条約の批准を支持する結論を下したのである。

だが、11月29日の経済審議会の席上では、労働総同盟代表のデュレ（Jean Duret）と民間企業経営者の代表マヨール（Emanuel Mayolle）は経済問題・計画委員会の見解に異論を唱えた。まず、デュレは、フランスの石炭、鉄鋼業がルール地域よりも生産性が低く、共同市場の開設によって「工場閉鎖や操業停止に追い込まれ、極めて困難な立場に立たされることになるだろう」と予測す

る。そして、ルール地域の生産力の脅威を理由に、パリ条約の批准に反対し、シューマン・プランを批判した[48]。

次に、マヨールは共同体結成の意義は認めながらも、「ヨーロッパ石炭鉄鋼共同体の永続的成功を保証し、フランス経済にとって最も重大な危険を回避するために、条約批准の前に次の諸条件が実現されなければならない」と主張する。具体的には、「閣僚理事会の代表を最高機関の審議に参加させ」、「生産者や消費者の様々な組織の役割を拡大する」。「全体に共通する経済についての決定が参加各国（経済）に干渉することになる場合には、諮問委員会に諮問し、委員会での論議や答申を公表する」[49]など、マヨールは参加国政府、経済界の発言力を強化し、最高機関の権限を弱めることを主張した。

だが、デュレとマヨールの主張は、いずれも経済審議会ではそれぞれの属するグループ以外の委員からは僅かな賛同しか得られなかった。そして、経済審議会は経済問題・計画委員会のレポートの見解をもとに、条約の批准を支持する次のような答申を賛成110、反対16（このうち労働総同盟所属の会員は15名）、保留29（このうち民間企業代表が24名）で採択した。

まず答申は、ヨーロッパ全体の発展をめざしたヨーロッパ石炭鉄鋼共同体の理想を高く評価し、この共同体を将来の「ヨーロッパ経済統合への必要かつ望ましい途の第一歩を印すもの」と位置づけて、共同体結成の長期的意義を認める。さらに、ヨーロッパの石炭、鉄鋼業を共同体の管理下において、各国の利害対立と企業間のカルテルを排除することにより、石炭や鉄鋼が安定した価格で恒常的に供給されることが可能になると、答申は共同体結成の直接的な意義を強調した。このような観点から、経済審議会はヨーロッパ石炭鉄鋼共同体結成の重要性を訴え、「現在、〔条約の〕批准を拒否、または延期することは全般的な統合運動に深刻な打撃を与える危険性がある」[50]と議会に訴えた。

以上の審議内容から、パリ条約批准に反対したのは実質的に共産党系労組労働総同盟の代表のみであった。彼らの反対は、共同体の結成によってアメリカのヨーロッパに対する影響力が拡大されることを警戒する共産党の意向を反映したものである。態度を保留した民間企業経営者の代表は最高機関の強い権限

を懸念し、フランス国民経済の利害を最高機関の政策決定に反映させるような配慮がなされるべきであるとしながらも、シューマン・プランには基本的に賛成した。すなわち、国有企業経営者、農民、手工業の職人、キリスト教労働者同盟や労働総同盟・労働者の力派の労働者などの代表からなる条約の批准を支持した大部分の会員はもちろん、保留した民間企業を代表する会員も、アンタント体制の廃止を支持したのである。

　このように、1951年後半のフランスでは、鉄鋼のアンタント体制への批判からシューマン・プラン支持の意見が様々な階層に広がり、国論は大きくプラン支持に傾いていた。経済審議会の席上では民間企業経営者代表はパリ条約の批准に態度を保留していたが、この年の秋にはフランス経団連（Conseil national du patronat français）も同条約批准支持を表明しており、鉄鋼協会は産業界のなかでも孤立するかたちになっていたのである[51]。

(3) **国民議会における論議**──フランスにおけるパリ条約の批准──

　経済審議会の答申を受けた国会、すなわちフランス国民議会は、12月6日から13日までにパリ条約の批准に関する審議を行った。ここで、条約の成立を推進する連立政権与党のMRP、社会党、急進社会党、共和右派に対抗して、条約の批准に反対した政治勢力は、共産党、RPFなどであった。そして、議会における審議はこの両派に分かれて、条約批准のメリットとデメリットをめぐる論議が展開されることになる。

　共産党、RPFの議論は、共同市場での競争でフランス鉄鋼業が劣性を強いられるという鉄鋼協会の主張と共通する点にも触れていたが、それぞれの党派の性格から譲ることのできない次のような論点を強調していた。一方の共産党は、シューマン・プランがアメリカによって吹き込まれたものであり、超国家的な最高機関がフランスの利害を無視して、西ドイツに多額の資本を投下しているアメリカと西ドイツに牛耳られることになると批判する。そのため、フランスの基幹産業がアメリカ資本に従属することになり、フランスの労働者の生活水準が低下する。さらに、アメリカがヨーロッパへの影響力を強めることに

より、米ソの対立が深まり世界戦争につながると、共産党は西側諸国の結束を警戒するソ連の立場を代弁した議論を展開した。もう一方のド・ゴール率いるRPFは、石炭、鉄鋼業についての行政権を国際機関に委ねることに強く反対した。彼らの議論はフランスの国家主権が部分的にでも奪われることに反発する、ナショナリズムを反映したものであった[52]。

しかしながら、反シューマン・プラン・キャンペーンを続けてきたフランス鉄鋼業界は従来、MRPを支持しており、上記のように主張の力点も異なる左右両翼の共産党やRPFと直接手を結ぶことはなかった。事実、彼らは反シューマン・プラン・キャンペーンにおける議会対策として、上記の2政党とは異なる少数会派所属のアルザス、ロレーヌ、ノール各地方選出議員に批准に反対することを要請している[53]。例えば、この審議で最も激しく批准反対を主張し、政府側に食い下がったのは、そのうちの1人である独立・農民中道派（independant paysant）のムル・テ・モーゼル県選出議員、アンドレ（Pierre André）であった。彼は、西ドイツがコークス炭をフランス鉄鋼業が必要とするだけ輸出するとは考えられず、フランス鉄鋼業はドイツに比べて不利な立場に立たされると述べて、鉄鋼協会の主張を代弁し、反対論を執拗に繰り返した[54]。

このように批准反対派が分裂していたのに対して、賛成派4党は労働総同盟を除く労働界と鉄鋼需要者である産業界多数派の支持を受けて結束していた。彼らは、①ヨーロッパにおける平和の確立、②ヨーロッパの経済協力、といった1950年のシューマン演説でも述べられたスローガンに加えて、鉄鋼需要者の利害を代弁した③鉄鋼の生産、流通管理の廃止を訴え、条約批准を主張した。特に、財界を中心にフランスの国論がシューマン・プラン支持に向かう決定的要因となった③の点について、例えば、社会党のラコスト（Robert Lacoste）は審議初日の12月7日に、鉄鋼の流通円滑化の重要性を強調し、次のように述べている。

「ルノー公団の活動的な重役であるルフォシュー（Pierre Lefaucheux）氏が言った言葉を繰り返そうと思います。『もし、シューマン・プランがなければ、ルールがフォルクスワーゲンに優先的に便宜をはかることを阻

止するものは何もないでしょう。この状況では、私がフォルクスワーゲンが満足しない〔ような条件の〕鋼鉄をドイツの鉄鋼業者に求めたとしても、全く無駄であります』」[55]。

　この発言では、ルノーの経営者であるルフォシューが、現状ではルールの鉄鋼会社がドイツ産業には便宜をはかる一方で、フランスにはドイツの産業がとても満足しない悪条件でも、鋼材を供給しないであろうと述べたことを、ラコストは強調したのである。

　このような賛否両派の議論が応酬されたが、国民議会では双方とも歩み寄りをみないまま、12月13日に採決が行われ、377対233（共産党、RPFなどが反対）でパリ条約批准案が可決された。続いて、翌年の共和国参議院では、もはや共産党、RPFも批准に反対することはなく、4月2日に177対31の大差で可決され、パリ条約はフランスにおいて批准されたのである[56]。

おわりに

　すでに検討したように、当初、モネら計画庁スタッフは、ルール炭を安定して輸入すること、西ドイツの大鉄鋼資本の復活を抑制することを主眼に1950年にシューマン・プランを立案し、外交交渉を進めていた。以上の事情は近年の研究でも指摘されている。

　本章で新たに解明した点は以下のように要約できる。フランス政府が推進しようとするシューマン・プランに対して鉄鋼業界から激しい反対の声があがり、同年秋からフランス国内では、プランをめぐって激しい論争が繰り広げられた。鉄鋼協会はフランス鉄鋼業が共同市場で他の加盟国の鉄鋼業との競争に耐えられないと主張し、フランス鉄鋼業の競争力は他国に劣らないとみる政府、計画庁と鋭く対立した。ところが、1951年のイルシュ委員会では、競争力の比較にかわって、フランス鉄鋼業のアンタント体制の存廃問題が政府と鉄鋼協会との間の新たな対立点としてクローズ・アップされる。政府は鉄鋼業界の強制カルテルであるアンタント体制が同業界の自由競争を阻み、生産性の向上を遅らせ、

鉄鋼需要者である他の産業諸部門にも悪影響をおよぼしているとして、共同市場を創設してアンタント体制を一掃すべきだと主張した。経済界全般は政府の見解に同調し、大手鉄鋼会社のなかでもシェアの拡大をめざして、シューマン・プランに賛同する企業が現れた。こうして、アンタント体制の廃止を含むシューマン・プラン支持に国論が傾いていったのである。その結果、議会においてパリ条約が批准されると、鉄鋼協会は方針を転換し、共同市場におけるより有利な条件の整備をフランス政府に要求していく。

最後に、ヨーロッパ石炭鉄鋼共同体への参加にともなうアンタント体制の廃止が、戦後フランスの経済政策のなかでいかなる意味をもっていたのか、その後の鉄鋼製品の流通にいかなる影響を与えるかについて展望し、残された課題を指摘しておこう。

共同体が発足した1952年に1947年の産業省令は廃止され、鉄鋼のアンタント体制は解体された。それは、すでに触れたように、戦時下のヴィシー政権以来の政府、産業省と鉄鋼業者が鉄鋼の生産、流通を管理する強制カルテルの廃止であった。この政府の政策には次の2つの意図が込められていたといえよう。第1には、19世紀以来生き延びてきた中小製鉄会社を整理、統合し、国際競争に耐えうる強大な鉄鋼資本を早急に育成することである。こうしたフランス政府の画期的な政策転換は、2度の世界大戦における敗北によって、モネをはじめとする政府高官に近代的大規模生産の重要性が痛感されていたからにほかならない。第2には、モネ・プランで十分に生産性の向上が実現できなかった基幹的素材産業である鉄鋼業と、重要なエネルギー産業でありながら国内需要を満たすことができない石炭業とを共同市場に組み入れ、両部門の近代化の遅れが他の産業部門の足枷とならないように配慮することである。

ところで、ヨーロッパ石炭鉄鋼共同体の結成は、フランスをはじめ参加諸国の鉄鋼市場に自由競争をもたらしたのだろうか。フランスにおいて石炭、鉄鋼の自由競争を実現するには、大きな課題が残されていた。それは、財務省が実施していたインフレ対策としての物価政策との調整をはかることである。第1章で分析したように、財務省は戦後も多くの製品の価格を管理、抑制していた。

したがって、影響力の大きい石炭や、鉄鋼が価格管理を免れることは、相当な困難が予想される。ともあれ、共同体結成後の鉄鋼市場の実態、最高機関の政策とフランス政府の対応については、次章以降の検討課題である。

注

1) 政治的側面からシューマン・プラン分析した主な歴史研究は以下のとおりである。P. Melandri, *Les Etats-Unis face à l'unification de l'Europe, 1945-1954*, Publication de la Sorbonne, 1980; P. Gerbet, *La Construction de l'Europe*, Imprimerie nationale, 1983; R. Poidevin, *Robert Schuman, homme d'Etat 1886-1963*, Imprimerie nationale, 1986; I. M. Wall, *The United States and the Making of Post War France 1945-1954*, Cambridge, 1991; G. Bossuat, *La France, l'aide américaine et la construction européenne 1944-1954*, Comité pour l'histoire économique et financière de la France, 1992; D. Spierenburg et R. Poidevin, *Histoire de la Haute Autorité...*; A, Wilkens, *Le Plan Schuman dans l'histoire, intérêt nationaux et projet européen*, Bruyant, 2004. なお、1950年代、60年代にはヨーロッパ石炭鉄鋼共同体の法制度を解説する数多くの文献が出版されている。そのなかで代表的なものとして、W. Diebold, *The Schuman Plan...* を指摘しておく。

2) シューマン・プランを扱った経済史研究には次のようなものがある。A. S. Milward, *The Construction of Western Europe 1945-1951*, University of California Press, 1984; J. Gollingham, *Coal, Steel, and the Rebirth of Europe, 1945-1955*, Cambridge, 1991; M. Margairaz, *L'Etat, les finances et l'économie...*; M. Kipping, *La France et les origines....* なかでもキピング氏の著作は、本章と共通する内容、見解を示している。政治・経済両面からアプローチした意欲的な論文集に K. Schwabe (Hrsg.), *Die Anfange des...* がある。わが国におけるヨーロッパ石炭鉄鋼共同体に関する研究は次のようなものがある。島田悦子『欧州石炭鉄鋼共同体――EU統合の原点』日本経済評論社、2004年、小島健『欧州建設とベルギー――統合の社会経済的研究』日本経済評論社、2007年。

3) R. F. Kuisel, *Capitalism and State in Modern France*, Cambridge, 1981; H. Rousso (dir.), *De Monnet à Massé...*; P. Mioche, *Le Plan Monnet...*; H. Bonin, *Histoire économique de la IVème République*, Paris, 1987, pp. 113-119; B. Cazes et P. Mioche, (dir.), *Modernisation ou décadence*, Publication de l'Université de Provence, 1990; M. Margairaz, *L'Etat, les finances et l'économie...*; 廣田功「「戦後改革」とフランス資本主義の再編」『土地制度史学』第131号、1991年4月。

4) J. Monnet, *Mémoires*, Fayard, pp. 415-432; P. Uri, *Penser pour l'Action, un fondateur de l'Europe*, Odile Jacob, 1991, p. 79 et suit.
5) P. Gerbet, *La Construction de...*, pp. 116-123.
6) AN 81 AJ 152, Proposition du 9 mai.
7) Ibid.
8) J. Gillingham, *Coal, Steel and...*, pp. 266-283; etc.
9) ルール地域の石炭、コークス、鉄鋼の生産規模、価格、国内消費向けと外国輸出向けとの配分は、アメリカ、イギリス、フランス、ベネルクス3国と西ドイツの代表で構成される「ルール国際機関」(International Authority for the Ruhr) によって決定されていた。同機関は、西ドイツを除く上記6カ国が締結した「ルール憲章」に基づいて1948年に創設されたが、早くも1949年末にはアメリカ、イギリスはルール地域の国際管理の廃止を検討していた。P. Gerbet, *La Construction de...*, p. 75 et 102; M. Margairaz, *l'Etat, les Finances et l'économie...*, p. 1224; G. Bossuat, *La France, l'aide...*, pp. 767-771.
10) 小島健、前掲書、のほかにも、パリ会議については数多くの研究で分析されている。最新の優れた研究は、J. Gillingham, *Coal, Steel and...*, pp. 228-250; G. Bossuat, *La France, l'aide...*, pp. 735-794.
11) AN 81 AJ 137, Lettre de J. Monnet à R. Schuman, le 22 décembre 1950.
12) AN 81 AJ 137, Lettre de K. Adenauer du 14 mars 1951; AN 81 AJ 141, Van Helmont, Aide-memoire sur l'histoire de la déconcentration de la Ruhr, le 2 juillet 1952; G. Bossuat, *La France, l'aide...*, pp. 772-777; J. Gillingham, *Coal, Steel and...*, pp. 266-282.
13) Ministère des Affaires Etrangères, *Rapport de la délégation française sur le traité instituant la CECA et la convention relative aux dispositions transitoires, signé à Paris*, le 18 avril 1951, Paris, 1951.
14) J. Gillingham, *Coal, Steel and...*, p. 280、および前掲の本章注2）を参照。
15) P. Gerbet, *La Construction de...*, pp. 56-69.
16) 例えば、R. Poidevin, *Robert Schuman...*, pp. 264-268 et pp. 292-295.
17) AN 81 AJ 158, Direction des mines et de la sidérurugie, Note, le 23 septembre 1950, Lettre de J. Monnet à J.-M. Louvel, le 5 octobre 1950.
18) P. Mioche, La patronat de la sidérurgie française...; F. Roth, Les milieux sidérurgiques lorrains et annonce du Plan Schuman in K. Schwabe (Hrsg.) *Die Anfange des...*. これらの論文は鉄鋼業者の主張を当時の新聞、雑誌などをもとに紹介している。

19)　AN 81 AJ 135, Lettres de J. Aubrun du 12 juillet 1950 et du le 5 août 1950.
20)　AN 81 AJ 135, Note par A. Aron, le 12 octobre 1950.
21)　Ibid.
22)　Ibid.
23)　AN 81 AJ 135, CSSF, Note sur le Plan Schuman, le 13 décembre 1950; CSSF Note, le 18 décembre 1950; etc.
24)　AN 81 AJ 134, CGP, Note relative aux effets du Plan Schuman sur les industries du charbon et de l'acier en France, le 9 décembre 1950.
25)　Ibid., pp. 1-11.
26)　Ibid., pp. 11-14; AN 81 AJ 136, Les Charbonnages de France, Répercussion du Plan Schuman sur le niveau de la production française, le 7 novembre 1950.
27)　AN 81 AJ 134, CGP, Note relative aux effets du Plan Schuman sur les industries du charbon et de l'acier en France, le 9 décembre 1950, pp. 19-23.
28)　Ibid., pp. 24-29.
29)　Ibid., pp. 25-26.
30)　AN 81 AJ 135, Procès-verbaux du 29 décembre 1950 au 9 février 1951.
31)　AN 81 AJ 135, Rapport sur les travaux du comité chargé d'examiner les effets du Plan Schuman sur la sidérurgie française, le 21 février 1951.
32)　AN 81 AJ 135, CSSF, Note, le 18 décembre 1950.
33)　AN 81 AJ 135, Rapport sur les travaux du comité chargé d'examiner les effets du Plan Schuman sur la sidérurgie française, le 21 février 1951, pp. 9-13.
34)　Ibid., pp. 11-12.
35)　M. Freyssenet, *La sidérurgie française...*, pp. 34-35; M. Kipping, *La France et les origines...*, pp. 171-183.
36)　AMI DIMME 770600 IND 22306, Note sur le Comptoir français des produits sidérurgiques, le 12 mai 1947; AN 81 AJ 135, Note sur les pouvoirs de la Chambre syndicale et de Comptoir français des produits sidérurgiques, le 31 janvier 1951.
37)　AN 81 AJ 135, Procès-verbal du 2 janvier 1951.
38)　AN 81 AJ 135, Lettre de J. Aubrun du 19 juin 1951.
39)　Archives du Ministère des affaires étrangères（外務省史料、以下、MAEと省略）DE-CE 511, Chambre de commerce de Dunkerque, Extrait du registre aux délibérations séance du 21 février 1951; Chambre de commerce de Valenciennes, Emet le vœu, le 13 mars 1951; Chambre syndicale de la sidérurgie de Moselle, Pool charbon-acier, le 30 novembre 1951; etc.

40) AN 81 AJ 135, La Politique d'exportation du Comptoir français des produits sidérurgiques, s. d., pp. 15-16.
41) Ibid., pp. 18-19; MAE DE-CE 512, Note sur les effets du Plan Schuman dans le domaine de l'acier, le 23 juillet 1951.
42) PAM 56848, Procès-verbal du comité consultatif auprès du Comptoir français des produits sidérurgiques du 4 janvier 1952.
43) Le problème de l'acier, *Les industries mécaniques*, n 70 de février 1951, p. 7.
44) *Ibid.*, pp. 7-8; M. Kipping, *La France et les origines...*, pp. 187-227.
45) AN 81 AJ 136, Préfecture de Meurthe-et-Moselle, Cabinet du préfet, Pool Charbon-Acier, Nancy, le 29 janvier 1952.
46) Rapport présenté au nom du Conseil économique, in Conseil économique, *Communauté européenne du charbon et de l'acier*, Presses universitaires de France, 1952.
47) *Ibid.*
48) Contre-projet d'avis par J. Duret, in Conseil économique, *op. cit.*
49) Contre-projet d'avis par E. Mayolle, in Conseil économique, *op. cit.*
50) Avis adopté par le Conseil économique dans la séance du 29 novembre 1951, in Conseil économique, *op. cit.*
51) P. Mioche, La patronat de la sidérurgie française..., pp. 311-312; M. Kipping, *La France et les origines...*, pp. 239-333.
52) *Journal officiel*, Assemblée Nationale, 1er séance le 7 décembre 1951, p. 8874, sqq.
53) F. Roth, Les milieux sidérurgiques..., p. 374.
54) *Journal Officiel*, Assemblée Nationale, 3e séance le 7 décembre 1951, p. 8953, sqq.
55) *Journal Officiel*, Assemblée Nationale, 1er séance le 7 décembre 1951, p. 8920.
56) R. Poidevin, *Robert Schuman...*, pp. 292-294.

第4章 ヨーロッパ石炭鉄鋼共同体によるカルテル規制
―― 鉄鋼共同市場におけるフランス鉄鋼コントワール ――

はじめに

　ヨーロッパ石炭鉄鋼共同体の結成条約である通称パリ条約は、1951年4月18日にフランス、西ドイツ、イタリア、ベネルクス3国によってパリで調印され、同年から翌1952年にかけてこの6カ国によって批准された。これを受けて、1952年8月には共同体の行政機関である最高機関がルクセンブルクに設置されて共同体が発足する。すでに指摘したように、パリ条約によって最高機関や共同市場の役割、性格は次のように規定されている。最高機関は共同体参加諸国の政府、産業界の諸利害から独立した超国家機関として、参加諸国の経済発展をめざし、石炭、鉄鉱石、鉄鋼といった産業の投資、生産計画を立案し、その実施を指導する。さらに、原則として貿易制限が取り払われたこれらの製品の共同市場では、企業間の協定や集中を排除した自由競争が展開される。

　ところで、共同体参加諸国間相互の市場解放が、政府による貿易制限を撤廃することにとどまらず、企業による競争の制限を排除することにまでおよんだのは、共同体結成を提唱したモネを中心とするフランス政府、計画庁の経済官僚たちが、以下の3つの理由から独占規制を提案したことに起因していた。第1に、フランス政府は、当時世界的に不足していた石炭を調達するために、西ドイツのルール地方産出の石炭を輸入するルートを確保することを画策していた。そのためには、西ドイツ政府による輸出制限のみならず、同地域の石炭業界が系列関係にある国内企業向けの供給を優先することも阻止しなければならなかった。そうした観点から取引相手を差別しない自由競争市場の創設が必要

であった。第2に、共同市場内の自由競争による弱小企業の淘汰と主要企業の集中、大型化によって、フランス鉄鋼業の生産性向上と体質強化が期待された。第3に、アメリカの政府や財界が共同体の結成が国際カルテルの結成につながることをおそれ、自由競争の確立をフランス政府など関係諸国に働きかけたことも、独占の排除が標榜される要因になった。マーシャル・プラン後のアメリカからの経済援助を期待するフランス政府計画庁は、自由競争を基本原則とする共同市場の創設をうたった条項をパリ条約に盛り込むことで、共同体がアメリカからの援助を受けることができると考えたのである[1]。

だが、前章で詳細に検討したように、フランスでのパリ条約批准をめぐる論議において、鉄鋼業界が激しい反対運動を展開した。この反対運動に直面したフランス政府は、鉄鋼業のカルテル組織を批判する鉄鋼業以外の同国諸産業界の支持を取りつけ、パリ条約批准支持に国論を導いた。当時、鉄鋼需要者である機械、造船、建設などの諸産業界は、鉄鋼業のカルテルによって鉄鋼各社間の競争が回避され、鉄鋼製品が質、量などの点で劣悪な条件でしか供給されていないと不満の声をあげていた。すなわち、これらの産業界は鉄鋼業界のカルテル解体を強く要求していたのであり、共同体によるカルテル規制に期待を寄せたのである[2]。

では、共同市場の開設にあたって、フランス政府、産業界から期待されたカルテルの規制、排除は、共同体によってどのように実施されたのだろうか。本章の課題は共同体によるカルテル規制についてフランス鉄鋼業界の事例を検討することである。

従来の諸研究では、共同体の政策全体が分析されるなかで、独占規制についても言及されている。これらの研究によれば、企業の集中合併に関しては、最高機関は1958年までの間に104件もの企業合同をすべて認めており、事実上、集中を規制していない。カルテル規制についても1958年の春までに112件が審査されたが、3つの屑鉄カルテルが解体させられただけで、ほとんどの場合は条約違反と認定されることはなかった。したがって、最高機関は実質的に共同市場における独占を規制することはなく、フランス鉄鋼業界にも規制がおよぶ

ことはなかったと評価されている[3]。

　これらの研究は、共同市場における独占が実質的に規制されなかった理由は各国の政府や石炭、鉄鋼業界の力に共同体が屈したためだと断定している。だが、それは明らかにパリ条約の規定に矛盾し、フランス政府と、鉄鋼業を除く同国産業界の期待を裏切るものであった。にもかかわらず、最高機関がいかにして上記の政策を正当化し、採用するにいたったのか、従来の諸研究ではこの点が解明されていない。この問題を解明することは、共同体の性格、役割、共同市場の構造を研究するためには必要不可欠な作業である。さらに、従来のフランス鉄鋼業に関する歴史研究も、第2次大戦後の同業界のカルテル組織が鉄鋼会社間の競争を阻み、十分な設備投資と生産の拡大、生産性の向上が実現されなかったと、当時のフランス政府の問題意識を裏づける点を指摘している[4]。そうだとするならば、共同体による不徹底なカルテル規制は、鉄鋼業のみならず、鉄鋼を加工する他の諸産業にも重大な影響を与えたはずである。それゆえ、鉄鋼業をはじめ戦後のフランス産業界全体の動向を分析するうえでも、共同体によるカルテル規制の実態を明らかにすることは、重要な意味をもつといえよう。

　そこで本章では、共同体のカルテル規制を扱った従来の諸研究では十分に検証されていない、最高機関の内部でいかなる論議がなされ、どのような基準で鉄鋼業界のカルテルが規制されたのかを、個別具体的に明らかにする。そのために、ヨーロッパ石炭鉄鋼共同体の最高機関、フランス産業省、同国計画庁などの内部文書を分析する。これらを分析することによって、共同体内部におけるカルテル規制政策の策定と実施過程とを検討し、共同体のカルテル規制の実態をフランス鉄鋼業界の事例を中心に明らかにする。

1　共同市場開設に向けたフランス政府、鉄鋼業界の対応

　共同体結成当時のフランス鉄鋼業界は、コントワールと呼ばれる共同販売機関や共同購入機関を設立し、カルテル組織を形成していた。その中核をなし、

他のフランス産業界からの批判が集中していたのは、同業界の共同販売機関であるフランス鉄鋼コントワールであった。すでに触れたように、当時のフランスでは同コントワールの活動がパリ条約に違反するとみられていた。ここではまず、第2章で検討した同コントワールの組織構造と機能について、再確認するとともに、より詳しい業務内容を分析する。次いで、共同体の発足にあたって、同コントワールの活動についてフランス政府や鉄鋼業界がとった対応策を、フランス産業省や共同体最高機関などの諸文書をもとに検討する。さらに、原材料の調達面でも組織されていたフランス鉄鋼業界の他のコントワールについても吟味し、鉄鋼業界のカルテル組織の全体像を明らかにして、政府と鉄鋼業界の共同市場開設に向けたカルテル組織全体に関する基本姿勢も解明する。

(1) フランス鉄鋼コントワール

すでに触れたように、フランス鉄鋼コントワールは1919年に創設されたフランス製鉄コントワールを前身とし、1940年にフランス鉄鋼コントワールと改名され、ヴィシー政権の戦時統制経済のもとでは、鉄鋼の配給機関として機能していた。フランスの全鉄鋼会社が加入を義務づけられ、それらが株主の100%を占めるフランス鉄鋼コントワールの役割は、戦後においては1946年4月26日制定の法律と1947年6月28日に発令された産業省令によって定められた。これらの規定に基づいて、同コントワールは次のような活動を行っていたのである[5]。

フランス鉄鋼業の業界団体であるフランス鉄鋼協会は、フランス鉄鋼コントワールが収集、管理する各工場の生産能力、投資計画などの諸資料をもとに各製品の生産計画をたて、産業省、鉱山・鉄鋼局の承認を得る。同コントワールは生産計画が策定されるにあたって、各工場から受注記録を回収し、計画立案の基礎資料として提供する。生産計画が産業省に承認されると、同コントワールは計画を実行に移すために、いったん各鉄鋼会社が受けた注文を各社に再分配し、鉄鋼の貿易も管理する。さらに、同コントワール自身も生産全体の40%にあたる、行政機関、フランス国鉄、造船会社、鋼管製造会社、鋼材販売業者

からの注文を受け、各工場に配分する。鉄鋼価格は政府制定の公定価格による販売が義務づけられた[6]。

現実の生産の進行についてもフランス鉄鋼コントワールは各工場を監督し、鉄鋼会社とその顧客の取引明細書を作成して販売代金の取立ても以下の手順で行った。鉄鋼各社から顧客への請求書のコピーを受け取り、請求金額の合計を各社の明細書の売掛金と各顧客の明細書の買掛金に記入する。各顧客には請求書のコピーを添えて、取引明細書を送付する。必要があれば、顧客に買掛金として記入されている金額の手形を送る。支払い期日には手形または小切手で取り立てる[7]。

以上のように、フランス鉄鋼コントワール、フランス鉄鋼協会、同国産業省、鉱山・鉄鋼局による鉄鋼の生産販売管理システムは鉄鋼業界のアンタント体制[8]と当時呼ばれていた、政府公認の強制カルテルである。このアンタント体制によってフランス鉄鋼業界は戦後フランス政府が進めていたモネ・プランに協力し、鉄鋼価格を公定価格に保つことで政府のインフレ抑制策にも貢献した。その見返りとして、モネ・プランでは鉄鋼業は重要な基幹産業として資金や原材料が優先的に配分された。

だが、前章でも検討したように、この鉄鋼業界のアンタント体制は、1950年代初頭に鉄鋼需要者である他の製造業者から激しい批判をあびていた。それは、戦後の経済成長の開始にともない1949年頃から鉄鋼需要が伸びていたが、フランス鉄鋼業は需要の増加に応ずることができなかったためである。そこで、フランス産業界は、アンタント体制が存在するために競争が回避されて、鉄鋼業の生産力が拡大されず、品質、価格などでも、十分な製品が供給されないと、鉄鋼業界を批判した。さらに、この体制によって、鉄鋼の輸入も制限されているので国外から調達することもできないと、同体制の解体を迫ったのである。フランス産業界がシューマン・プランを支持したのは、パリ条約が石炭、鉄鋼業の独占排除を掲げていたことが理由の1つになっていた点もすでに指摘したとおりである。

1952年4月10日にパリ条約が批准されると、フランス政府は鉄鋼業界のアン

タント体制の解体に着手し、鉄鋼業界もこれを受け入れざるをえなかった。そこでまず、フランス政府は、1952年7月18日に議会を通過した法律と翌1953年2月9日の政令によって、ヨーロッパ石炭鉄鋼共同体加盟諸国との間の石炭、鉄鋼貿易に対する制限と関税を廃止した。それにともない、石炭、鉄鋼価格の政府による統制も取り払われ、産業省が各製鉄工場の生産計画を指導、監督することも廃止された[9]。その結果、フランス鉄鋼コントワールも自らの活動のうち、政府、産業省が関与する業務を停止することになった。すなわち、同コントワールが特定の顧客から受注して注文を各工場に配分したり、鉄鋼各社が顧客からいったん受けた注文を再配分することを取り止めたのである。ただし、鉄鋼市場の正確な状況を把握するために、各社が受注量を製品ごと、工場ごとに詳細に同コントワールに対して報告することは継続された[10]。さらに、鉄鋼各社の販売代金回収の仲介については何ら改革が加えられることもなく、同コントワールは各社の販売代金の請求、取立ての一括代行も継続して行うことになった。

このように、フランス政府、産業省とフランス鉄鋼コントワールによる価格の設定、生産量の割当、貿易の管理は廃止され、フランス政府公認の強制カルテルは同業界には存在しなくなったのである。だが、同コントワールは存続し、その活動の多くも停止されることはなかった。さらに、それまでの活動のよりどころであり、フランス鉄鋼業界の利害を守ることを目標に定めた同コントワールの定款にも全く手が加えられることはなかったのである。

(2) 東部鉄鉱石コントワール

フランスの鉄鋼業界は、鉄鋼製品の共同販売機関のみならず、マンガン、赤鉄鉱、コークスなど原材料の共同購入機関も組織していた。さらには、鉄鉱石採掘会社を系列下におさめていた主要鉄鋼会社は、鉄鉱石の共同販売機関の経営にも加わっていた。これらの共同購入機関や共同販売機関はいずれもフランス鉄鋼コントワール同様、鉄鋼会社などの出資により設立され、その運営の実権も鉄鋼会社が握っている。このように、フランス鉄鋼業界は原材料の購入か

ら製品の販売まで、幅広くコントワール組織網を編成していたのである[11]。

以下では、これらのうちから、ロレーヌ産出の鉄鉱石を販売していた東部鉄鉱石コントワール（Comptoir de vente du minerai de fer de l'Est de la France, COFEREST）を取り上げ、その組織と役割について、共同体結成にあたって実施された改革を検討する。それは、同コントワールが、鉄鋼生産にとって最も重要な原料である鉄鉱石を扱っていたことと、ロレーヌ地方はヨーロッパでも有数の鉄鉱石産地で、他の共同体参加諸国の鉄鋼業にも供給していることなど、共同市場におけるカルテル規制という点ではより重要な意味をもっていたからである。

東部鉄鉱石コントワールは、鉄鉱山を保有する鉄鋼会社や鉄鉱石採掘会社によって、ドイツ占領下において鉄鉱石を配分するための有限会社として、1944年10月23日に設立された。解放後も東部鉄鉱石コントワールは業務を継続し、1947年2月10日の産業省令に基づく2月21日の「コントワール通達」（Instructions sur les Comptoirs）によって、フランス産出鉄鉱石の90％以上を占めるロレーヌ地方のムル・テ・モーゼル県、モーゼル県とムーズ県産出鉄鉱石の独占的販売機関としての権限が、同コントワールに与えられた。すなわち、この通達によって、上記3県のすべての鉄鉱石採掘会社は鉄鉱石を顧客に直接販売することを禁止され、これらの企業が引き受けた注文はすべて東部鉄鉱石コントワールに届け出ることが義務づけられた。そして、同コントワールはこの地域で鉄鉱石の配分と配送を管理し、販売代金の回収も行う唯一の機関として政府に認定されたのである[12]。

このような東部鉄鉱石コントワールの業務が共同体結成条約に違反することは明白であり、1953年2月10日の鉄鉱石の共同市場開設と同時に、前述の1947年2月10日の産業省令、同年2月21日のコントワール通達の適用が取り止められた[13]。だが、東部鉄鉱石コントワールは存続し、鉄鉱石配分機関としての基本性格を規定している同コントワールの定款が改正されることもなかった。そして、フランス鉄鋼コントワールと同様に、東部鉄鉱石コントワールは鉄鉱石の生産割当、顧客への配分を自粛するかたちで共同市場の開設にのぞむことに

なったのである。

その他のフランス鉄鋼業界の共同購入諸機関についても、各機関の解体ないし改組などが実施されることはなく、鉄鋼業界の諸コントワールの組織自体は温存された[14]。換言すれば、フランス政府、産業省がこれら組織の役割を法的に規定し、経済政策を実施するために積極的に利用することを取り止めた。だが、それまでパリ条約に反する業務を遂行してきた鉄鋼業界の諸コントワールの組織自体が解体されることはなかった。したがって、これらのコントワールは公式には生産や商品の配分などを自粛していることになっていても、いつでもそれを実行できる機能を備えていた。そして、コントワールの活動の規制は、石炭、鉄鉱石、鉄鋼といった諸産業部門の行政権を掌握することになる共同体に委ねられることになったのである。

2　カルテル規制に関する最高機関の基本方針

すでに触れたように、共同体の行政機関の役割を果たす最高機関は、1952年8月10日にルクセンブルクに設置され、共同体が発足した。9名の委員で構成される最高機関のもとに、同年12月の時点で合計280名の職員が勤務する第4-1表に示された部局が配置され、1953年2月10日の石炭、鉄鉱石の共同市場開設、同年5月1日の鉄鋼共同市場開設に向けて、諸問題への対応がなされていた[15]。独占規制については、オランダ人経済学者のハンブルガー（Richard Hamburger）が局長を務める「協定・集中局」（Division ententes et concentrations）によって、1953年初頭から対応策が検討され、同局の報告をもとに最高機関の政策が策定されることになる[16]。

ところで、最高機関によるカルテル規制と、カルテルの重要な合意事項にもなりうる価格に関する同機関の政策については、パリ条約の規定では別々の条項が用意されていた。そこで、同機関もこの2つの政策を別のものとして並行して実施する。ここではまず、価格設定について規定しているパリ条約60条とその鉄鋼価格への適用を分析する。次いで、カルテル規制について定めたパリ

第4章　ヨーロッパ石炭鉄鋼共同体によるカルテル規制　113

第4-1表　設立当初のヨーロッパ石炭鉄鋼共同体最高機関の
　　　　　内部組織（1952年10月）

経済局（Division économique）
生産局（Division production）
投資局（Division investissement）
市場局（Division marché）
社会問題局（Division pour les questions sociales）
協定・集中局（Division Ententes et Concentrations）（1953年に設置）
運輸課（Service transport）
統計課（Statistique）
法務課（Service juridique）
財務課（Service financier）
秘書課（Secrétariat）
内務課（Service intérieur）
通訳・翻訳課（Service des interprètes et des traducteurs）

出典：CEAB, *Répertoire*, Volume 2, 1957-1961, Annexe.

条約65条の規定を紹介し、同条適用方法決定までの最高機関におけるカルテル規制をめぐる論議を分析して、最高機関の基本政策を吟味する。

(1)　鉄鋼価格をめぐる最高機関の基本方針とその適用

　すでに指摘したように、パリ条約は、石炭、鉄鉱石や鉄鋼などの自由で公正な競争が行われる共同市場の開設を共同体結成の基本理念として位置づけていた[17]。同条約には、そうした意味から価格に関する規定が盛り込まれている。共同市場における石炭、鉄鋼などの価格について規定したパリ条約60条は2項からなり、その骨子はそれぞれ次のとおりである[18]。
　第1項　共同市場においては、定期的な取引の有無、取引量、国籍などによって顧客を差別し、異なった価格で販売してはならない。
　第2項　共同市場における価格、その他の販売条件は公表しなければならない。
　このような規定によって、石炭、鉄鋼の生産、販売業者は共同市場内の顧客には同じ条件で商品を供給しなければならず、国内の顧客に優先的に販売することや、ダンピングも禁止されたのである。換言すれば、パリ条約60条の規定

における自由で公正な競争が行われる市場とは、特定の顧客に優先的に製品が供給されたり、逆に特定の顧客に不利な供給条件が課せられることのない市場を意味していたのである。

　最高機関は以上のパリ条約の規定に基づき、価格政策についての検討を1953年1月3日の最高機関会議において開始する。まず、石炭と鉄鉱石の価格については、2月12日に最高機関の行政執行の法的根拠となる「決定」(décision) 3-53号、4-53号、5-53号が、最高機関会議で議決された。これらの決定によって条約違反とみなされる差別的値付けの具体的基準と、価格、販売条件に関する公表すべき要件、発表方法などが詳細に規定された。ただし、当時不足していた石炭は価格高騰が予想されたため、価格の上限が設けられている[19]。鉄鋼価格については同年5月2日の最高機関会議で制定された決定30-53号、31-53号によって、鉄鋼各社がそれぞれどの顧客に対しても、「価格表」(barèmes des prix) に公表した価格、販売条件で製品を供給することと、公表すべき情報の内容などが制定された[20]。

　以上のパリ条約とそれを実施する最高機関の決定を受けて、共同市場内の鉄鋼各社は鉄鋼価格を発表したが、実際のところ、鉄鋼価格は各鉄鋼生産地域の製品集散地ごとに各製品に一定の価格が形成された。1953年5月20日の最高機関の市場局 (division du marché) の調査によれば、フランスでは第4-1図に示した13カ所で第4-2表のように価格がつけられた。そのほか、第4-3表のような西ドイツでは6カ所（ザールの1カ所を含む）、ベルギー6カ所、ルクセンブルク5カ所、オランダ3カ所、イタリア8カ所、共同市場内の合計41カ所ごとに価格が形成されたのである[21]。ロンウィ、ティオンヴィル、ヴァランシエンヌといった東部と北部の都市に主要鉄鋼会社の工場が集っていたフランスでは、これら各都市ごとに一定の価格が即座に形成された事実から、各社間の価格競争が回避されていたことは十分に想像できる。

　最高機関は1953年以降、パリ条約の規定どおりに価格が発表され、発表されたとおりの価格で鉄鋼製品が販売されていることを監視する役目を担った。先回りしていえば、1953年から1954年前半までの景気停滞期に公表価格から乖離

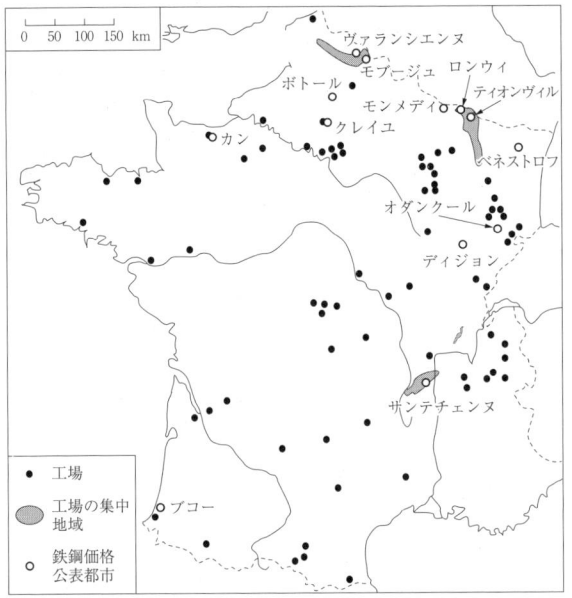

第 4 章　ヨーロッパ石炭鉄鋼共同体によるカルテル規制　115

第 4 - 1 図　フランスの製鉄工場と価格公表都市（1953年）

出典：J. Chardonnet, *La sidérurgie française, progrès ou décadence*, Armand Colin, 1954; CEAB 4 n. 375, Note sur les nouveaux barèmes de prix pour les produits d'acier, le 22 mai 1953より作成。

した値引き販売が問題になって以降、最高機関は鉄鋼価格設定のあり方に腐心することになる。

　だが実のところ、次章以降に詳しく検討するように、フランス政府、財務省は、共同体結成後にもインフレ対策の一環として、価格の抑制を自国の鉄鋼業界に非公式に要請していた。この財務省の要請は、鉄鋼各社への公的な資金援助を見返りとしていた[22]。具体的には、政府系金融機関であるクレディ・ナシオナルによる貸付利子が1952年にそれまでの7％から4、5％に軽減され、さらに、クレディ・ナシオナルと、公的基金である近代化設備基金から多額の資金貸付も鉄鋼各社に認められた[23]。フランス鉄鋼協会の理事会（Conseil d'administration）の議事録によると、これと並行して、同協会幹部のフェリやラティ（Jean Raty）がフランス財務省、物価局と交渉のうえで、鉄鋼価格を決

第4-2表 フランスにおける

都市名 製品	ティオンヴィル Thionville	モンメディ Montmedy	モブージュ Maubeuge	ヴァランシエンヌ Valenciennes	カン Caen	ロンウィ Longwy	クレイユ Creil
棒　鋼	98.85		101.15		102.85		
形　鋼	97.45		99.70				
梁　材	104.55						
矢　板							
鋼　線	102.85		105.15		108.55		
帯板・鋼管用帯	110.65		112.90			110.55	
大型鋼板	116.00		118.30				
厚　板		117.70	119.30				
中　板		117.70	119.30				
薄　板		134.85	136.95				139.60
半製品鍛鉄	83.90		87.65		88.75		
半製品棒鋼	76.95				80.85		
半製品鋼線	77.15			78.70	81.45		
半製品帯板	77.15			78.70	81.45	110.55	
半製品鋼板	76.55			78.10	80.85		
半製品その他	76.55			70.10			

出典：CEAB 8 n. 363, Note sur les nouveaux barèmes de prix pour les produits d'acier, le 22 mai 1953.

定していた[24]。その結果、前にも触れた鉄鋼市場の逼迫にもかかわらず、第4-2図や第7-4表にもみられるように、フランスの鉄鋼各社は鉄鋼価格を共同体加盟諸国と比べて低位に維持することを受け入れた[25]。すなわち価格管理の面では、共同体結成後に政府側の窓口が産業省から財務省に移されて、以前の政府と鉄鋼業界の関係が非公式に維持されたのである。

　以上のように鉄鋼各社と政府が合意のうえで価格を設定することは、パリ条約60条の規定には違反しなくても、以下に検討する同65条に触れることは明白である。そもそも、鉄鋼業に対する行政権を共同体に委譲したフランス政府が、鉄鋼価格の設定に介入すること自体、パリ条約の基本理念に反する越権行為であった。

鉄鋼公表価格（1953年5月20日）

（単位：1トン当たりドル）

ディジョン Dijon	オダンクール Audincourt	サンテチェンヌ Saint-Etienne	ボトール Beautor	ブコー Boucau	ベネストロフ Benestroff	以前の価格	都市
104.—		106.—	106.55		102.85 101.15	44.— 92.80	ティオンヴィル 〃
108.20					106.55 114.45	98.— 98.—	〃 〃
123.65		130.—		127.15		109.30 111.40	〃 複数生産地
132.20 141.30	140.90	130.—	120.95 138.10			119.15 124.20	〃 〃
88.35 82.10		90.30		87.15	86.— 78.85	80.75 73.50	ティオンヴィル 〃
					79.75 79.75		
82.10				87.15	79.35 78.85	73.50	〃

(2) パリ条約のカルテル規制条項とその適用方法の検討

　最高機関によるカルテルについて規定したパリ条約65条の規定は、5つの項目からなり、以下のように要約できる[26]。

　第1項　共同市場内において「正常な競争作用」（le jeu normal de la concurrence）を制限したり、阻害したりする企業間のすべての合意、企業行動を禁止する。特に、「(a)価格を固定または決定すること、(b)生産、技術開発、投資を管理、制限すること、(c)市場、製品、顧客、または原材料の調達源を割り当てること」[27]は条約違反である。

　第2項　ただし、当該企業が価格を設定したり、生産と販路を制限、管理することがなければ、生産や製品の配分が著しく改善される場合に限って、

第4-3表　ヨーロッパ石炭鉄鋼共同体における鉄鋼価格公表都市

《西ドイツ》
オーバーハウゼン（Oberhausen）
エッセン（Essen）
シーゲン（Siegen）
ペイネ（Peine）
ルールオルト－ドルトムント（Ruhrort-Dortmund）
ディリンゲン（Dillingen）

《ベルギー》
シャルルロア（Charleroi）
スラン（Seraing）
クラベック（Clabecq）
フレマール（Flemalle）
ラ・ルビエール（La Louviere）
マルシネル（Marcinelle）

《ルクセンブルク》
ルクセンブルク（Luxembourg）
ベルヴァル（Belval）
ディフェルダンジュ（Differdange）
アウス（Athus）
ロダンジュ（Rodange）

《オランダ》
フェルセン－フェルヴァイク（Velsen-Beverwijk）
ユトレヒト（Utrecht）
アルブラッセルダム－ザインドレヒト（Alblasserdam-Zwijndrecht）

《フランス》
ティオンヴィル（Thionville）
モンメディ（Montmedy）
モーブージュ（Maubeuge）
ヴァランシエンヌ（Valenciennes）
カン（Caen）
ロンウィ（Longwy）
クレイユ（Creil）
ディジョン（Dijon）
オダンクール（Audincourt）
サンテチェンヌ（Saint-Etienne）
ボトール（Beautor）
ブコー（Boucau）
ベネストロフ（Benestroff）

《イタリア》
ミラノ（Milano）
ノーヴィ・リーグレ（Novi Ligure）
メストレ（Mestre）
ナポリ（Napoli）
テルニ（Terni）
ジェノバ（Genova）
レッコ（Lecco）
ポルトヴェッキオ（Portovecchio）

出典：CEAB 4 n. 375, Note sur les nouveaux barèmes de prix pour les produits d'acier, le 22 mai 1953. より作成。

最高機関は生産特化のための企業間の合意、共同購入、共同販売を一時的に認める。

第3項　上記の認定を行うために、最高機関は当事者宛ての「特別請求」によって、必要な資料の提出を求めることができる。

第4項　最高機関によって条約違反と判断された企業間の合意は無効で、当該国政府が最高機関の認定を覆すことはできない。

第5項　第1項の規定により違反と判断されたカルテル行為が実施された場合には、最高でカルテルによる売上高の2倍に相当する罰金を課する。生産、技術開発、投資を制限するカルテルの場合は、関係企業の年間売上高

第4-2図　各国の鉄鋼価格比

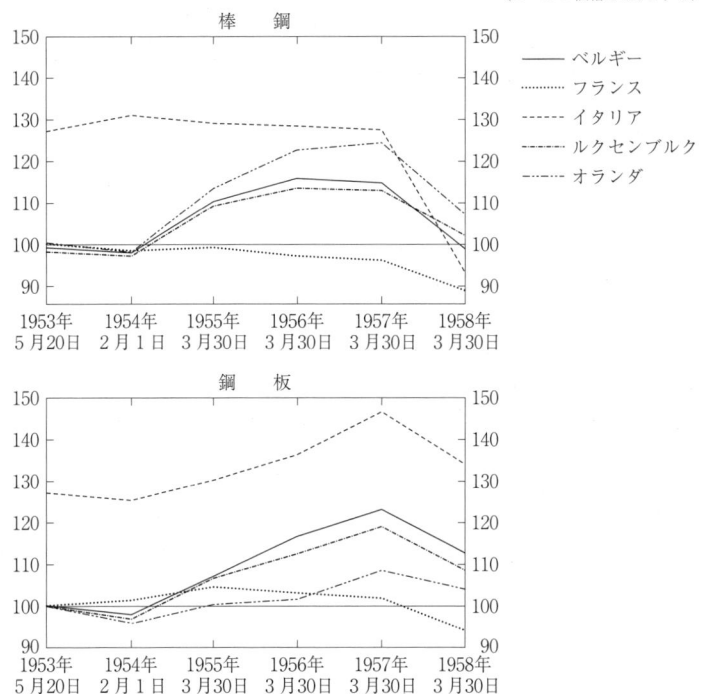

（ルールの価格を100とする）

棒　鋼

― ベルギー
……… フランス
――― イタリア
―・―・ ルクセンブルク
―・・― オランダ

鋼　板

出典：W. Diebold, *The Schuman Plan, A Study in Economic Cooperation 1950-1959*, Praeger, 1959, p. 281.

　10％までの罰金、または1日の売上高の20％を最高限度とする課徴金を徴収する。

　こうした規定から、カルテル審査については、パリ条約65条1項に規定された違法カルテルの認定をいかに行うかが、さしあたって課題であった。協定・集中局におけるカルテル規制問題の検討も、同65条1項を基準とするカルテルの審査方法や、審査のための情報収集についての検討が中心に行われた[28]。

　そして1953年4月に協定・集中局はカルテル審査のための情報収集方法として、アンケート調査の実施を提唱する。4月22日付の協定・集中局による報告書では[29]、パリ条約65条1項に違反する可能性のある業界団体や組織に関する

第4-4表 1953年4月22日の協定・集中局の報告書で審査の必要があるとして列挙された組織、団体の数

部門	共同体全域	西ドイツ	ベルギー	フランス	ザール	ルクセンブルク	オランダ	イタリア	合計
一般的組織	1	3	—	—	1	—	—	—	5
石炭生産	—	4	1	2	1	—	1	1	10
石炭売買	—	10	3	6	—	1	1	2	23
鉄鉱石生産	—	1	—	1	—	—	—	—	2
鉄鉱石売買	—	1	—	2	—	—	—	1	4
屑鉄売買	—	4	1	4	1	—	2	2	14
鉄鋼生産	—	3	2	9	1	1	1	1	18
鉄鋼売買	2	2	5	14	1	1	2	1	28
鉄鋼加工	1	1	—	1	2	—	—	1	6
合計	4	29	12	39	7	3	7	9	110

出典：CEAB 4 no. 284/1, Etat récapitulatif de la liste des organisations et associations, le 22 avril 1953.

情報を集めるために、同65条3項に基づき、関係企業に対して「特別請求」を送付して情報を強制的に提供させることが提案された。その特別請求で問題にされるべき、条約に違反する疑いのある業界団体、組織は、この報告書に添付された「団体、協会の一覧表」に示され、特別請求で問うべき質問事項も以下のとおりに列挙されている[30]。

①「団体、協会の一覧表」にあげられた団体に参加しているのか否か。参加しているとすればどの団体か。②参加している団体の規約、参加企業間の協定の内容はいかなるものか。できればそのコピーを送付できないか。③団体には出資しているのか。しているとすれば、その金額はいくらか。④誰が団体の指導者、理事会のメンバーを構成しているのか。⑤団体に参加するにあたって、どのような負担金ないし分担金を支払っているのか。

協定・集中局が示した以上の調査方法は、第4-4表のような合計110にものぼる業界団体との関わりを共同市場内の企業に問い、加盟している団体の様々な内部情報の提供を求める非常に大掛かりで徹底的な方法であった。さらに、各企業に情報の提供を依頼することは、団体に直接情報の提出を求めることに比べて、団体内の反主流派に属する企業などから正確な情報が伝えられる可能

性が高い、実用的な方法といえよう。このように、協定・集中局が提案したカルテル規制方法は、パリ条約65条の規定を文字どおりに実施し、カルテルに対して厳格に対処しようとする姿勢がうかがえたのである。

　だが、6月になると最高機関の内部では、法務課（Service juridique）から協定・集中局の規制案に対して異論が唱えられた。フランス人のゴーデ（Michel Gaudet）とドイツ人のクラヴィリスキ（Robert Krawieliski）の2人が責任者を務める法務課は、最高機関の政策案がパリ条約に適うものであるか否かを検討する部局である。同課は、協定・集中局のカルテル規制案に疑問を示す次のような報告書を6月13日付で作成している[31]。まず、報告書はパリ条約65条が最高機関に託した目的は、同機関が共同市場内の企業を教化、指導し、「カルテルについての新しい概念」[32]を共同市場内の企業にもたらすことであると位置づける。そうした意味から、同65条3項に基づくアンケート調査実施の発表にあたっては、慎重な配慮が必要であるとして、以下のような考慮すべき点を列挙している。

　第1に、すべての企業にあらゆる面から企業間協定に関する情報提供を強制することは、企業の極秘事項にも関わることであり、企業に無用の不安感を抱かせる。「独占規制に60年以上もの伝統をもつアメリカにおいても、このような性格の規則は存在しない」[33]。したがって第2に、アンケート調査の実施を公表することは時期尚早であり、最高機関の活動が定着し、同機関がこの問題を扱う権限がより強固なものになるまで、発表を延期すべきである。

　これらの点を考慮して、法務課はカルテル認可の申請を募集することを提案した。すなわち、パリ条約65条2項は同1項に違反するカルテルでも、価格設定や生産量、販路の管理が実施されなければ、各企業が生産を特化するための協定、共同販売、共同購入を認めると規定している。この2項の規定によるカルテル認可の申請を、各企業、業界団体から募集し、自発的に寄せられた認可申請について審査を実施するというものである。法務課の見解によれば、この方法では多くの企業が彼らのカルテルについて自発的に申告することが期待され、最高機関はカルテルについてより多くの情報を容易に入手できる[34]。

以上の報告書から法務課は、独占利潤を目的として不当に価格を高く設定したり、生産量を制限するものとしてカルテルを捉えるのではなく、各企業の生産を合理化したり、石炭、鉄鋼を意図的に配分し、その不足を緩和するものとして捉える、「カルテルについての新しい概念」を掲げ、そうした意味での企業間の協定、合意の効用を積極的に評価していた。したがって、法務課は、カルテル規制を目的とするアンケート調査ではなく、パリ条約65条2項の規定に該当するカルテルを認可するための審査の実施を提唱したのである。この法務課の提唱するパリ条約65条の適用方法が、先に触れた協定・集中局の方針と比べて、はるかに緩やかな適用方法であることはいうまでもない。例えば、条約違反が疑われる組織についても、その組織からの自発的な申請がなければ、審査の対象にさえならないからである。

　このように、協定・集中局と法務課とはカルテルの規制方法について、異なった見解を示したが、上記の法務課の報告書が作成されて以後、カルテル規制の基本方針を定める決定案の推敲作業は法務課によって行われるようになり、協定・集中局の決定案は退けられてしまった。そこで、協定・集中局は、フランス鉄鋼コントワール、東部鉄鉱石コントワールを含む16の組織[35]を指定して、これら特に条約違反が疑われる組織に対しては、最高機関から協定・集中局作成の質問状を送付し、調査することを新たに主張した。

　以上の経緯を経て、7月11日の110回最高機関会議に上提された法務課作成の決定案は、この日のうちに全会一致で可決され、決定37−53号として成立した[36]。さらに、同じ第110回最高機関会議において、協定・集中局によって提案された質問状送付案も採用された[37]。すなわち、最高機関のカルテル規制方法は、決定37−53号によってカルテルの自発的申請を待って、審査を行うことに決定したが、特に16の組織については協定・集中局が質問状を発送することで、各組織の構造や活動についての報告を求めることも承認された。したがって、協定・集中局の主張も部分的に採用することで妥協がはかられたのである。

　これまで分析してきたように、1952年11月から進められてきたパリ条約65条の適用方法の検討は、最高機関の決定37−53号と協定・集中局による質問状の

送付とによって決着をみた。110もの組織、団体について、組織自体はもちろん関連諸企業にまで情報提供を義務づける協定・集中局が当初提唱した決定案からみれば、規制方法は大幅に緩和され、最高機関会議で承認された16の組織に対する情報提供の要請も、最高機関決定という強制力をともなうものではなかった。したがって、大筋で法務課の主張が採用され、協定・集中局がより妥協を強いられたといえよう。

ところで、協定・集中局と法務課との対立がいかに上記の妥協点に到達したのか、最高機関の外部から非公式に何らかの圧力が働いたのかは、不明である。最高機関会議の議事録、協定・集中局、法務課などの諸文書からもこの点に関する回答を見出すことはできない[38]。本書の主要な分析対象であるフランス鉄鋼業界についても、フランス鉄鋼協会の理事会や情報委員会（commission d'information）には最高機関においてカルテルの規制方法が検討されていることさえ報告されておらず[39]、同協会からの働きかけがあったとは考えられない。ただし、当時の最高機関会議のメンバーであるシュピーレンブルグと外交史家ポワドヴァンによる最高機関に関する歴史研究によれば、形式的には最高機関の各局、各課の間に上下関係はなく、対等に位置づけられていた。だが実際には、同機関の政策の適否をパリ条約の規定に照らして判断する法務課の意向が他の部局の業務を左右し、最高機関の内部で同課が強い影響力をもっていたことも、彼らによって指摘されている[40]。

ともあれ、協定・集中局の側から質問状を送ることになった16の組織は共同市場内の石炭、鉄鉱石、鉄鋼を扱う各国の主要な共同販売機関や商社であった。これらの組織が確実に審査対象とされたことは、その取り組み方いかんによっては、厳格なカルテル規制が実施される可能を残したといえる。したがって、方法は当初協定・集中局が提案したものより緩やかになったことは否めないものの、その後のカルテル審査の実施、それに基づく規制の実態が、共同体のカルテル規制のあり方を大きく左右することになった。

3 フランス鉄鋼業界のカルテルに対する審査

　決定37-53号に基づき、最高機関は共同体参加諸国の関連産業部門の諸団体による認可申請の受付を1953年7月末に開始した。その際、期限の8月31日までに最高機関に文書を提出してきたのは、第4-5表に示したように、協定・集中局から質問状を送付した16団体も含めて全体で63団体であった[41]。また、送付されてきた書類のなかには、パリ条約65条2項によるカルテル認可を求める申請のほかに、組織がそもそも同1項に違反するカルテルではなく、認可申請の必要がないことを主張するものも多く含まれていた。

　以下では、1953年後半から協定・集中局によって実施されたカルテル審査について、フランス鉄鋼業界が組織、運営していた共同販売機関であるフランス鉄鋼コントワールと東部鉄鉱石コントワールの事例を中心に分析し、その審査結果がどのように扱われたのかを検討して、共同体によるフランス鉄鋼業界のカルテルに対する規制の実態を解明する。

(1) 協定・集中局による審査

(a) フランス鉄鋼コントワール

　フランス鉄鋼コントワールに関する情報収集は、域内取引の発展をめざす最高機関の市場局によってカルテル規制とは別の目的で開始されていた。すでに、1953年4月17日には市場局の要請に応じて同コントワールは自身の歴史、内部規定、活動に関する報告書を提出している。さらに、協定・集中局からの質問状を受けて、同コントワールは、新たな報告書を8月25日に同局に提出し、自身の活動がパリ条約に違反しないことを主張した。協定・集中局はこれらフランス鉄鋼コントワール作成の報告書とフランス政府、産業省から取り寄せた資料などによって、同コントワールの審査を開始する[42]。

　すでに検討したように、1952年にフランス鉄鋼コントワールはその役割を縮小し、フランス国内で批判されていた鉄鋼業界のアンタント体制は一応解体さ

れていた。すなわち、フランス産業省が、フランス鉄鋼協会や同コントワールと協力して、鉄鋼価格の制定、鉄鋼各社への生産割当、実際の生産、販売の監視など、鉄鋼業の営業活動に介入することを停止していたのである。そこで、同コントワールは、最高機関への提出書類のなかで、1952年以降は「フランス鉄鋼コントワールはある種の経理代行機関であると同時に、統計作成機関になったのであり、コントワール（＝共同販売機関）はもは

第4-5表　決定37-53号に応じて最高機関に認可申請など連絡をとった各国別組織数

西ドイツ	12
ベルギー	11
フランス（ザールも含む）	33
イタリア	5
ルクセンブルク	―
オランダ	2
合　計	63

出典：CEAB 4 n. 284/3, Chiffres d'après les pays des demandes et communications présentés sur la base de l'article 65, 2 du Traité par rapport à la décision no. 37-53, le 23 september 1953.

や有名無実になったのであります」[43]と述べて、同コントワールの活動はパリ条約65条に違反しないことを主張した。

　これを受けて、協定・集中局は判定作業を開始し、1953年10月5日にフランス鉄鋼コントワールについて報告書を作成している[44]。まず、報告書はフランス鉄鋼コントワールの設立から1952年の改革までを解説し、上記の1952年の改革によって、政府、産業省の鉄鋼業界への関与と、それを後盾とする同コントワールの受注、生産の割当などの機能が取り払われたことを確認する。だが、フランス鉄鋼コントワールは加盟企業への影響力を失ってはおらず、「本来の活動範囲を維持する2つの特性が、共同市場においてもなお一定の影響力を残していると思われる」[45]と評価した。そのうえで、同コントワールに残された「2つの特性」である統計資料の作成と販売代金の回収について、分析を加える。

　第1に、統計資料の作成について報告書は次のように評価する。フランス鉄鋼コントワールが各企業から収集した受注、製品引き渡しに関する詳細な資料は、それを自由に入手できるフランスの鉄鋼会社にとって一定の意味をもっている。なぜなら、これらの数値の日々の変動をもとに、需給動向を予測して各企業が生産計画を立てることができるからである。だが、それによって、共同

市場内の競争でフランスの鉄鋼会社が特に有利な立場に立てるわけではなく、公正な競争が阻害されるとはいえないと、報告書は評価し、統計資料の作成作業がパリ条約65条1項に違反することはないと判断した。

第2に、報告書は販売代金の取立て業務に分析を加え、この業務が次のような問題点を含んでいることを指摘する。すなわち、加盟鉄鋼会社の代金回収業務を代行することで同コントワールは各社に対して支配力をもち、同コントワールの意志によって正常な競争が妨げられるおそれがある。さらに、この業務に関する資料は、同コントワールと当該鉄鋼会社との極秘情報として、最高機関に十分に通知されていない。それは、顧客の支払い能力に関する情報も含まれているからで、そのために、この業務については最高機関も十分な資料を入手することができず、審査に支障をきたしている。こうした問題点を指摘したうえで、報告書は次のように述べている。

「フランス鉄鋼コントワールの役員と生産者との協議に基づいて行われるはずの同コントワールの業務は、フランス、ザール鉄鋼業の会計をその管理部門に集中している同コントワールによって、通常はほとんど支配されている。今のところ再審査が実施されない限り、共同の代金取立てが競争を妨げ、65条に違反することを立証できないが、権力と権威が乱用される危険性が存在することは一目瞭然である」[46]。

さらに報告書は、これまで分析してきた1953年時点でのフランス鉄鋼コントワールの実際の活動とは別に、その活動範囲を文書のうえで規定している同コントワールの定款を問題にする。すでにみたように、同コントワールは1952年9月以降、自主的に活動を制限していたが、その定款は改正されておらず、定款には以前の明らかにパリ条約に違反する業務も同コントワールの活動内容として規定されていた。報告書は、「定款に規定された機能が条約に反することが明らかであるだけではなく、過去にはフランス鉄鋼コントワールが定款の許す〔条約違反の〕活動を実施していた」[47]ことを重くみて、仮にこの時点では問題がなくても、同コントワールがパリ条約65条に違反する活動を再開する可能性が十分に残されていることを問題視したのである。

これらの分析をもとに、報告書は次のように結論を下している。フランス鉄鋼コントワールの代金取立て業務と、同コントワールの定款とは、パリ条約65条1項に違反する疑いを否定しえない。この2点が1項に違反するとすれば、これらは同2項によっても認可されるものではない。すなわち、協定・集中局が作成した報告書では、フランス鉄鋼コントワールは解体されるべきカルテルである疑いがあり、より詳細な検討が必要である、との判定が下されたのである。

(b)東部鉄鉱石コントワール

フランス鉄鋼業界が主要メンバーを構成する東部鉄鉱石コントワールからは、最高機関は1953年7月30日と10月1日に活動報告と認可申請を受けている。そして、協定・集中局は同年11月10日に同コントワールについての報告書を作成し、その活動がパリ条約65条に適合するか否か、以下のような見解を示した[48]。

この報告書は前半で東部鉄鉱石コントワールの構造、歴史を次のようにまとめている。すでに本章でも検討したように、同コントワールは1940年に設立され、鉄鉱石の配給機関として機能したが、戦後にもフランス政府の委託を受けて、独占的な鉄鉱石販売機関として活動していた。同コントワールの以上の活動は明らかにパリ条約65条1項によって禁止されており、同2項によっても認められるものではなかった。そこで、1953年2月10日からは東部鉄鉱石コントワールも生産の割当、鉄鉱石の独占販売という共同販売機関の機能を停止していることをこの報告書も認めている。続いて、同報告書は共同市場開設にともなう上記の改革を踏まえて、改革後の東部鉄鉱石コントワールの活動に以下の3つの問題点を指摘している。

第1に、1953年2月からパリ条約に違反する活動を自粛しているとはいうものの、東部鉄鉱石コントワールの定款は改正されていなかった。同コントワールの定款に明記された設立目的は、「鉄鉱業の利害に沿って、鉄鉱石の販売または購買を容易にし、保証するため」であり、「東部鉄鉱石コントワールに対して〔パリ〕条約65条1項に違反する活動を認めうる」[49]ものであった。し

がって、同コントワールはその定款の規定では、フランス鉄鋼コントワール同様に、条約違反を犯す可能性が残されている。

第2の問題点は、東部鉄鉱石コントワールによる鉄鉱石の配送管理についてである。当時、フランス東部地方産出の鉄鉱石は鉄道で輸送され、そのために鉄鉱石輸送専用の貨車が利用されていた。この貨車を効率的に走らせるために、同コントワールは鉄鉱石の産出計画と鉄鋼会社の生産計画とを収集し、特別貨車の利用計画を作成した。そして、「大規模容量貨車管理会社」(Société de gérance des wagons de grande capacité) とフランス国鉄にこの計画を通告していた。したがって、東部鉄鉱石コントワールが貨車の利用計画を作成する過程で、鉱山への生産割当、鉄鋼会社への鉄鉱石の配分が行われ、自由競争が損なわれている可能性があった[50]。

第3に、以上のような定款をもち、輸送への関与を行っていた同コントワールの運営には、フランス鉄鋼会社の利害が反映されているおそれがあり、鉄鉱石の供給が同コントワール加盟鉄鋼会社に有利に行われる可能性があることを報告書は指摘している。これは、本章ですでに触れたように、フランスの鉄鋼会社とその系列下にある鉄鉱石採掘会社が東部鉄鉱石コントワールの主要な加盟者であったために、同コントワールの運営に関する決定権を鉄鋼会社が握っていたことを問題視しているのである[51]。

これらの問題点を指摘したうえで、報告書はパリ条約の規定に照らして、東部鉄鉱石コントワールも、フランス鉄鋼コントワールの場合と同様、パリ条約65条の規定に違反してる疑いが濃いと結論している。だが、なお詳細な調査が必要であることも付け加えて、明確な断定を避けた[52]。

(2) 審査の帰結

1953年7月末からカルテル審査を開始した協定・集中局は、これまで検討してきたように、10月にフランス鉄鋼コントワール、11月には東部鉄鉱石コントワールについて報告書を作成し、パリ条約に違反する疑いを示したが、より綿密な調査の必要性も指摘していた。その後、協定・集中局は認可申請を寄せて

きた他の組織についても審査を実施し、フランス鉄鋼業界が組織していた他の原材料の共同購入機関も審査する。翌1954年3月にはコークスを扱うロレーヌ・コークス販売会社（Société de vente des cokes lorrains, COKLOR）、同年11月には、マンガンを買い付ける、マンガン会社（Société du manganèse）と赤鉄鉱を調達するフェランポール（Ferimport）についても報告書を作成している。ここでも、協定・集中局は、定款規定や実際の機能から、これらのコントワールがパリ条約に違反している疑いがあると判断して、より詳細な調査の必要性を強調している[53]。すなわち、1年余り継続されてきたカルテル審査のなかで、協定・集中局はフランス鉄鋼業界が組織していた諸コントワールに関しては、パリ条約65条の規定に違反しているという疑いをもっていた。以下では、最高機関におけるこれらコントワールに対する審査の帰結を検討し、いかなる要因によってその結論が導かれたのかを考察する。

　協定・集中局が作成した一連の審査報告書に対して、審査が開始されて1年余り経過した1954年11月24日に、法務課はまたしても協定・集中局の見解を批判して、上記のコントワールの活動を容認する見解を提示した。そこで、法務課は、コントワールの活動を規制すべきでない根拠を次のように述べている[54]。

　法務課の見解では、定款にうたわれているコントワールの活動とそれに基づいて過去に行われていた活動とが、パリ条約65条に違反するという理由だけでは、コントワールの活動を禁止したり、コントワールを解体することはできない。すなわち、実際のコントワールの活動が公正な競争を阻害していることがはっきりしない限り、条約違反とは断定できないというのである。こうした観点から、法務課は、東部鉄鉱石コントワールのケースを例に協定・集中局の審査報告を批判して次のように述べる。

　「〔協定・集中局の〕報告書には、いかなる手段、あるいは策動のために、東部鉄鉱石コントワールの活動が、〔パリ条約〕65条の意味する競争の制限にあたるのか、どの一節にも明示されていない。したがって、協定・集中局がもたらした書類は、競争を制限する活動であると結論を下すに足る情報を含むものではない。〔中略〕今日に東部鉄鉱石コントワールが競争

を制限しているかどうかを把握することが重要である。〔協定・集中局の〕報告書の検証によっても、この事例はそのような競争の制限にはあたらない」[55]。

　上記の法務課による批判を受けて、協定・集中局は即座に見解を改める。同局は新たに東部鉄鉱石コントワールについての報告書を作成し直すが、新しい報告書では、最初の報告書の後半部分にあたる、同コントワールの問題点を指摘した部分は削除された[56]。このように、協定・集中局は直ちに法務課の見解を受け入れ、フランス鉄鋼コントワールをはじめとする他のコントワールについてもそれ以上の調査を継続することなく、審査を打ち切っている。したがって、コントワールの定款に規定された活動目的、それに基づく過去の実績、さらに、これらコントワールによる販売代金の取立てや輸送計画の作成など、パリ条約に違反する可能性があるとして当初、協定・集中局で問題にされた点は、不問にふされたのである。こうして、フランス鉄鋼業界が主要なメンバーを構成する諸コントワールは、最高機関の協定・集中局による審査でパリ条約65条1項に違反せず、同2項による認可を受ける必要もないと判断された。その結果、これらコントワールについての個別の審査内容が最高機関会議の議題として取り上げられることもなかった[57]。ところで、前にも触れたように、従来の研究では法務課が他の部局に対して影響力をもっていたことが指摘されているが[58]、具体的にいかなる経緯で、協定・集中局が法務課の見解を受け入れたのかは、最高機関の諸文書をもってしても不明である[59]。ともあれ、カルテル審査が協定・集中局が法務課に妥協するかたちで帰結をみたのは、フランスをはじめとする共同体参加諸国がおかれていた、以下のような当時の経済状況からすれば不可避であったと考えられる。

　1940年代末から、西ヨーロッパにおいて戦後の経済成長が開始されると、一般的に商品市場では旺盛な需要がみられ、生産はそれに追いつけなかった。なかでも、石炭や鉄鋼などの不足は深刻であり、産業全般に供給されるこれら製品の不足は、激しいインフレを招くことが懸念された。すでに触れたように、なかでもフランス鉄鋼業は、コークスと屑鉄の不足に苦しめられ、同時に、造

船、機械、建設などの諸産業には十分な鋼材を供給できなかった。

このような売手市場にあって、鉄鋼の取引が市場原理に委ねられると、価格が暴騰し、産業全体が大混乱に陥ることは当然予想された。そこでフランス政府、財務省は、すでに指摘したように、多額の公的資金援助を鉄鋼会社に提供することと引き換えに、鉄鋼価格を低く抑えることを鉄鋼協会に要請していた。その際に、政府の要請を鉄鋼各社に徹底し、実行に移すためには、戦時期以来、同国の鉄鋼取引の実態を統計的に正確に把握し、鉄鋼各社の代金取立て業務を代行しているフランス鉄鋼コントワールを介して、鉄鋼協会が政府に協力することが不可欠であった。すなわち、協定・集中局が問題視した鉄鋼市場への影響力をもつ同コントワールによって、価格が抑制され、製品が配分されることが鉄鋼市場を安定させるために必要だったのである。鉄鉱石を供給する東部鉄鉱石コントワールも同様であり、鉄鋼業界にとっては他の共同購買機関の活動も原材料の調達、配分を安定させるために不可欠であった。フランス鉄鋼業の諸コントワールはパリ条約に標榜された自由競争を阻害する存在であっても、当時の経済状況のなかでは必要だったのであり、実態経済がパリ条約65条を適用するのに適した状態にはなかったのである[60]。

ところで、フランス鉄鋼業界の諸コントワールにパリ条約違反の疑いをもち、より詳細な調査の必要性を指摘した協定・集中局も、上記のような経済状況を認識していたことはいうまでもない。この状況を踏まえて、同局も審査を開始する直前の1953年8月21日に作成した報告書のなかで、「カルテルに関する規定の厳格な適用によって、最高機関はその責務である企業の拡大と近代化を阻害し、経済政策を失敗に終わらせてしまうかもしれない」[61]と警告し、すでに次のように述べていた。

「需要を満たすために、〔中略〕市場において不足している商品〔石炭、鋼材など〕を何らかのかたちで配分する方法を見出さなければならない。このような分配が望ましく思われていないことは十分に承知しているし、そのとおりである。だが、現実にはカルテルや企業の集中を介し、遠回りな、条約に違反する手段によって、この配分が実行されているという事実

第4-6表　フランスの鋼鉄貿易（1952～60年）

(単位：1,000トン)

輸入

相手国	1952	1953	1954	1955	1956	1957	1958	1959	1960
西ドイツ	2	6	72	112	174	317	293	740	1,693
ベルギー・ルクセンブルク	12	58	274	477	559	642	752	563	927
イタリア	—	5	15	7	34	34	25	81	81
オランダ	—	1	11	57	14	70	87	44	73
共同体参加諸国合計	14	70	372	653	781	1,063	1,157	1,428	2,774
その他	66	92	39	34	36	54	40	23	119
海外領土	—	—	—	—	2	1	—	—	—
合計	80	162	401	687	819	1,118	1,197	1,451	2,893

輸出

相手国	1952	1953	1954	1955	1956	1957	1958	1959	1960
西ドイツ	225	475	811	1,219	1,001	965	1,036	1,382	1,271
ベルギー・ルクセンブルク	20	43	55	92	69	63	60	147	200
イタリア	120	209	214	154	124	163	74	355	414
オランダ	38	94	67	71	91	112	200	174	158
共同体参加諸国合計	403	821	1,147	1,536	1,285	1,303	1,370	2,032	2,043
その他	1,122	1,756	1,637	2,235	2,156	1,889	1,934	2,414	2,011
海外領土	656	484	459	542	454	552	601	458	619
合計	2,181	3,061	3,243	4,313	3,859	3,744	3,905	6,904	4,673

出典：AN 81 AJ 174, Comité interministériel pour les questions de coopération économique européenne, Rapport sur le fonctionnement de la Communauté européenne du charbon et de l'acier en 1960, le 24 juillet 1961.

　　　に、われわれは目を閉じてはならないのではないかと訴えたい。同時に、問題となる組織は、特にこの意味での活動を禁止することは不可能である」[62]。

　これまで分析してきたように、協定・集中局は、パリ条約65条の規定に沿って厳密なカルテル審査を実施し、フランス鉄鋼業界の諸コントワールが、条約違反である疑いを指摘した。だが、上記の報告書にみられるように、同局は自由競争を標榜する同条約を厳格に適用することが、当時の経済実態にそぐわないものであることも認識していた。換言すれば、同局は、極度に不足している石炭や鉄鋼などを合理的に配分するには、これらの物資を自由競争市場に委ね

ることは適切でなく、諸コントワールが価格や配分を管理する条約違反の取引に頼らざるをえないことを認めていたのである。したがって、この点では法務課が1953年のカルテルの審査方法の検討に際して提唱していた「カルテルについての新しい概念」、すなわち、需給のバランスが崩れている市場において商品を適切に配分する仲介役として、カルテル（コントワール）の存在意義を認める考えを、協定・集中局も共有していたのである。コントワールがパリ条約に違反しないとする法務課の見解と、パリ条約によるカルテル規制は不可能であるとする協定・集中局の見解は、結論としては既存のコントワールの存在を容認する点で、矛盾していなかった。そのために、協定・集中局が法務課の批判を受け入れることは、さほど困難ではなかったと考えられる。

おわりに

　ヨーロッパ石炭鉄鋼共同体の発足にともない、フランス政府は共同市場内の鉄鋼の貿易制限撤廃に着手するとともに、鉄鋼会社への生産割当、鉄鋼価格の設定といった、鉄鋼業の管理体制も公式には廃止した。これを受けて、共同体の最高機関は、1953年5月1日に開設された共同市場からカルテルなどの独占を排除することになっていた。だが、これまで検討してきたように、フランス鉄鋼業界の諸コントワールは、協定・集中局におけるカルテル審査によって、パリ条約違反の疑いが指摘されたにもかかわらず、結局は自由競争を妨げるカルテルは存在しないと判定され、最高機関による規制が加えられることはなかった。こうした判断が下されたのは、戦後の経済復興下で拡大する鉄鋼需要を背景に、鉄鋼の不足と価格高騰がもたらす経済的混乱を最小限に押さえるべく、最高機関直属の官僚たちによって、カルテル規制が実質的に棚上げされたためであった。

　だが、共同体結成計画の発表当初から標榜され、パリ条約にも掲げられていたところによれば、最高機関は、共同体参加諸国や産業界の利害から独立し、同条約に忠実に、政策の立案、執行にあたることになっていた。にもかかわら

ず、最高機関は、各国の外相などからなる閣僚理事会、各国の産業界、労働界などの代表からなる諮問委員会など、様々な利害を代表する組織に正式に諮ることなく、すなわち、利害当事者からの意見を待つまでもなく、パリ条約に規定されたカルテル規制を自ら形骸化してしまった。しかもそれは、共同体結成後5年間に設定されていた過渡的期間の特別措置として、カルテル審査基準が緩和されたわけでもなかった。すなわち、最高機関は当時の経済状況を積極的に配慮し、パリ条約の適用を弾力的に行っていたのである。だがいうまでもなく、最高機関の独占規制については、フランス鉄鋼業界のカルテル以外の事例についての検討が今後の課題として残されている。

ところで、最高機関のカルテル規制がこのようなかたちで終わらざるをえなかったことは、規制に期待を寄せていたフランス政府計画庁、あるいは産業界にとっていかなる意味をもっていたのだろうか。最後に、本章で検討した共同体設立当初の最高機関によるカルテル規制策がフランス経済に与える影響について若干の考察を加える。

1950年代には、フランス鉄鋼業は大幅に生産を拡大させたが、生産の拡大幅は経済成長期の旺盛な鉄鋼需要に十分に応えられるものではなかった。しかしながら、共同体設立にあたって、フランス鉄鋼コントワールと同国政府による鉄鋼貿易の管理が廃止され、西ドイツ、ベルギーなどからの輸入の途が開かれたことによって、より自由に鉄鋼が調達できることを期待したフランス産業界の要求は一応満たされていた。そのため、フランス産業界は鉄鋼不足の責任を同国鉄鋼業界のコントワール組織にのみ求めることは不可能になり、フランス産業界が、最高機関に対して厳格なカルテル規制を要求することはなかった。

だが、最高機関による消極的なカルテル規制によって、フランス計画庁の経済官僚が標榜した、共同市場での自由競争によるフランス鉄鋼業の活性化、生産性の向上への期待は、遠のいてしまった。換言すれば、最高機関はフランス国内で財務省が実施していた物価抑制策に一定の理解を示したことになる。ただし、この事実は、最高機関がフランス政府による鉄鋼市場への介入を公認したことを示すものではない。すなわち、鉄鋼業への行政権を最高機関に移譲し

第4章 ヨーロッパ石炭鉄鋼共同体によるカルテル規制 135

たフランス政府が、鉄鋼価格の抑制を継続した場合には、最高機関がそれを規制することは当然考えられる。では、鉄鋼共同市場開設後のフランスにおける鉄鋼取引の実態については、次章以降で検討することにしよう。

注
1) パリ条約締結交渉が行われている背後で、アメリカ政府は交渉参加者に独占規制を盛り込むよう要請していた。AN 81 AJ 159, lettre de W. Tomlinson à W. Hallstein, s. d., etc. フランス政府内部でも独占規制に難色を示す産業省を説得するにあたって、共同体結成を推進する計画庁長官モネは、アメリカからの経済援助を引き出すためにも、パリ条約に独占規制条項を掲げる必要性を訴えている。AN 81 AJ 158, lettre de J. Monnet à J. M. Louvre, le 5 octobre 1950; W. Diebold, *The Schuman Plan*..., p. 352.
2) アメリカの政治学者エルーマン（H. W. Ehrmann）やフランスの政治学者ウェーバー（H. Weber）などは、フランスの経済界全体が鉄鋼業界に同調し、共同体の結成に反対していたと指摘している。だが、ミオッシュ、ゲルベ（P. Gerbet）らによる、フランスにおける経済史や外交史の諸研究によって、エルーマンらの見解は訂正され、鉄鋼業界を除く他の産業界は共同体の結成に賛成したことが、すでに明らかにされている。例えば、H. W. Ehrmann, *Organaized Business in France*, Princeton University Press, 1957, pp. 407-414; H. Weber, *Le parti des patrons, Le CNPF (1946-1986)*, Seuil, 1991, pp. 122-126; P. Mioche, La patronat de la sidérurgie française et le Plan Schuman, in K. Schwabe (Hrsg.), *Die Anfange des*..., pp. 308-318; P. Gerbet, *La construction de*..., pp. 127-130, etc.
3) W. Diebold, *The Schuman Plan*..., pp. 350-403; J. Gillingham, *Coal, Steel, and*..., pp. 336-340; H. Rieben, *De la cartellisation des industries lourdes européennes à la Communauté européenne du charbon et de l'acier*, Recueil des Cours, 1956, pp. 124-169; D. Spierenburg et R. Poidevin, *Histoire de la Haute Autorité*..., pp. 132-147. ミオッシュが1992年に提出した学位論文では、急激な改革によって、経済が混乱することをおそれたために、最高機関がカルテル規制をためらったためだと、評されている。P. Mioche, La sidérurgie et l'Etat en France..., pp. 664-665. そのほか、共同体のカルテル規制に言及しているのは、M. J. Rhodes, *Steel and the State in France, 1945-1981, the Politics of Industrial Changes*, Oxford, 1985, pp. 43-52; J. F. Besson, *Les groupes industriels et l'Europe*, Presses Universitaires de France, 1962, pp. 112-138, et pp. 405-520; M. Freyssenet, *La sidérurgie française*..., pp. 35-

36. 島田悦子『欧州鉄鋼業の集中と独占』新評論、1970年、佐々木建『現代ヨーロッパ資本主義』有斐閣、1975年、など、ヨーロッパ経済の現状を分析しているわが国の研究も、ヨーロッパ石炭鉄鋼共同体によるカルテル規制について言及している。

4)　M. J. Rhodes, *Steel and the State*..., pp. 43-52; M. Freyssenet, *La sidérurgie française*..., pp. 52-53; etc. ただし、ミオッシュは、フランスの鉄鋼生産の拡大は十分であった点を強調している。だが、その拡大が当時の計画庁総裁モネらが掲げていた目標である西ドイツ鉄鋼業を凌駕することには、遠くおよんでいないのも事実である。P. Mioche, La sidérurgie et l'Etat en France..., pp. 170-180 et pp. 210-231, etc.

5)　フランス鉄鋼コントワールの株式は200株で107の株主に分配され、筆頭株主は8株を所有するシデロール（Uinon sidérurgique lorraine, SIDELOR）であった。Commission européenne archives Bruxelles, Dossiers de la Haute Autorité de la Communauté européenne du charbon et de l'acier, volume I et II（欧州委員会、ブリュッセル文書館所蔵、ヨーロッパ石炭鉄鋼共同体、最高機関文書、以下、CEABと省略）CEAB 4 n. 302, Papport provisoire, le 5 octobre 1953, p. 5.

6)　AMI DIMME 770600 IND 22306, Note sur le Comptoir français des produits sidérurgique, le 12 mai 1947; AN 81 AJ 135, Note sur les pouvoirs de la Chambre syndicale et du Comptoir français des produits sidérurgiques de la France, le 31 janvier 1951.

7)　AMI DIMME 770600 IND 22299, Comptoir français des produits sidérurgiques, le 25 octobre 1947; CEAB 4 n. 302, Rapport provisoire, le 5 octobre 1953, pp. 7-9, etc.

8)　AN 81 AJ 135, Note sur les pouvoirs de la Chambre syndicale et du Comptoir français des produits sidérurgiques.

9)　CEAB 4 n. 302, Extrait du Journal officiel des 9-10 février 1953.

10)　AMI DIMME 770600 IND 22298, Application de la loi no. 52-835 de juillet 1952 sur les prix imposés, aux aciers relevant du CPS aux aciers spéciaux de construction au carbone, aux fers-blancs et fers-noirs, le 28 juillet 1952; CEAB 4 n. 302, Rapport provisoire, le 5 octobre 1953.

11)　CEAB 4 n. 303, Note pour le groupe de travail, le 6 novembre 1954; Rapport provisoire, le 31 mars 1954.

12)　CEAB 4 n. 302, Rapport provisoire concernant COFEREST, le 10 novembre 1953.

13) Ibid., p. 4.
14) CEAB 4 n. 303, Note pour le groupe de travail, le 6 novembre 1954; Rapport provisoire, le 31 mars 1954, etc.
15) J. Gillingham, *Coal, Steel and...*, pp. 313-317; D. Spiernburg et R. Poidevin, *Histoire de la Haute Autorité...*, pp. 92-99; Y. Conrad, *Jean Monnet et les débuts de la fonction publique européenne. La haute autorité de la CECA (1952-1953)*, Ciaco, 1989.
16) CEAB 4 n. 284/1, Note pour messieurs les membres de la Haute Autorité, le 22 avril 1953, etc.
17) Ministère des affaires étrangères, *Rapport de la délégation française sur le traité instituant la CECA et la convention relative aux dispositions transitoires, signé à Paris*, le 18 avril 1951, Paris, 1951.
18) *Ibid.*, pp. 236-237.
19) 石炭価格に上限が設けられたのは、パリ条約61条に基づく処置である。同61条によれば、最高機関は必要な場合には生産者や関連業界と協議のうえで石炭・鋼材価格の上限や下限を設定することができる。CEAB 2 n. 714/1, Procès-verbaux de la Haute Autorité, le 3 janvier 1953, le 5 janvier et le 5 février 1953; CEAB 2 n. 714/2, Procès-verbaux de la Haute Autorité, le 8 février 1953 et le 12 février 1953; CEAB 2 n. 1177/1, Décision no. 3/53 du 12 février 1953, Décision no. 4/53 du 12 février 1953 et Décision no. 5/53 du 12 février 1953.
20) CEAB 2 n. 715/1, Procès-verbal de la Haute Autorité, le 17 avril 1953; CEAB 2 n. 716/2, Procès-verbaux de la Haute Autorité, le 18 avril 1953, et le 2 mai 1953; CEAB 2 n. 1176, Décision no. 30/53 du 2 mai 1953 et Décision no. 31/53 du 2 mai 1953.
21) CEAB 4 n. 375, Note sur les nouveaux barèmes de prix pour les produits d'aceir, le 22 mai 1953.
22) P. Mioche, *La sidérurgie et l'Etat en France...*, pp. 247-254; M. Freyssenet, *La sidérurgie française...*, p. 36; M. J. Rhodes, *Steel and the State...*, pp. 82-98.
23) R. Biard, *La sidérurgie française*, Editions sociales, 1958, p. 182.
24) PAM 88337, Procès-verbaux des Conseils d'administration 1953-1959.
25) R. Biard, *La sidérurgie...*, p. 220.
26) Ministère des affaires étrangères, *Rapport de la délégation...*, pp. 240-242.
27) *Ibid.*, p. 240.
28) CEAB 2 n. 713/1, Procès-Verbal de la Haute Autorité, le 4 novembre 1952. こ

の過程で、最高機関が最も重視したのは、1953年3月に結成された、共同体参加6カ国の国際鉄鋼カルテルであった。同カルテルは共同市場外の諸国への鉄鋼輸出価格を設定するものであった。最高機関がこのカルテルを重視した理由は、同機関が共同市場外への輸出についての協定であっても、共同市場内の競争に影響を与えると、考えたからだけではなく、共同体の結成が国際カルテルの再編につながることを懸念していたアメリカ政府、財界の批判をおそれたからであった。だが、共同市場外の取引には最高機関の行政権がおよばないことから、最高機関はこのカルテルを規制することはなかった。CEAB 2 n. 61, Liste des plaintes en possession de la division ententes et concentrations, le 1er juin 1953; J. Gillingham, *Coal, Steel and...*, pp. 336-337などを参照。

29) CEAB 4 n. 284/1, Note pour messieurs les membres de la Haute Autorité, le 22 avril 1953.

30) CEAB 4 n. 284/1, Liste des informations à fournir, le 22 avril 1953, Liste des organisations et associations, le 22 avril 1953.

31) CEAB 4 n. 284/1, Note sur les mesures d'application de l'article 65 du Traité et du § 12 de la Convention, le 13 juin 1953.

32) Ibid., p. 1.

33) Ibid., pp. 1-3.

34) CEAB 4 n. 284/1, Projet Décision, le 12 juin 1953.

35) 16の組織は以下のとおりである。Gemeinschaftsorganisation Ruhrkohle, Oberrheinische Kohlen-Union A. G., Association technique d'importation de charbon, SYBELAC, Comptoir belge des charbons, Comptoir de vente du minerai de fer de l'Est de la France, Comptoir français des produits sidérurgique, CAMPFOND, Rijkskohlenbureau, Société commune des fontes, そのほかルールの石炭販売会社6社。CEAB 2 n. 717/1, Procès-verbal de la Haute Autorité du 11 juillet 1953.

36) CEAB 2 n. 1176, Décision no. 37/53 du 11 juillet 1953.

37) CEAB 2 n. 717/1, Procès-verbal de la Haute Autorité du 11 juillet 1953.

38) 例えば、CEAB 2 n. 716 et n. 717/1, Procès-verbaux de la Haute Autorité du 16 mai 1953 au 11 juillet 1953.

39) PAM 74141, CSSF, Réunions mensuelles d'information 1944-1958, PAM 88337, CSSF, Procès-verbaux des Conseils d'administration 1949-1959, etc.

40) D. Spierenburg et R. Poidevin, *Histoire de la Haute Autorité...*, pp. 95-96.

41) CEAB 4 n. 284/2, Note à l'attention de messieurs les members de la Haute Autorité, le 1er octobre 1953, Liste des lettres des entreprises parvenues à la di-

vision ententes et concentrations, le 23 septembre 1953.
42) CEAB 4 n. 302, Note sur le Comptoir français des produits sidérurgiques, le 17 avril 1953, Rapport provisoire, le 5 octobre 1953.
43) CEAB 4 n. 302, Note sur le Comptoir français des produits sidérurgiques, le 17 avril 1953, pp. 8-9.
44) CEAB 4 n. 302, Rapport provisoire, le 5 octobre 1953.
45) Ibid., p. 6.
46) Ibid., p. 10.
47) Ibid., pp. 12-13.
48) CEAB 4 n. 302, Rapport provisoire concernant COFEREST, le 10 novembre 1953.
49) Ibid., p. 1.
50) CEAB 4 n. 303, Organisation des transports du minerai de fer de l'Est, s. d., CEAB 4 n. 302, Rapport provisoire concernant COFEREST, le 10 novembre 1953, p. 4.
51) CEAB 4 n. 302, Rapport provisoire concernant COFEREST, le 10 novembre 1953, p. 6.
52) Ibid., p. 7.
53) CEAB 4 n. 303, Note pour le groupe de travail marché, ententes, transports, le 6 novembre 1954.
54) CEAB 4 n. 303, A MM. les membres du groupe de travail marché-ententes-transports, le 24 novembre 1954.
55) Ibid., pp. 1-2.
56) CEAB 4 n. 303, Rapport concernant, s. d.
57) CEAB 2 n. 713/1から続く、1952年から1956年の最高機関会議議事録を参照。
58) D. Spierenburg et R. Poidevin, *Histoire de la Haute Autorité...*, pp. 95-96.
59) 例えば、CEAB 4 n. 302から n. 303の諸文書を参照。
60) 極度の超過需要のもとでは、フランスの鉄鋼各社がコントワールを介して独占利潤獲得のための価格設定や生産制限などを実施する必要性は稀薄であったと思われる。だが実際のところ、共同市場開設以後の1950年代のフランス鉄鋼協会、フランス鉄鋼コントワールの内部資料のなかに、鉄鋼各社が独占利潤を目的とする協定を結んだ形跡を筆者は発見している。したがって、ヤミ・カルテルは結成されなかった、と断定することはできないことも指摘しておく。
　PAM 88337, CSSF, Procès-vervaux des conseils d'administration 1949-1959,

PAM 82347, Comptoir français des produits sidérurgiques, Compte rendu des réunions du Comité consultatif, 1953-1954.
61) CEAB 4 n. 284/2, Note sur la nécessite d'arrêter la politique économique de la Haute Autorité sur certaines questions essentielles, le 21 août 1953, p. 10.
62) Ibid., p. 12.

第5章　鉄鋼市況の停滞とフランス鉄鋼業界の対応
　　　　──フランスの物価政策と鉄鋼共同市場──

はじめに

　フランスなど西ヨーロッパ6カ国が加盟するヨーロッパ石炭鉄鋼共同体は、1952年に設立され、6カ国政府は石炭、鉄鋼などの産業部門の行政権を同共同体に委譲した。周知のように、同共同体の政策決定、執行機関である最高機関の初代議長モネらが構想したヨーロッパ統合は、同共同体の結成にみられるような産業部門ごとの統合を手始めに、最終的には経済全体さらには政治統合を含むヨーロッパ連邦、ないしヨーロッパ合衆国の建設をめざしていた。したがって、当初の構想では、ヨーロッパ石炭鉄鋼共同体の創設は壮大なヨーロッパ統合実現に向けたスタートの合図であった。

　そうした趣旨から、最高機関は創設の翌年1953年に石炭、鉄鋼などの共同市場を開設して、関連産業部門の域内市場統合政策に着手する。前章でも詳しく検討したように、共同体結成時に締結されたパリ条約は、これら製品の共同市場のあり方について次のように規定していた。まず、石炭、鉄鋼、屑鉄、鉄鉱石といった関連品目の参加国間貿易について、数量制限、関税などの各国政府による制限措置は廃止される。さらに、パリ条約65条（カルテル規制）、66条（集中規制）によって、独占も排除した自由競争市場が開設されることが規定されている。これは、競争を通して、同2条、3条、4条に掲げられた共同体の使命である生産の合理化、拡大をはかり、域内で競争力のある企業の育成をめざしたものであった。

　さらに、同60条によって各企業は取引相手を差別しないことが義務づけられ

た。すなわち、石炭、鉄鋼業にとって顧客である取引企業を国籍や系列関係で差別することなく、平等に一定の条件で製品を供給することが求められたのである。この点は、戦前のブロック経済の形成、戦中、戦後の統制経済の経験から、自由競争が展開される前提条件として、顧客差別の禁止が必要と判断されたのである[1]。

顧客差別を防止する方法としては、同60条は価格表を提示し、価格をはじめとする販売条件を公表することを各企業に義務づけた。それによって、個別の取引が実施される以前に価格などの条件を設定し、どの顧客にも同じ条件を適用することを各企業に求めたのである。この点について、鉄鋼の価格表公表方法の詳細は、最高機関による1953年5月2日の決定30-53号と31-53号によって規定された[2]。

以上のパリ条約の規定によって、共同体加盟6カ国に差別のない自由な競争が展開される市場を形成することが標榜されていた。だが、共同市場の開設当初から、共同体は様々な問題を抱え、最高機関はその対応に追われることになる。そこで展開された諸議論とその帰結は、共同体と参加国政府、産業の関係を中心とする共同体の基本性格を規定するとともに、その後のヨーロッパ経済共同体（EEC）の結成などのヨーロッパ統合の進展にも大きな影響を与えたはずである。そこで本章では、参加国の1つであるフランスの鉄鋼業に焦点をあて、共同体とフランス政府、フランス鉄鋼業のおかれた状況と、それぞれの対応を分析する。そして、ヨーロッパ統合のスタート時における共同体と参加国政府、関連産業はどうのような関係を構築したのかを検討し、初期のヨーロッパ統合の基本性格を考察する[3]。

1 鉄鋼市況の低迷と60条適用問題

すでに触れたように、ヨーロッパ石炭鉄鋼共同体によって鉄鋼共同市場が開設されたのは、1953年の5月15日であった（石炭、鉄鉱石、屑鉄の共同市場が開設されたのは1953年2月10日、特殊鋼は54年5月1日）。以下では、鉄鋼共

同市場開設直後の同市場の状況と、それに対する最高機関とフランス鉄鋼業界の認識を分析する。

この1953年当時は、1940年代末からの好景気が一段落し、景気の停滞期を迎えていた。フランス鉄鋼業界の鉄鋼受注量は、第3-5図にみられるように1950年から1951年にかけては月90万トンから110万トンにものぼり、同業界は旺盛な需要に応えることができなかった。だが、その後いったん安定した受注量は1952年から落ち込み始め、1952年から1953年には月40万トンから60万トンに減少し、鉄鋼市況は停滞していた[4]。

こうした状況で、1953年の鉄鋼共同市場開設時に発表された価格表に示された鉄鋼価格は必ずしも守られていなかった。すなわち、価格表には掲載されていない値引きが横行し、パリ条約60条と最高機関の決定30-53号、31-53号に違反する取引が1953年当時から行われていたのである。

この状況は、同年9月頃から最高機関において問題視され、「60条適用問題」(problème application de l'art 60) などと呼ばれた。当初この問題は最高機関の下部組織のなかでも共同市場を統括する市場局と、条約など法律問題を担当する法務課によって調査が開始された。その後、市場局と独占規制を担当する協定・集中局、運輸局(Division des transports)の3部局合同の「市場に関する作業部会」(Groupe travail du marché) を中心に、この問題への調査と対応策の検討が行われることになった[5]。この作業部会には市場局担当のドイツ人で、部会長のエツェル(Franz Etzel)、同じく市場局担当のフランス人ドーム(Léon Daum)、オランダのシュピーレンブルグ、ベルギーのコッペ(Albert Coppé)の4人の最高機関メンバーが参加し、同部会によって検討された対応策は、最高機関に随時報告された。11月10日の第129回最高機関会議では、エツェルが作業部会における検討の結果得られた認識として以下の点を報告している。

①実際の取引価格が価格表価格と一致していないのは否定し難い事実であり、「現行価格表は実態と10%から20%のズレがある」。したがって、②市場の動向に柔軟に対応するため、実際の取引価格が一定の範囲内で変動することを認め

ざるをえない。ただし、③その範囲を越えて取引価格が価格表と異なることが2～3カ月にわたった場合には、価格表は実態にあわせて改定されるべきである。そして、これらの措置を実行するには、最高機関決定30－53号と31－53号を改正する必要がある。この報告を受けて、最高機関会議では、価格表を実際の取引価格に対応させることも重要であるが、パリ条約60条の適用はより柔軟にすべきであることが確認された[6]。

　鉄鋼製品が価格表に公表されたものより低い価格で取引されていることは、フランスの鉄鋼業界においても当然問題視されていた。この点について、フランス鉄鋼協会会長のリカールに提出された1953年10月15日付の同協会の内部文書では、この鉄鋼価格の低下傾向の理由として、次の9点をあげている。①外国（イギリス、西ドイツなど）で鉄鋼価格が低落している。②フランスにおいては、ここ10カ月間の受注額が減少している。③インフレ抑制をめざすフランス政府が鉄鋼価格の引き下げを望んでいる。④フランス政府の物価凍結策により、多くの鉄鋼需要産業の製品価格が据え置かれているため、鉄鋼価格にも引き下げ圧力が働いている。⑤フランス政府は同年1月以来の景気悪化に無関心である。⑥共同体の最高機関も鉄鋼価格の低落を望んでいる。⑦実際の取引において価格表が守られる確率は低い。⑧鉄鋼需要産業の間に鉄鋼業界への反感が広がっている。⑨フランスの鉄鋼会社も鉄鋼価格引き下げを容認している[7]。

　ここで注目すべきは、景気の停滞による価格引き下げ圧力とともに、③、④にあげられているフランス政府が直接、間接に働きかける鉄鋼価格引き下げ圧力である。すなわち、鉄鋼市況の低迷により、価格表からの値引きが横行するなかで、フランスの鉄鋼業界は市場以外からも鉄鋼価格引き下げの圧力を受けていた。それは、同国政府がインフレ抑制を目的として、1952年9月11日の政令（arrêté）に基づいて実施した物価凍結政策に原因があった。当時の財務大臣ピネーが実施したこの政策は、1952年8月31日時点の水準にフランスの主要製造業の製品価格を凍結するというものであった[8]。だが、共同体に行政権が移された鉄鋼業については、この政策は公式には適用できないことになっていた。そのため、1953年5月の鉄鋼共同市場開設時の価格表に発表された鉄鋼価

格は、それまでの水準から5.25％ほど高く設定されることが実現したのである[9]。だが、鉄鋼の需要者であるフランスの多くの製造業は、自身の製品価格が凍結されている状況下では、鉄鋼価格引き上げは受け入れられず、市況の停滞に加えて物価凍結政策を理由に鉄鋼業界に鉄鋼価格の値引きを強く要求した。さらに、インフレ抑制をめざすフランス財務省も需要者側の要求を支持し、鉄鋼業界に対して価格表価格からの値引き販売を非公式に働きかけていたのである。1953年9月15日付で作成された鉄鋼協会の内部文書では、政府の価格形成への影響力について、以下のように記されている。

> 「鉄鋼価格の統制は政府の手を離れたにもかかわらず、フランス鉄鋼業の代表者は各工場が新しい価格表を登録するに際して、政府の意見を取り入れなければならなかった。そして、フランスの経済政策の要請を考慮して、価格の引き上げは極力抑制せざるをえなかった。
>
> 事実、共同市場が開設されてからも生じたフランス鉄鋼業の生産原価上昇（屑鉄価格、鉄鉱石価格、輸送費の上昇、最高機関による課徴金の徴収などによる）の影響に直面しても、鉄鋼価格の引き上げ幅は取るに足らないものに限定された。
>
> さらに、フランス鉄鋼業は1953年10月15日まで価格の面で犠牲を払い続けることを受け入れた。すなわち、特に公権力によって指定された産業部門や農業と極めて関連の深い産業部門の利益に沿った価格設定に、鉄鋼業は1年前から同意してきたのである」[10]。

さらに、フランス鉄鋼コントワールの月例諮問委員会（Comité consultatif auprès Comptoir français des produits sidérurgiques）では、同年11月6日の会議で鉄鋼共同市場開設後の鉄鋼価格について、鉄鋼業界と需要者との間で以下のような論議がなされている。この委員会は、鉄鋼需要産業の代表者とフランス鉄鋼協会、同国鉄鋼業界の共同販売会社である同コントワールの代表者とが、鉄鋼市況について情報や意見を交換する場である。

まず、共同市場開設時には鉄鋼価格が9％も引き上げられたとして、激しく鉄鋼業界を批判する鉄道資材製造業者のランベール（Raymond Lambert）に対

して、同コントワールの筆頭取締役で同委員会議長でもあるデュピユイ（Jean Dupuis）が、鉄鋼業界側の立場から、共同市場開設時の価格引き上げについて次のように答えた。

「われわれは良く心得ています。私は重要な製品価格の5％引き上げが取るに足らないと主張しようとは思いません。そういうつもりは毛頭ありませんが、あなたがたの製品〔価格〕に3から4％の影響を与えているという9％の〔鉄鋼価格引き上げ〕比率は、非常に誇張されたものであると異議を唱えたいだけであります。さらに、現実には、価格表に示された価格が適用されることが例外的であることは、誰もが承知しているところであります」[11]。

この発言に対して、ランベールは鉄鋼価格の引き上げ率で争うことは断念したが、鉄鋼業に対して次のように述べて値引き販売を強く迫っている。

「実際のところ、時間当たりのコストは仕事がない場合にはより高くなることから、損失をもたらすような価格でも一定の操業を確保しようとして、注文を受けないよりも受ける方が良いと考えている産業は少なくありません。受注高を満たすために注文を受けて、ある程度の犠牲を払うことには、やはり利益があるのです。私にはこうしたやり方が鉄鋼業にも適用されるべきだと思われます」[12]。

以上の内部文書と委員会での発言から、値引き問題、すなわち60条適用問題の原因は、鉄鋼市況の低迷のみならず、政府の物価凍結策とそれに基づく鉄鋼需要産業の強硬な値引き要求にあると、フランス鉄鋼業界に認識されていたことが確認できる。したがって、この政策は景気が好転した場合にも、鉄鋼価格の引き上げを阻むものとして鉄鋼業界の利害に反するものであった。さらに、鉄鋼価格の設定に政府が介入することは、パリ条約に違反する可能性があった。鉄鋼業の行政管理権は、各国政府から最高機関に移されたはずだからである。引用した内部文書の冒頭部分はそのことを述べている。

このように、鉄鋼市況の停滞を背景とする鉄鋼価格の価格表からの乖離（＝低落）は最高機関、フランス鉄鋼業界でも共通して問題視された。そこで、最

高機関はパリ条約60条の適用を緩和し、実際の取引価格が価格表に示された価格と一定程度異なることを許容して対応しようとしていた。しかし、フランス鉄鋼業界は、同国政府の物価抑制策という別の要因によって鉄鋼価格が抑制されていることを問題視していた。したがって、同業界はパリ条約と矛盾するフランス政府の物価凍結策の影響を、鉄鋼価格の形成から排除することに主たる関心を寄せていたのである。

2　60条適用問題への対応策の策定

鉄鋼共同市場開設後の鉄鋼価格の低落問題について、最高機関は1953年11月からより具体的な対応策の検討に入り、諮問委員会、閣僚理事会での審議を経て、翌1954年初頭には結論に到達する。以下では、最高機関がこの問題への対応策を策定する過程を分析する。

(1) 最高機関の基本方針

すでに触れたように、市場に関する作業部会が最高機関に報告していたところによれば、実際の鉄鋼取引が価格表どおりに実行されていないことは明白であり、取引価格が価格表から一定程度乖離していることを認めざるをえない状況にあった。そうした認識から、最高機関では、価格表の改定を必要としない乖離幅をどの程度容認するのかという点を中心に検討が加えられた。この点をめぐっては、11月28日の最高機関会議において、最高機関9名のメンバー間における意見対立が明確になっていた。

議長のモネは価格表が実際の取引価格に忠実に反映されることを望んでおり、そのためには乖離幅は最小限に限定すべきであると主張した。彼によれば、広い乖離幅を許容することは、価格表の存在意義を損ない、共同市場における顧客差別を容認することになる。すなわち、すべての顧客に対して一定の条件による製品の供給を保証するというパリ条約の基本原則が損なわれてしまう。したがって、価格表の公表とその順守を強制することで、鉄鋼会社の活動に規制

を加えるべきだと、モネは議論したのである。

　これに対して、最高機関メンバーの多くは、乖離幅を広く認めることを主張していた。彼らの発言によれば、市場の動向に柔軟に対応できるように鉄鋼会社が価格を変更することを認めるべきである。本来、自由競争市場における取引は刻々と変化する状況を反映して、厳密に同一の取引はありえず、取引条件の差異が存在するのは当然である。したがって、各鉄鋼会社が自ら設定したものとはいえ、価格表に示された条件を厳密に守ることは不可能である。この議論は自由競争や市場原理を尊重するものであり、パリ条約に掲げられた基本精神に沿うものであると主張されたのである[13]。

　上記の論議では、いずれの側もパリ条約の規定を尊重する立場から議論を展開したのである。にもかかわらず対立が生じたことは、パリ条約の基本原則のなかに2つの矛盾する考え方が含まれていたことを反映していた。したがってこの対立は、共同体の基本性格や共同体の運営について、その根幹に関わるパリ条約に関する見解の相違が、最高機関内部に存在することを明確にした。以上の対立を含みながらも、最高機関では11月末までに多数派の議論に基づく次のような同60条の適用緩和策が有力になっていた。それは、各鉄鋼製品ごとに計算して、60日間の取引価格と価格表との差が平均して価格表価格の4％、最大でも5％の範囲内であれば、価格表を改正せずに取引価格を変更することを認めるというものであった[14]。

(2) **諮問委員会**

　以上の課題に直面していた最高機関は、その諮問機関である諮問委員会と参加各国の閣僚で構成される閣僚理事会に60条適用問題への対応策の検討を依頼し、参加諸国の政府をはじめ関連産業界や労働組合の代表にも意見を求めている。参加6カ国の石炭、鉄鋼会社、労働組合、石炭と鉄鋼の需要産業などの代表から構成される諮問委員会は、11月20日付の文書で最高機関から諮問を受けると、同委員会内部に設けられた60条適用問題検討特別委員会（Commission spéciale pour l'examen des problèmes relevant de l'application de l'article

60)で11月26日、12月1日、同月12日の3日間にわたり論点を整理した。この特別委員会の報告15)を受けて、12月14日の第7回諮問委員会では鉄鋼価格設定に関するパリ条約60条の適用について、それを厳格化する方策と逆に緩和する方法とがそれぞれ検討された。

まず、パリ条約60条適用をより徹底する2つの方法が審議され、裁決にかけられた。第1に、パリ条約60条を適用するための最高機関決定30-53号のなかでも、価格表の公表とその順守を規定した第2項を厳格に適用し、それに違反した企業にはパリ条約64条に基づいた罰則を課すことについて審議された。この点については、賛成は僅かに5、反対30、棄権3の圧倒的大差によって否決された。賛成5名のうち、3名がイタリア、2名がオランダの委員であり、共同体6カ国のなかでも鉄鋼生産が少ない両国の委員のみが罰則という厳しい措置の導入を支持したのである。第2に、取引価格を含む毎月の取引状況を報告する取引明細書の提出を鉄鋼会社に義務づけることが審議の対象とされた。これは、実際に行われた取引の状況について最高機関に報告することを鉄鋼会社に義務づけ、現実の売買価格が価格表からどれだけ乖離しているのかを監視する最高機関の機能を強化する改革案である。だが、この提案も賛成6、反対28、棄権4と大差で退けられた。この賛成6名はいずれもドイツからの委員で、石炭産業代表3名、鉄鋼業代表2名、鋼材取引業者1名であった。以上のように、パリ条約60条違反に罰則を設けたり、鉄鋼取引の実態に関する報告を義務づけることは、諮問委員会でもごく一部の委員から支持されるにとどまった16)。

次に、最高機関会議でも問題となっていた、60条の適用緩和が審議の対象とされた。ここでは、実際の売買価格が価格表に提示された価格とどの程度まで異なることが許容されるのか、製品ごとに60日間の取引を平均して価格表価格の5％以内、2％以内、1％以内の3点に議論が集中した。その結果、裁決にかけられると、平均乖離幅2％以内が21名の委員から支持され、1％以内は8名、5％以内は5名の委員から賛同を得ている。最も多くの委員が賛成した2％枠の採用案は、フランスからの委員を中心に支持を集めており、内訳はフランス10名、ベルギー3名、オランダ3名、イタリア3名、ドイツ1名、ル

クセンブルク1名であった。この時、最も緩やかな5％を支持したのは、3名がベルギー、2名がオランダからの委員であった。最も厳格な1％に賛同したのは、ドイツの6名と、イタリアとフランス（ただしザール）それぞれ1名であった。以上のように、フランス代表を中心とする多くの委員に支持された2％が、主にドイツ代表が支持した1％より多くの支持を得たが、生産者、労働者、需要産業の間に明確な偏りはみられなかった。

　第7回諮問委員会における審議の結果は、最高機関に報告されたが、最高機関が当初想定していた平均4％、最大5％に最も近い平均5％は、ベルギーとオランダの委員のみが賛同し、多くの支持は得られなかった[17]。このように比較的制限的な許容乖離幅に供給者、需要者双方から多くの支持が集まった要因は、終戦以来の不安定な経済状況のなかで、ある程度の市場の安定を共同体参加諸国の産業界が求めていたためだと考えられる。

(3) 閣僚理事会

　諮問委員会での審議と並行して、共同体参加6カ国の閣僚によって構成される閣僚理事会に対しても、最高機関は60条適用問題への対策を諮問している。この問題については、各国政府レヴェルでも意見表明がなされており、なかでもフランス政府は価格表からの許容乖離幅の設定には疑問の声をあげていた。

　12月21日の閣僚理事会での審議において、フランス政府代表のアルビー（Pierre Alby）は、顧客無差別の原則を実現するためのパリ条約60条は厳格に適用されるべきであると強く主張した。そのために、最高機関は鉄鋼市場を監視する機能を強化し、価格表に提示された条件で実際の取引が行われるように市場を管理すべきだと説いた。そこでアルビーは、最高機関が提案している価格表からの取引価格の許容乖離幅は、各取引ごとに最大でも価格表価格の2％までしか受け入れられないと結論づけている。すなわち彼は、60日間の平均値でのみ制限すると、個別の取引は価格表からの乖離が比較的自由になり、意図的な取引相手の差別も可能になることを懸念したのである。したがって、アルビーの議論は、それまで最高機関において想定されていたものより、はるかに厳格

な乖離幅であった。

　以上のフランスの主張に対して賛同の意を表明したのは、イタリアのみであり、西ドイツはフランスに強く反発した。西ドイツの経済大臣エアハルト（Ludwig Erhard）は同日の閣僚理事会において、価格表の適用を大幅に緩和、ないし廃止して、競争を発展させることを検討すべきではないかとさえ問題提起している。エアハルトの問題提起はパリ条約の改正をも念頭においたもので、アルビーの主張とは対極に位置していた。

　このように閣僚理事会では、パリ条約60条の厳格な適用を求め、許容乖離幅は最大で2％までしか受け入れられないとするフランス、イタリアと、60条の適用緩和を積極的に支持する西ドイツとベネルクス諸国とに、6カ国政府間で意見が分かれていた[18]。

(4)　60条適用方法の改正

　諮問委員会、閣僚理事会では、いずれも統一見解としての明確な答申が出されたわけではなかった。だが、これらの論議を受けて、最高機関は12月23日の第145回会議から、翌年1月8日の第147回会議にかけて最終的な詰めの作業に入った。やはりここでも、主な争点は取引価格と価格表価格との許容できる乖離幅であった。

　これらの会議の席上で、市場に関する作業部会が提案した決定30-53号と、決定31-53号の改正案では、実行販売価格の価格表からの乖離幅を製品ごとに60日間の平均で価格表価格の2％まで認めることが示されていた。それは、これまで検討してきた諮問委員会や閣僚理事会における議論の趨勢を反映したもので、両委員会に諮問した段階で最高機関の多数意見であった平均4％、最大で5％の乖離幅を縮小したものである。この提案に対して、イタリアのジアッケロ（Enzo Giacchero）はフランス政府のアルビーが主張したように、平均値による制限だけでは不十分であり、個別取引の販売価格にも直接限定を加える最大値での制限枠を設定するべきだと述べた。

　だが、エツェルとシュピーレンブルグは、エツェルが議長を務める作業部会

に寄せられた数多くの議論に基づいて、60日間の取引で平均2％の許容乖離幅を設定し、最大幅は設けないことを作業部会が提案するにいたったことに注意を喚起した。すなわち、この提案が諮問委員会での裁決で圧倒的に多くの支持を受けた乖離幅であり、閣僚理事会において乖離幅の設定に反対したフランス政府の主張にも配慮していることが強調されたのである。

さらに、11月末までの段階で最高機関で主流となっていた許容乖離幅は、平均では価格表価格の4％と緩やかであったからこそ、最大5％というもう1つの制限も考慮していた。したがって、平均2％に乖離幅を限定すれば、最大値による制限は必要ないというのが、作業部会の説明であった。すなわち、価格表の改正をともなわない取引価格の変更を制度上も可能にするために、最大乖離枠を設定することは厳格すぎると、作業部会は考えたのである。

以上の議論を経て、12月30日の最高機関会議では、60日間の取引価格と価格表価格との差が、製品ごとに平均して価格表価格の2％の範囲内であれば、無条件で取引価格の変更を認めることが承認された。すなわち、最高機関の多数派を占める自由競争導入論者は、諮問委員会や閣僚理事会の論議を考慮して、作業部会の許容乖離幅縮小案を承認したのである。価格表厳守を主張するモネやジアッケロはより厳しい制限を要求したが、それは多くの賛同を得られなかった[19]。

ところが、翌1954年1月5日からの第147回最高機関会議の席上で、問題点が指摘され、1月6日の会議において、許容乖離幅の設定問題がまたしても論議の対象となった。上記のようにそれまでの審議では、60日間で2％の平均乖離幅を越えた鉄鋼製品について、企業が価格表を改正することになっていた。だが、次の60日間でも乖離幅が2％を越えることになれば、価格表の存在自体が意味を持たなくなるのではないかと、問題提起されたのである。すなわち、乖離幅が平均2％を越えて価格表改正を余儀なくされた企業は、続けて平均2％の枠を越えることが容認されるべきではないとの見方が示されたのである。そこで、価格表が改正されてから20日間は、価格表を順守した取引を鉄鋼会社に義務づけることなども検討されたが、会議の席上でそれに賛同するメンバー

は少なかった。

　結局この日の審議では、容認平均乖離幅を製品ごとに価格表価格の2.5％にまで拡大することで、企業が価格表を改正する必要が少なくなるように配慮した。ここでの論議の発端は、より規制を加えて価格表の効果を高めるべきではないか、という疑問にあった。だが、審議の結果は平均2％の乖離では価格表の改正が必要になる可能性が高いことを懸念して、逆に規制を緩めることを決定したのである。このように論議は矛盾した展開をみせ、前回の会議で諮問委員会などでの諸議論に配慮して、平均2％の許容乖離幅を受け入れた最高機関は、ここでその幅を一定程度拡大し、当初の最高機関の構想に近づけたのである[20]。

　以上の第147回最高機関会議は1954年1月7日まで審議を継続し、決定30‒53号と31‒53号改定の細部を詰める作業を行った。その結果、1月7日に3つの決定1‒54号、2‒54号、3‒54号によって、60日間の取引価格が価格表価格から平均して2.5％まで乖離することが認められることになった。逆に、60日間の平均乖離幅が2.5％を越える製品については、実態にあわせて価格表を改定することが義務づけられたのである[21]。

　最高機関は11月末の段階までは、許容乖離幅を平均で4％、最大5％まで認めることで60条適用問題に対処しようとしていた。それは、モネやジアッケロを除けば、最高機関メンバーの大半が価格表価格の順守よりも、市場の動向に対応した柔軟な価格形成が行われることを重視していたからである。だが、諮問委員会では鉄鋼生産者でさえも許容乖離幅平均2％を望むものが多く、1％を支持する委員もいた。さらに、閣僚理事会では、少数派ではありながらフランスとイタリア政府の代表者が強硬に価格表の尊重を主張した。これらの主張に配慮して、最高機関会議は、結局翌年1月7日に製品ごとに60日間の平均で2.5％の価格表からの乖離を認めることを決定したのである。

　このように、最高機関は許容乖離幅を当初案より縮小したが、価格表に掲げられた価格以外での鉄鋼取引を公認することになった。この許容乖離幅は、パリ条約60条の元来の規定からすれば、認められるはずのないものである。だが、

当時の鉄鋼取引の実態を前に、自由競争を標榜するパリ条約のもう1つの原則を根拠としてパリ条約60条は適用を緩和された。したがって、顧客差別の禁止を目的に導入された最高機関による価格管理は、自由競争を重視する議論によって緩和されたのである。

3 フランス鉄鋼業界の対応

前にも述べたように、鉄鋼価格の低落は、フランス鉄鋼協会にとっては単なる市況の停滞を反映するものとは別の意味をもっていた。すなわち、同協会はフランス政府による物価凍結策を鉄鋼価格低迷の重要な要因と捉えていた。したがって、パリ条約60条の適用緩和という最高機関の方針では、この問題が解決されるはずはなかった。そこで以下では、フランス鉄鋼協会が鉄鋼価格低落に対して、独自に講じた対応策を検討しよう。

(1) 最高機関への提訴

フランス政府の1952年以来の物価凍結策がフランスの鉄鋼価格を抑制していることは、すでに指摘したように、パリ条約に違反する疑いがあった。そこで、フランス鉄鋼協会はこの状況を最高機関に訴えていく。まず、1953年11月26日の諮問委員会の特別委員会で同協会副会長のフェリが政府による物価政策の問題点を最高機関に指摘した[22]。さらに、同協会は最高機関に文書を送り、フランス政府が政策を改めるよう指導することを要求している。例えば、同年12月8日に協会幹部のラティがモネに宛てた書簡では次のように訴えている。

> 「企業に認められようとしている価格の変動幅は、現行のフランスの法律では引き上げ方向には意味をなしません。そのため、現在検討されている〔パリ条約60条の適用〕緩和策は〔フランス政府の物価〕凍結制度によって無効になることが懸念されます。〔中略〕
> 　価格についてのフランスの法律と国家レヴェルの行政機関によるその厳格な適用は、あらゆる段階での価格凍結を通して、ヨーロッパ石炭鉄鋼共

同体に帰属していることからフランス鉄鋼業が当然従うべき価格制度の機能を妨げているし、将来も妨げるでありましょう。

　結論として、フランスの鉄鋼生産者は、最高機関に対して条約が与えた手段を行使することを要求します。フランス市場における競争条件を深刻に歪め、とりわけ差別的な性質をともなう現状に終止符を打つために、勧告または適切と思われるすべての方策が実行されることを求めるものであります」[23]。

　この後も12月18日にフランス鉄鋼協会は、会長リカールが最高機関のモネ宛てに書簡を送るなど、翌年1月までの間に頻繁に文書による同じ趣旨の訴えを繰り返し、フランス政府に対して政策変更を迫るよう最高機関に要求している[24]。

　最高機関内部では、すでに12月4日には作業部会において、フランス政府による物価凍結策の影響が鉄鋼価格にもおよんでいることが指摘され、調査が必要であることが認識されていた[25]。上記のフランス鉄鋼協会の訴えを受けて、モネは翌1954年の1月13日付でフランス政府に書簡を送り、この訴えに対する回答を求めた[26]。

　だが、同政府と最高機関の折衝の過程で最高機関側が問題にしたのは、フランス国内で生産された鉄鋼製品と共同体加盟諸国からの輸入品とで、扱いが異なっている点であった。すなわち、フランス企業は国内からの調達品の値上がりを理由に、自らの製品の値段を上げることは認められていなかったが、外国製品の価格が上昇した場合には、その価格転嫁が認められていた。したがって、フランスの製造業は、共同体諸国から輸入された鉄鋼製品の値上がりについては、それを自らの製品価格に転嫁することが法律上認められていたのである。この点で共同市場内の企業が国籍によって差別されていると、最高機関がみなしたのである。そこでフランス政府は、物価凍結策を定めた前出の1952年9月11日の政令（arrêté）を1954年3月6日に改正し、鉄鋼共同市場開設時のフランス製鉄鋼製品価格の上昇をフランス製造業製品の値上げに反映させることを認めた。ただし、この措置は、その後の国産鉄鋼製品価格の上昇についても、

一般製造業製品への価格転嫁を認めたわけではなかった。したがって、将来に国産鉄鋼価格が引き上げられた場合には、同様の問題が発生する可能性が残されたのである[27]。

だが、最高機関はフランス鉄鋼協会が訴えた同国政府の鉄鋼価格引き下げ圧力については、その存在を認めなかった。そのため、実際には、鉄鋼価格はフランス財務省、物価局と鉄鋼協会との非公式な折衝によって決定され、鉄鋼価格の設定にフランス政府が介入する状況が改められることはなかった。したがって、その後もこの折衝の場では、政府、財務省側は常に厳しい価格抑制を鉄鋼業界に要求することになる[28]。なぜ、最高機関が非公式なものとはいえ、政府レヴェルの行政介入を看過したのかは不明である。ただ、1954年1月8日の147回最高機関会議において、フランス鉄鋼協会の言い分は「誤っている」と認識されていたことが、同会議の議事録から確認できるのみである[29]。ともあれ、最高機関はフランス財務省のパリ条約に違反する行政権力の行使を積極的に解明し、阻止しようとはしなかったのである。

(2) カルテル結成の試み

市況の低迷、鉄鋼価格の低落に直面する鉄鋼業界は、上記のように最高機関へ働きかける裏で、別の対応策を画策していた。それは、「14社合意」（Accord des quatorze）と呼ばれ、フランスとザールの主要鉄鋼会社14社が生産量を制限した数量カルテルの結成である。その存在については、フランスの歴史家サロ（Jean Sallot）が未公刊の学位論文のなかで指摘しているが、その内容については詳しく触れられていない[30]。それはヤミ・カルテルである14社合意に関する文書が断片的にしか残されていないためであろう。以上の史料上の限界を踏まえたうえで、以下では14社合意によるフランス鉄鋼業界の鉄鋼市況低迷への対応策を検討しよう。

フランス鉄鋼協会の内部文書からは、フランスの主要鉄鋼会社は1953年9月の段階で連携した生産調整の実施に合意していたことが、確認できる[31]。その後11月には、1953年12月1日から1954年2月28日までの3カ月間の割当生産量

が、各企業の特殊事情にも配慮して決定された。1953年11月16日付で作成された同協会の内部文書では、この合意の目的を「操業率調整の唯一の目的は、各社によって公表された価格表の厳格な適用を可能なかぎり早期に保証し、本来の原則を回復して、市場を健全化することである」[32]と説明している。すなわち、生産量を制限して実際の取引価格を価格表に示された水準に引き上げることをめざしていたのである。

具体的な生産割当枠は、会社ごとに次のように設定された。まず、1951年以来最も生産量の多い連続する3カ月の月当たり平均生産量が算定された。14社合計でトーマス鋼が78万4,556トン、マルタン鋼が28万9,494トンであった。この数量に対して、トーマス鋼は70％、マルタン鋼は91％が原則的な生産割当量とされた。

次に、供給が不足している帯鉄については生産の削減を見送ることにしたため、帯鉄1万6,432トンの生産が上記の原則割当枠に加えられる。さらに、個別の鉄鋼会社に対しても以下のような特別措置がなされた。例えば、ノルマンディー金属（Société métallurgique de Normandie）にはトーマス鋼については技術的に必要最小限の生産量を確保するために894トン、マルタン鋼についてはイギリスからの受注実績を考慮して1,887トンの合計2,781トンが加算された。新しいマルタン炉を建設したユジノールには生産力を増したことを理由に7,520トンの割当を追加した。これら追加的な割当量は、他社に認められたものも含め、全体でトーマス鋼2万1,628トン、マルタン鋼は8,492トン、合計3万120トンであった。

その結果、14社全体の割当生産量は1カ月当たりトーマス鋼が57万817トン、マルタン鋼は27万1,931トン、合計84万2,748トンで、第5-1表にみられるように各社に配分されたのである。この割当生産量は、割当が決定された直前の1953年10月における14社の生産量88万3,290トンから4万542トンが削減されることを意味していた。さらに、この生産枠を実現するために、受注量には11月から制限が加えられた。すなわち、11月から翌年2月までの期間で連続する2カ月の受注量の月平均を、月当たりの生産割当量の95％から105％の間におさめることが求められたのである[33]。

第5-1表　14社合意による生産割当量

(単位:トン)

	1951年1月～1953年10月1日の最も生産量の多い連続する3カ月の月平均生産量	1953年12月～1954年2月の月当たりの生産割当量
(フランス)		
クニュターニュ	53,770	37,639
ロレーヌ・エスコー	126,451	100,764
シデロール	131,401	96,795
ユジノール	147,369	124,295
ドゥ・ヴァンデル	135,905	100,611
シャティヨン	47,717	38,042
ラ・シェール	46,988	43,500
ノルマンディー	31,927	27,000
プロヴィダンス	45,985	41,200
UCPMI	60,078	45,924
(ザール)		
ブルバッハ	62,066	45,300
ディリンガー	48,170	38,315
ノインキルヘン	61,469	47,767
フォルクリンゲン	74,484	55,596
14社合計	1,074,050	842,748

出典: AN 62 AS 51, Note Ferry, le 22 novembre 1953より作成。

　以上の14社合意に基づいて1953年12月から1954年2月まで実施された生産制限については、1954年2月26日付のフランス鉄鋼協会内部の報告書によると、全体では割当生産量に対する実際の生産量は98%で、ほぼ合意が守られたことになる。だが、個別にみると14社中4社の生産量が3カ月の割当枠を超過した。他の10社についても月ごとの生産実績は、割当枠の83.30%から119.15%と生産枠から乖離する幅が小さくなかった。さらに、受注量についても総枠では制限量の96.9%で予定された受注量を実現したようにみえるが、14社を個別にみると受注割当枠からのバラツキはより大きかった。具体的には、1社は割当の70%しか受注せず、7社は84%から94%、6社は108%から129%もの注文を受けた。最後の6社のなかには、実際の生産量でも割当を上回った4社が含まれていた。したがって、受注量は生産量に比べて、特定企業に偏る度合いが高く、14社間では注文の再配分、転売が行われていた。

これらの3カ月間の結果をもとに、この報告書は以下のように評価している。「12月1日に実行に移された合意は不十分で不安定なものであった」が、「それは3カ月間追及された努力が失敗であったとか、無駄であったと結論を下すことを容認するものではない」。「おそらく唯一の原則的問題は、将来において違反を予防し、罰することができる方法を見出すことである」。すなわち、受注や生産の段階で、割当量が厳格に守られれば、14社合意は価格表価格にそった取引を実現できる。したがって、合意が守られる方法を検討し直したうえで、生産調整を継続すべきであると結論づけた[34]。

このような認識から、14社合意は2月27日の鉄鋼協会における会議で1954年2月以降も更新され、6月までの協定が成立した。ただし、ザールの鉄鋼会社フォルクリンゲン（Vorklingen）とノインキルヘン（Neunkirchen）を代表してこの会議に出席していたテドレル（Georges Thedrel）や、鉄鋼協会に書簡を寄せた同地域の鉄鋼会社ブルバッハ（Burbach）の経営者ゲラン（A. Guerin）は、生産制限の緩和を要求していた。テドレルによれば、その理由はザールの鉄鋼業が地理的に近接している西ドイツの鉄鋼業と競争関係にあること、ドイツ南部の市場への進出をもくろんでいることであった[35]。

その後どのような修正が加えられたのか詳細は不明であるが、鉄鋼協会の内部文書では1954年10月頃まで合意が存在した形跡が確認できる。ただし、1954年半ばから景気は停滞を脱し、鉄鋼の受注も大幅に伸びていた。そのため、14社合意はこの年の後半には消滅したものと思われる。以上のフランス鉄鋼業界の動向にもかかわらず、最高機関はこの14社合意の存在について、少なくとも公式には認識しておらず、パリ条約に明らかに違反するカルテルを取り締まることはなかった。

さらに、フランス鉄鋼業界は他の共同体参加諸国の鉄鋼業界と協定を結び、共同市場外の第三国向け輸出製品について1953年11月9日に最低価格を設定した。このカルテルの存在は最高機関も十分承知していたが、その効力がおよぶ範囲が共同市場外であることを理由に、最高機関が規制するべきカルテルではないと判断された[36]。

以上のように、フランス鉄鋼業界は同国政府の物価凍結策がフランスにおける鉄鋼価格の低迷を招いていることを最高機関に訴え、最高機関によって政府の政策を改めさせようとした。だが、最高機関はその事実を認識しながらも、フランス政府の物価凍結策を厳しく追及することはなく、結果的にはそれを容認することになったのである。したがって、フランス鉄鋼協会は、一方でフランス政府の物価政策の不当性を最高機関に訴え、他方で、14社合意による国内数量カルテル、さらには第三国市場向け輸出について価格カルテルを締結して、鉄鋼市況の停滞と同政府の物価政策に対処していたのである。

おわりに

　1953年5月10日の鉄鋼共同市場開設から半年も経過してない同年秋には、パリ条約60条の適用が困難であることが明白になっていた。すなわち、顧客差別の排除を目的とする同60条は、価格表に示された一定の条件で製品を販売することを義務づけたが、実際の市場における取引では実行不能だったのである。当時の停滞した鉄鋼市況にあっては、鉄鋼の値引き販売が横行したのも当然であった。さらに、パリ条約は別の条項で自由競争の尊重を標榜していたこともあり、最高機関は60条の適用方法を定めた決定30-53号、31-53号を施行から1年を経ずして改定せざるをえなかった。

　その改定過程、すなわち決定1-54号、2-54号、3-54号の制定にいたるまでの過程では、最高機関は諮問委員会や閣僚理事会での論議に配慮して、価格表からの許容乖離幅を縮小した。したがって、超国家機関として域内市場の行政管理を担う最高機関は、鉄鋼市場の実態から自らの決定を1年足らずで改定することを余儀なくされ、その過程でも共同体参加国政府や産業界の意向に左右されることになった。その際、ヨーロッパ統合の推進者で最高機関の議長であるモネの意向は、最高機関内部でさえも大きな影響力をもちえなかった。このように、最高機関は開設当初の鉄鋼共同市場の管理をめぐって、自らの意向を短期間のうちに頻繁に変更せざるをえなかった。それは看過されるべきで

はない重要問題に関する政策変更である。

　さらに、フランス鉄鋼協会が訴えた同国政府の物価凍結策に対しても有効な指導を実施することはできなかった。その背後で、フランス鉄鋼業界はパリ条約65条に違反するカルテルを結成し、自己防衛をはかったが、最高機関はこのカルテルの存在に気づいてさえいなかった。したがって、最高機関はフランス政府の経済政策や、フランス鉄鋼協会の利害追及に翻弄され、参加国政府、産業の利害から独立した超国家機関としての機能を発揮することができず、パリ条約に違反するフランス政府の越権行為を取り締まることもできなかったのである。

　1953年から54年にかけての景気停滞以後、西ヨーロッパ諸国の経済成長を背景に、共同体諸国の鉄鋼業は生産、貿易とも拡大し、共同体諸国間の鉄鋼製品の相互浸透が進んだことは周知の事実である。だが、鉄鋼共同市場の管理、行政については、超国家機関である最高機関への統合は進展せず、実態としては従来の国民国家による経済政策や産業利害に従属的なままであった。このように超国家機関による政策の実現は当初から困難を極めたのである。にもかかわらず、当時のヨーロッパ経済は長期的には成長軌道に乗っていたことから、モネらが推進したヨーロッパ連邦創設への期待は減退せざるをえなかった[37]。

注
1)　石山幸彦「戦後西ヨーロッパの再建と経済統合の進展（1945-1958年）——連邦主義の理想と現実——」『土地制度史学』第159号、1998年4月、42～51頁、などを参照。パリ条約の条文については、Minstère des affaires étrangères, *Rapport de la délégation française*....
2)　CEAB 2, n. 715/2, Décision No. 31/53 du 2 mai 1953; CEAB 2, n. 715/3, Décision No. 30/53 du 2 mai 1953.
3)　従来の諸研究では、共同市場開設当初の鉄鋼市場に生じた問題について、共同体発足当初の一時的な諸問題の1つとして紹介されている。だが、この問題が発足したヨーロッパ石炭鉄鋼共同体に与えた影響の重大さや、フランス鉄鋼業界にとってのこの問題の意義は十分に検証されていない。Dirk Spierenburg et Raymond Poidevin, *Histoire de la Haute Autorité*..., pp. 131-147; Philippe Mioche, La

sidérurgie et l'Etat...*, pp. 247-254; Jean Sallot, Le contrôle des prix et la sidérurgie française 1937-1974, thèse pour le doctorat nouveau régime, avril 1993, pp. 218-221; William Diebold, *The Schuman Plan*..., pp. 254-286.

4) PAM 74161, CSSF, Réunions mensuelles d'information 1949-1954, etc.

5) CEAB 4, n. 44, Service juridique, Note Objet: Article 60; transaction comparable, le 29 septembre 1953; CEAB 4, n. 44, Division économique, Mode de cotation applicable en matière d'acier, le 24 octobre 1953; CEAB 4, n. 44, Note sur le marché de l'acier, le 9 novembre 1953；作業部会のメンバーについては、CEAB 2, n. 718/1, Procès-verbal la 137e séance de la Haute Autorité tenue le mardi 1er décembre 1953.

6) CEAB 4, n. 44, Division économique, Projet d'avis de la Haute Autorité sur l'application de article 60, le 10 novembre 1953; CEAB 2, n. 717/2, Procès-verbal de la 129ème séance de la Haute Autorité tenue le mardi, 10 novembre 1953, Luxembourg, le 11 novembre 1953.

7) AN 62 AS 51, Note à Monsieur Ricard, le 15 octobre 1953.

8) ピネーの物価政策について一般的には、Michel-Pierre Chelini, *Inflation, Etat et opinion*..., pp. 471-501を参照。

9) AN 62 AS 51, Note relative aux incidences de l'augmentation des prix de l'acier, le 15 septembre 1953. 鉄鋼協会が認識していた最高機関の60条適用問題の対応については、AN 62 AS 117, Situaition du marché et niveau des prix, le 31 octobre 1953.

10) AN 62 AS 51, Note relative aux incidences de l'augmentation des prix de l'acier, le 15 septembre 1953, p. 3.

11) PAM n. 82347, Comité consultatif auprès du C.P.S. réunion du 6 novembre 1953, p. 14.

12) Ibid., p. 14.

13) CEAB 2, n. 718/1, Compte rendu de la 135ème séance de la Haute Autorité qui s'est tenue le samedi 28 novembre 1953, Luxembourg, le 30 novembre 1953.

14) CEAB 4, n. 45/2, Haute Autorité, Considérations sur l'application de l'article 60, le 28 novembre 1953.

15) CEAB 2, n. 999, Rapport présenté à VIIe Séance par la Commission spéciale puor l'examen des problèmes relevant de l'application de l'article 60; CEAB 2, n. 992, Compte rendu de la réunion de la Commission spéciale pour l'examen des problèmes résultant de l'application de l'art. 60 du Traité, tenue à Luxembourg le

26 novembre 1953.
16) CEAB 2, n. 997, Comité consultatif VIIe session, Procès-verbal, pp. 13-16.
17) Ibid., pp. 10-11 et pp. 17-18.
18) Dirk Spierenburg et Raymond Poidevin, *Histoire de la Haute Autorité...*, pp. 143-147.
19) CEAB 2, n. 718/2, Procès-verbal de la 145ème séance de la Haute Autorité tenue de mardi 23. 12. 1953, Luxembourg, le 24 décembre 1953; CEAB 2, n. 718/2, Compte rendu de la 146ème séance de la Haute Autorité, tenue le 30 décembre 1953.
20) CEAB 2, n. 719, Procès-verbal de la 147ème séance de la Haute Autorité, Luxembourg, le 11 janvier 1954.
21) CEAB 2, n. 719, Décision n. 1-54 du 7 janvier 1954; Décision n. 2-54 du 7 janvier 1954; CEAB 2, n. 720/1, Décision n. 3-54 du 7 janvier 1954.
22) CEAB 2, n. 997, Comité consultatif VIIe session Procès-verbal, pp. 4-19.
23) CEAB 4, n. 199, lettre de Jean Raty à Jean Monnet, Paris, le 8 décembre 1953.
24) CEAB 4. n. 199, lettre de Pierre Ricard à Jean Monnet, Paris, le 18 décembre 1953.
25) CEAB 2, n. 719, Procès-verbal de la 147e séance de la Haute Autorité, Luxembourg, le 11 janvier 1954, pp. 10-11.
26) CEAB 4, n. 200, lettre de Jean Monnet, le 13 janvier 1954.
27) CEAB 4, n. 200, lettre de Jean-Marie Louvel, le 16 mars 1954; CEAB 4, n. 200, Bernard Lafay, Commerce des produits sidérurgiques, Paris, le 6 mars 1954; CEAB 4, n. 200, Bernard Lafay, Prix des produits, travaux et services incorporant des produits sidérurgiques, Paris, le 6 mars 1954.
28) PAM 88337, Procès-verbaux des conseils d'administration 1953-1959.
29) CEAB 2, 719, Procès-verbal de la 147ème séance de la Haute Autorité, Luxembourg, le 11 janvier 1954.
30) Jean Sallot, Le contrôle des prix..., pp. 216-218.
31) AN 62 AS 51, Position de Sollac vis-à-vis du contingentement de la production d'acier, le 8 octobre 1953.
32) AN 62 AS 51, Harmonisation des taux de marché, le 16 novembre 1953, p. 2.
33) AN 62 AS 51, Note Ferry, le 22 novembre 1953.
34) AN 62 AS 51, Harmonisation des taux de marche, le 26 février 1954.
35) AN 62 AS 51, Réunion dite "des 14", le 1er mars 1954.

36) CEAB 2, n. 991, Note pour messieurs les membres de la Haute Autorité, le 21 novembre 1953.
37) 石山幸彦「前掲論文」などを参照。

第6章　第2次近代化設備計画と鉄鋼共同市場
　　　　──鉄鋼共同市場における価格制度の確立──

はじめに

　1950年代半ばのフランス経済は、政府による諸改革の成果もあって、戦後の混乱期を脱し、経済成長を開始していた。なかでも鉄鋼業は、2つの重要な改革の主たる対象となり、それらの影響を強く受けていた。その第1の改革は、戦後フランス政府が実施した経済計画化である。第2次大戦後のフランス政府は1930年代の不況期の経済停滞と戦時の荒廃からの脱出をめざして、1947年からモネ・プランを実施した。この計画は、戦後設立された計画庁の初代長官となったモネによって提唱され、各産業部門の生産目標や投資計画を制定した。なかでも、石炭、鉄鋼、エネルギーなど重要部門に指定された8部門（当初は6部門）[1]の生産拡大が優先され、これら産業に物資や資金が重点配分された。その際には、1948年から本格化するアメリカからのマーシャル援助が活用され、計画庁はこれら8部門を推進役として、経済の戦後復興、近代化をスタートさせようとしたのである。その結果、第1章で詳しく検討したようにモネ・プランはフランスの工業生産を1946年から1952年までの間に71％増加させ、戦前の最高水準である1929年を8％上回る生産拡大を実現した。

　そして1950年代に入るとフランスでは、上記のモネ・プラン後の経済政策のあり方が検討され、同プランに続く2次プランの必要性が確認される。すなわち、モネ・プランを企画した計画庁は、必ずしも既定の路線ではなかった2次プランの必要性を主張し、その作成に着手する。

　第2の戦後改革は、フランス政府の提案によって実現したヨーロッパ石炭鉄

鋼共同体の創設である。戦後フランス政府は1950年5月9日に外相シューマンが発表したシューマン・プランによって、フランスとドイツの石炭、鉄鋼業に共同市場を創設する独仏両産業の部門統合を提案した。この提案を受けて、フランス、ドイツにイタリア、ベネルクス3国を加えた6カ国によって、1952年にヨーロッパ石炭鉄鋼共同体が結成され、その後に進展するヨーロッパ統合の第一歩を印すことになったのである。

これまでも指摘してきたように、1951年に調印された同共同体の結成条約、いわゆるパリ条約では、石炭、鉄鋼などの共同市場においては、自由で公正な競争を保障し、独占を排除することが規定された。そこで自由で公正な競争を確保するためには、系列関係や国籍によって取引相手が差別されないように、販売価格などの取引条件を事前に公表することが義務づけられていた。

だが、前章で詳しく検討したように、1953年5月の鉄鋼共同市場開設当初から公表価格が順守されることは稀であり、市況の低迷のため、価格表からの値引き販売が横行した。この問題への解決策として、共同体の政策決定、執行機関である最高機関は、1954年1月に公表価格から実際の販売価格が2.5％まで乖離することを認める決定を行った。ところが、この最高機関の決定に対しては、フランスとイアリア政府から異論が出され、両国政府は共同体の裁判所にパリ条約違反として提訴する。そして、この訴えに対する判決が1954年末に下され、共同市場創設期の混乱に決着がつけられることになる。

以上のように、1954年から1955年にかけてフランス鉄鋼業は、2次プランの立案、施行とヨーロッパ石炭鉄鋼共同体、最高機関による鉄鋼共同市場の管理、運営という国内外の2つの側面から、新たな条件に直面することになる。すなわち、鉄鋼業をめぐる国内外の行政管理がこの時期に転機を迎えており、戦後の発展軌道に乗りつつあったフランス鉄鋼業がどのような経営環境におかれることになるのか、重要な画期を迎えていたのである。

これまでの研究史においては、戦後フランスの経済計画化と、ヨーロッパ石炭鉄鋼共同体の創設を含む、ヨーロッパ統合の進展については、数多くの研究が発表されてきた[2]。だが、経済計画化については、有名なモネ・プランに比

第6章　第2次近代化設備計画と鉄鋼共同市場　167

べて2次プランに関する研究は少なく、鉄鋼業について詳細に分析しているものは存在しない。さらに、ヨーロッパ統合に関する諸研究のなかでも1954年の裁判所の判決を十分に分析し、創設期の鉄鋼共同市場の状況を詳しく論じているものは少ない。そこで本章では、1954年から1955年にかけてフランス鉄鋼業を取り巻く環境がどのように変化したのか、フランス政府による2次プランの策定と、ヨーロッパ石炭鉄鋼共同体による鉄鋼共同市場の管理の両方に目を配りながら検討することを課題とする。その際、パリ国立文書館に所蔵された計画庁などの政府関係文書、さらには、フォンテーヌブローの現代史料館に保管されているフランス鉄鋼協会文書、ブロワ市のサン・ゴーバン・ポン・タ・ムーソン社文書館の同社文書など鉄鋼業界側の諸文書を分析する。

1　2次プランの策定と鉄鋼業界

(1)　2次プランの基本計画

　モネ・プランの実施期間も終盤を迎えた1951年12月1日に、フランス政府は同日付のデクレによって2次プランを立案し、実行することを決定した。そして、モネ・プラン後の産業近代化と経済発展を目的とした2次プランに関する議論が開始された。この点について、1952年11月にモネの後を継いでフランス計画庁長官に就任したイルシュは、同年11月に作成された計画庁内部文書で、次のような見解を示している。

　　「実際のところ、敵対ののちには世界の他の諸国も発展している。フランス産業の生産が1929年の水準を10％超越えたとしても（実際には8％）、アメリカ、カナダ、スイス、ノルウェー、デンマーク、イタリア、イギリス、ドイツ、オランダは戦前の最高水準を25％以上上回るところにまで増加させた。そして、その発展は継続しているのである。世界の大部分の国は拡張に向かっているのである」[3]。

　以上のように、イルシュは他の欧米先進国における戦後の生産復興、発展と

比較することにより、モネ・プラン実施期間中のフランス経済が必ずしも十分な成長を遂げたとはいえないことを強調する。したがって、彼によれば、モネ・プランに続く2次プランによって、フランスの経済成長を促進することが、是非とも必要であった。

続いて、2次プランにおける目標について次のように述べている。

「必要な生産の増加は、フランスの生産者が国内市場のみならず輸出市場においても、外国の生産者と競争可能になるだけの生産性の上昇をともなうものでなければならない。〔中略〕フランスにおける生産の規模や構造、対外取引の推移、他国の動向などの調査から、1952年から1957年までに国内生産の25％増加を目標として提案することが妥当であると思われる。この発展は、ヨーロッパ経済協力機構（OECE）[4]によって加盟諸国へ提言され、加盟諸国に受け入れられたものに合致しており、過去数年（1947年－51年の30％）の拡大ペースを若干下回るものである」[5]。

すなわち、想定される2次プランが終わる1957年までには、国内生産を全体で25％増加させることが基本目標とされた。その内訳として、工業生産の拡大が30％、農業生産が20％と設定された。さらにその際に、他の先進資本主義諸国に対する競争力の回復、そのための生産性の上昇が必須の条件として考慮されていた。この25％の生産拡大は、当時戦後の経済成長を開始している先進資本主義諸国の拡大ペースに同調していくことをめざしたものであった。

以上の長官イルシュが示した認識に基づき、翌1953年2月に計画庁は、上記の生産拡大ペースを基本とする2次プラン作成のガイドラインを提示した[6]。そこでは、電力、石炭、鉄鋼など基幹産業部門の生産拡大を優先したモネ・プランとは異なり、新しい状況に対応した以下の点が重視された。まず、フランス国民の生活水準向上が目標として掲げられ、そのために特に住宅建設の60％増加が標榜された。

だが、これらの投資や生産に関する目標とは別に、2次プランでは「財政負担削減」（débudgétisation）がスローガンとして掲げられ、それにともなって3つの経済均衡が目標とされた。第1は需要と供給の均衡である。戦後のフラ

ンス経済は物資の欠乏に直面して、深刻な供給不足を招いており、モネ・プラン実施によっても供給不足を解消することはできなかった。そのため物価の高騰が相次ぎ、深刻なインフレにも悩まされていた。したがって、目標とされた第2の均衡は、物価の安定であり、インフレの抑制であった。さらに、第3の均衡は、インフレを抑制するためにも、赤字が続く国際収支を均衡させ、為替相場を安定をさせることであった。これらの課題に取り組むために、2次プラン策定時にはモネ・プランにはなかった金融委員会（Commission du financement）が新たに設置されている。この金融委員会は、元財務官僚で国会議員のガイヤール（Félix Gaillard）を委員長に据え、フランス銀行総裁、ボームガルトネル（Wilfrid Baumgartner）が副委員長を務めるなど、金融界や財務官僚を中心とした委員で構成されていた[7]。

　以上のように、2次プラン策定にあたっては、公的資金の投入を削減して、インフレ抑制をめざし、市場原理を重視する政策理念が明確に打ち出されている。この点では、モネ・プランとは対照的であり、2次プランではモネ・プランから路線変更がはかられたことは明白である。すなわち、終戦からモネ・プランの期間まで激しいインフレに悩まされたため、通貨価値の安定と国際収支の均衡は、2次プランにおいて喫緊の課題となっていたのである。さらに、モネ・プランの実施にあたって、フランス政府はマーシャル援助による見返り資金を原資として、フランス産業に大規模な投資資金を投入したが、2次プランにおいてはそうした資金源は存在しなかった。そうした事情もあり、市場における上記の均衡が2次プランの枠組みとして設定されたのである。このような全体目標を前提に、産業部門ごとのプラン立案が各部門の近代化委員会に委ねられた。

(2) 鉄鋼部門における2次プランの作成

(a)生産・投資目標

　鉄鋼業の近代化計画を審議する鉄鋼近代化委員会はモネ・プランの時と同様に組織され、1953年3月12日にル・クルーゾ製鉄取締役で同委員会委員長ヴィ

第 6-1 表　2 次プラン・鉄鋼近代化委員会委員

委員長	ヴィケール（Hneri Vicaire）	ル・クルーゾ製鉄取締役
副委員長	ドゥニ（Albert Denis）	産業省鉄鋼課長
委員	ドゥ・ベコ（De Beco）	圧延加工協会会長
	ボルジュオー（Maurice Borgeaud）	ユジノール取締役
	ビュロー（Léon Bureau）	シャティオン・コンメントリー・ヌーヴメゾン取締役
	デルス（Louis Dherse）	ソラック取締役
	エプロン（Pierre Epron）	ロンヴィ製鋼取締役
	オスリエ（Haussoulier）	ボンヴィユ金属取締役
	ラドゥーシュ（Ladouche）	東部鉄鋼業技術者管理職組合委員長
	ルフォシュー（Pierre Lefaucheux）	ルノー公団取締役
	ラント（Jacques Lente）	鋳管・鋼管協会会長
	マコー（Marcel Macaux）	フィルミニ製鋼取締役
	マクロー（Henri Maclor）	マリーヌ製鋼取締役、鉄鋼研究所所長
	マルタン（Roger Martin）	ポン・タ・ムーソン鉄鋼部長
	メトラル（Albert-Roger Métral）	機械・金属加工産業協会会長
	モリゾ（Robert Morizot）	特殊鋼生産者協会会長
	プラン（René Perrin）	ユジン電気化学・電気冶金・電炉製鋼取締役
	ピエラール（Paul Piérard）	ドゥ・ヴァンデル技術主任
	パンツォン（Pinczon）	パンノエ造船取締役補佐
	リカール（Pierre Ricard）	フランス鉄鋼協会会長、経済審議会委員
	シュウエッブ（Schwob）	CGT-FO 金属連合書記
	テヴナン（Georges Thévenin）	ソールネ高炉社取締役
	ティボー（Thibault）	鉄鉱協会会長
	ワルカンナエ（François Walckenaer）	ノルマンディー金属筆頭取締役
	ウィラム（Willame）	CFTC 金属連合書記、経済審議会委員
報告者	ルジャンドル（Legendre）	鉱山技術主任
	エルバン（Herbin）	鉱山技師
	ラプラス（C. Laplace）	鉱山技師

出典：AN 80 AJ 59, Commissariat général du plan, Rapport général de la Commission de modernisation de la sidérurgie, juin 1954, Annexe.

　ケール（Henri Vicaire）のもと第 6-1 表のようなメンバーで第 1 回委員会を召集し、鉄鋼業の 2 次プランの作成を開始した[8]。

　しかしながら、フランスでは 2 次プラン作成以前の1951年に、計画庁からの依頼に基づいて、鉄鋼業の生産拡大計画が作成されていた。1953年から1959年までの目標を策定した「フランス鉄鋼白書」（Livre Blanc de la Sidérurgie）と呼ばれたこの計画は、ヨーロッパ石炭鉄鋼共同体による鉄鋼共同市場創設にともない、フランス鉄鋼業の競争力強化をめざして策定されたものであった。

第6章　第2次近代化設備計画と鉄鋼共同市場　171

　その際、計画庁は各鉄鋼会社に7年間の生産、投資計画の提出を求め、その回答をまとめてフランス鉄鋼業全体の7年間の計画を作成した。その内容は競争力強化の観点から生産コスト削減が重視され、7年間で総売上高の14％にあたる4,330億フランの投資が計画された。そして、年間の粗鋼生産力を1,250万トンから1,750万トンに引き上げることが企画されたのである。だが、この7年計画は2次プランに取り入れられることはなかった。その理由は、7年計画が各鉄鋼会社の計画の単純な寄せ集めでしかないこと、1951年以後の状況変化が考慮されていないこと、期間などの点で2次プランとは枠組みが違うことなどであった[9]。

　したがって、鉄鋼近代化委員会は1958年1月1日までの各鉄鋼会社の計画について再度アンケート調査を実施し、2次プランとしての鉄鋼業の生産、投資計画を作成することになった。そこで同委員会の投資作業部会（Groupe de travail des investissements）は、1953年6月1日付で鉄鋼各社に質問状を送り、1957年末までの投資計画を調査した。その結果回収された回答によれば、1957年末の粗鋼生産力はフランス鉄鋼業全体で年1,600万トンに達する目標が設定されていることが判明した。この結果をもとに、投資作業部会は1957年の生産目標を1,540万トンと設定した。

　だが、同時に鉄鋼近代化委員会内部に設置された別の作業部会である販路作業部会（Groupe de travail des débouchés）による調査では、1957年の粗鋼需要は1,430万トンにとどまると予想された。すなわち、1957年末までにフランス国内生産の25％増加という2次プランの全体目標が達成されたと仮定して、同年の粗鋼需要は最大でも1,430万トンと見積もられたのである[10]。したがって、投資作業部会が作成した1,540万トンの生産力を実現するプログラムは、過剰投資を招くことになる。このように、投資作業部会と販路作業部会の1957年の生産目標に関する見解は、食い違いをみせていたのである。そこで鉄鋼近代化委員会は、投資作業部会がまとめた1957年粗鋼1,540万トン生産プランを「ゆとりプログラム」（Programme large）、販路作業部会の見積もりに基づく同年粗鋼1,430万トン生産プランを「削減プログラム」（Programme réduit）と命

第6-2表　2次プラン・鉄鋼生産目標

(単位：1,000トン)

	1952年の生産	1957年の生産目標			
		ゆとりプログラム		削減プログラム	
		目標生産量	増加割合（％）	目標生産量	増加割合（％）
重量製品*	1,935	2,330	21	2,320	20
棒鋼・線材	3,516	5,030	43	4,360	24
帯板（feuillards）	473	760	60	650	37
厚鋼板（2mm以上）	988	1,470	49	1,320	34
薄鋼板（2mm未満）	1,179	2,390	103	1,925	63
再圧延用半製品	8,111	11,950	47.5	10,545	30

＊鉄道用材、梁材、矢板、管用製品、鍛造用半製品、帯鉄（bandages）centres de roue など。
出典：AN 80 AJ 59, Commissariat général du plan, Rapport général de la Commission de modernisation de la sidérurgie, juin 1954, pp. 26-27より作成。

名し、比較検討した。その結果、同委員会は、次の2点を根拠に販路作業部会の見積もりの妥当性を認めている[11]。

まず、ヨーロッパ石炭鉄鋼共同体の最高機関によって組織され、のちにノーベル賞を受賞する経済学者ティンバーゲン（Jan Tinbergen）を委員長とする専門委員会（通称、ティンバーゲン委員会）の推計によれば、国内生産全体の1％増加は粗鋼需要の1.3％拡大に相当する。この推計に基づけば、フランスの2次プランによる国内生産25％増加は、粗鋼需要を32.5％（＝25×1.3）拡大することになる。これは、販路作業部会の目標33.4％増にほぼ一致していた。

さらに、フランス産業省の鉱山・鉄鋼局、鉄鋼課のシャレール（Charrayre）の推計方法によっても検証されている。シャレールの計算式においても1957年の普通鋼完成品への国内需要は812万トンであり、販路作業部会の予測した普通鋼需要年間811万5,000トンとほぼ一致するのである[12]。

したがって、鉄鋼近代化委員会は販路作業部会の鉄鋼需要予測の妥当性を認め、鉄鋼の生産、投資計画として削減プログラムを採用する方針を固めた。すなわち、投資作業部会が作成したゆとりプログラムを販路作業部会の需要予測に基づいて改定し、一定の投資額を削減した削減プログラムを作成したのである。

第6-3表　2次プラン・鉄鋼業設備投資目標額

(単位：10億フラン)

(1957年の生産目標)	ゆとりプログラム 1,540万トン		削減プログラム 1,430万トン	
	投資額	割合（%）	投資額	割合（%）
コークス化設備	14	4.9	14	6.4
鉱石事前処理設備	12	4.2	12	5.5
高炉	48	16.9	34	15.5
製鋼設備（トーマス鋼）	21	7.4	17	7.7
製鋼設備（マルタン鋼・電炉鋼）	20	7	15	6.8
圧延・鍛造設備	111	39.2	70	31.8
その他（発電設備など）	37.5	13.2	37.5	17
住宅	20.5	7.2	20.5	9.3
合計	284	100	220	100

出典：AN 80 AJ 59, Commissariat général du plan, Rapport général de la Commission de modernisation de la sidérurgie, juin, 1954, p. 30.

　そこでは、第6-3表にみられるように、投資対象ごとに投資額が削減されている。だが、鉄鋼各社の投資計画が加算されて作られたゆとりプログラムから、どの会社のどの投資計画が削減されたのかは明確にされていない。すなわち、鉄鋼近代化委員会が各鉄鋼会社の投資計画に直接干渉することを避けたのである[13]。したがって、各鉄鋼会社がアンケートに回答した計画をそのまま実行すれば、過剰生産を招くことも懸念された。だがそれは、戦後のフランスにおける計画化が個別企業の活動を拘束するものではなく、強制的性格をもたなかったことの反映である。

(b)資金調達方法

　2次プランの投資計画を実現するための資金調達方法については、鉄鋼近代化委員会はフィルミニ製鋼（Aciéries de Firminy）の取締役であるマコー（Marcel Macaux）を部会長とする資金調達作業部会（Groupe de travail du financement）に原案作成を委ねた。資金調達作業部会では1953年6月2日の会議において、フランス鉄鋼協会副会長フェリがモネ・プランにおける同業界の資金調達状況と、2次プランに関する見通しについての報告を行った。そして、

この報告の内容が同部会のみならず、鉄鋼近代化委員会の見解としても採用される。

こうした経過を経て、フェリの主張を取り入れた鉄鋼近代化委員会は、資金調達について以下のような見解を示している。まず、同委員会は、戦後フランスにおける鉄鋼価格と投資資金の関係について次のように述べた。

「戦争以来、鉄鋼価格が十分な利潤をもたらすことは全くなかった。1946年から1952年まで、新規投資の総額は2,560億フランに上り、総売上高の約15％に相当する。また、この投資支出は3分の2までは借入れによって賄われ、換言すれば、鉄鋼価格のうち設備更新に回せたのは、総売上の約5％であった」[14]。

以上のように、戦後フランスの鉄鋼価格は1945年から1953年5月1日までは政府の厳格な物価政策[15]により抑制され、鉄鋼各社は十分な利益を確保することができなかった。したがって、自己金融によって必要な投資資金を調達することは到底不可能であり、各鉄鋼会社は外部資金に大きく依存せざるをえなかったのである。この点は、資金調達作業部会におけるフェリの報告でも、冒頭で最も強調されたところであり、同部会の議事録には、次のように記されている。

「フェリ氏は1946年以来鉄鋼業近代化資金の非常に重要な部分が、借入れによって賄われたことを強調した。実際、1946年から1952年までの鉄鋼業による投資2,560億フランのうち、64％は借入れ資金によって実行されたと推計できる。別の観点からは、近年の借入れ資金は増加傾向にあり、それは鉄鋼業が製品の販売価格に見出すべき正常な原資の不十分さを示しているというべきである」[16]。

このように重要であった外部資金について、鉄鋼近代化委員会はその調達方法によって以下のように分類し、各資金について分析した。1946年から1953年までにフランスの鉄鋼会社は、総額2,304億フランを借り入れている。そのうち、モネ・プランの最も重要な資金源である設備近代化基金[17]を含む公的資金が1,347億フラン（58.5％）、政府系金融機関クレディ・ナシオナルからの借入れ

が40億フラン（1.7％）、民間銀行からの中期信用の借入れが688億フラン（29.9％）、社債などの債券の発行が229億フラン（9.9％）であった。設備近代化基金は制度上クレディ・ナシオナルを介して貸し付けられたが、クレディ・ナシオナル自身の資金とは区別されている。これらに加えて176億フランの増資が行われた。

　以上の諸範疇のうち最も重要な公的資金について、近代化委員会は次のような問題を指摘している。第1に、公的資金の主要な部分を占める設備近代化基金などは単年度会計で資金の配分が決定されているため、5年におよぶ経済計画実施のためには必ずしも確実な資金源とはなりえない。すなわち、投資計画が予定どおりに実施されるために、毎年決定される設備近代化基金からの貸付額で十分な資金が確保できるか否かは不確かであった。第2に、設備近代化基金の貸付機関であるクレディ・ナシオナルはしばしば過大な担保を要求している。第3に、設備近代化基金などの公的資金の融資条件は、利子率4.50％であるが、融資期間は18年間、返済免除期間3年で鉄鋼業の設備投資資金としてはあまりにも短期間であった[18]。これらの点はフェリの報告でも指摘されており、彼は基金の単年度制については次のように述べたことが、1953年6月2日の資金調達作業部会の議事録に記されている。

　　「充当される信用の単年度制が、複数年を要するプログラムの実施とは両立しがたい不確実性をもたらしている。年ごとに獲得できる信用の水準に関するこの不確実性が、フランス企業を非常に慎重にさせ、その派生的な結果として投資の実施期間を引き延ばしている。これは特にドイツ鉄鋼業と比較してフランス鉄鋼業が劣っていることを示す、議論の余地のない一要素である」[19]。

　次に、クレディ・ナシオナル自身の資金による貸付は、上限が1社当たり1億500万フランに設定され、貸付額が厳しく限定されていた。そのためすでに指摘したように、貸付額は僅か40億フランにとどまっていた。

　さらに、1950年代に入って急増していた銀行からの中期信用の借入れは、次の2点で問題があった。第1は、貸付期間が最長でも5年であり、平均的な減

価償却期間と比較してもはるかに短いことである。第2には、貸付金利が1953年半ばの時点で8.2％に達しており、それ以後の1954年2月にかけての金利低下があってもなお7.2％の金利が課せられていた。これは前述の設備近代化基金の貸付金利4.50％を大幅に上回る高金利であった[20]。この中期信用についても「フェリ氏は、減価償却期間およそ20年の設備に対する投資資金のこれほど重要な部分を、中期信用に依存することの危うさを強調した。他方で彼は、通貨価値が減少しているにもかかわらず、借入れ金返済の負担が極めて重いことも明言した」。さらに、「この返済に8.2％という高い金利の支払いが付け加えられ、非常に厳しい価格設定制度に服している諸企業にとって、とても重い負担になっている」と力説したことが、同じ作業部会の議事録に記録されている[21]。

　最後に、債券の発行については、資本市場の狭隘さがその限界を示していた。1946年から1952年の鉄鋼会社による社債などの発行は95億フランに限られており、借入れの6％を占めるにすぎなかった。その原因は良く知られており、フェリも指摘しているように、戦後の資本市場そのものが狭隘であったことと、戦後誕生した国有企業が資本市場において優位を占め、民間企業の資金調達を圧迫していたことにある。こうした状況に対応するため鉄鋼業界は、1947年に設立した共同資金調達機関である鉄鋼産業グループ（Groupe de l'industrie sidérurgique, GIS）を介した、債券の共同発行を1953年11月から本格的に開始した。その結果、鉄鋼業界全体としては、134億フランの債券を発行し、そのうち80億フランは同グループによって1953年11月に発行されたものであった。

　だがそれでも、資金調達額全体に占める債券発行額は少なく、以下のような要因からもその発行に安易な期待はもてなかった。すなわち、債券の利子率が1945年の3.75％から1952年には6.50％に上昇しており、スイス、ベルギー、イギリス、アメリカなどの諸国では3％から5％の利子がつけられているのと比較しても、高利子率であることは明らかであった。さらに、その償還期間については1951年に、それまでの25年または30年から15年に短縮されている[22]。

　以上のような検討の結果、鉄鋼近代化委員会が2次プランについて到達した

結論は、以下のように整理することができる。年間1,430万トンの粗鋼生産を実現するために、1954年から1957年までの間に総額2,200億フランの設備投資を実行する。その結果、2次プラン全体で予定されている国内生産に必要な鉄鋼を供給し、輸出向けにも十分な製品供給が可能になる。さらに、このプランは、将来の鉄鋼生産の拡大を保障する1ステップであり、ヨーロッパ石炭鉄鋼共同体設立によって激化する国際競争のなかを生き残るためにも必要である[23]。だが、資金調達に関して指摘された諸問題への解決策は検討されていない。すなわち、問題点は指摘されるにとどまり、その解決策は鉄鋼近代化委員会の最終報告のなかにも示されていないのである。

さらには、モネ・プランにおいて重要な投資資金源となっていた設備近代化基金は、2次プランには十分に用意されてはいなかった。それは、元来同基金がアメリカによるマーシャル援助の見返り資金から充当されたものであり、マーシャル援助がすでに1951年に終了しているためである。したがって、同基金は新たな資金源を見出さない限り、新規の貸付を大規模に展開できないことは明白であった。この点は鉄鋼業のみならず、2次プラン全体の成否を大きく左右する重大問題であった。

(c) 2次プラン法制化に向けて

1954年に入ると計画庁は各近代化委員会が作成した産業部門ごとの計画を取りまとめて、2次プランに関する一般報告書を作成した。そして、同年3月に2次プラン全体について検討する計画審議会において一般報告書は承認され、計画庁から公表された。

続いて、モネ・プランと同様に2次プランを法制化するための手続きに入った。2次プランの法制化は、政府がプランの施行に一定の責任を負い、財政支援などの義務が生じることを意味する。同年7月8日には、議会に対して経済問題に関する答申を行う経済審議会においても同報告書は承認された[24]。

それと並行して、フランス政府、省間会議（Comité interministériel）における検討も同年4月には開始された。だが、4月5日の同会議では欠席した財

第6-4表　2次プラン産業部門別投資計画（1954～57年）

(単位：10億フラン)

	1954	1955	1956	1957	合計
I．各近代化委員会による投資計画					
農林水産業	232	270	300	333	1,135
住宅建設	417	455	490	534	1,896
加工産業	140	175	210	250	775
エネルギー・鉱業（鉄鉱石をのぞく）	302	310	325	325	1,262
鉄鋼・鉄鉱石	91	65	60	51	267
化学	42	40	40	43	165
運輸・通信・観光	195	200	225	250	870
教育・衛生施設	82	85	90	95	352
小計	1,501	1,600	1,740	1,881	6,722
II．各近代化委員会による計画以外の設備更新	556	595	610	629	2,390
合計	2,057	2,195	2,350	2,510	9,112

出典：*Journal officiel*, Loi n. 56-342 du 27 mars 1956, Annexe, Deuxième plan de modernisation et d'équipement (1954-1957), le 1er avril 1956, pp. 3220-3231より作成。

務大臣フォール（Edgar Faure）に代わって経済問題担当閣外相ラファイ（Bernard Lafay）は、財務省がプランの法制化に同意しないことを表明した[25]。さらに、同月13日の会議では、フォール財務大臣自身が次のような発言して同プランの法的認定に慎重論を展開したことが省間会議の議事録に記されている。

「金融的側面について、1次〔モネ・プラン〕とは異なり新プランは資金調達条件が研究されたことを彼〔フォール〕は指摘した。金融委員会に託された見積もりの仕事は、彼の目からは合理的かもしれないが、楽観的であるように思われる。財務大臣は、金融上の予測不能な事態を考慮して、強制的な力に縛られないことが必要だと考えている。そのためには、ある程度の柔軟性を保つことが望ましい。

彼はプランによる事業を際立って削減することを決して望んでいるわけではないが、金融的要請に奉仕することを回避しなければならないと考えている〔中略〕。

もし公的な負担が増すようなことがあれば、設備への支出は必然的に削減しなければならない」[26]。

以上のように、フォールは2次プランの資金面での裏づけが、新たに設置された金融委員会をもってしても不十分であることを指摘した。したがって、資金の充当を政府に義務づける法制化には、難色を示したのである。

　こうしたフォールの議論は、投資計画が十分な資金的裏づけなしに立案されたモネ・プランの経験を踏まえたものである。すなわち、モネ・プランの開始当初には、すでに検討したように、フランス企業は必要な投資資金が確保できず、政府もそれを助成する財政的裏づけを持たなかった。したがって、モネ・プラン初年度の1947年は予定された設備投資は部分的にしか実行されず、マーシャル援助が開始された1948年以降に、モネ・プランはようやく本格化する。その際には、マーシャル援助による援助物資が利用されたことはいうまでもなく、その物資をフランス政府が国内企業に売却した代金である見返り資金が、モネ・プランの資金源として活用された。すなわち、見返り資金は設備近代化基金に繰り入れられて、同基金からクレディ・ナシオナルなどの政府系金融機関を介し、投資資金として企業に貸し付けられたのである。この設備近代化基金がモネ・プランにおいて重要な資金源になったこともすでに触れたとおりである。

　以上のようにモネ・プランの実行にあたって、その資金確保にフランス政府は難渋を極めたこと、それに加えて2次プランには、見返り資金に代わる資金源もないことが、財務大臣の2次プラン承認への態度を慎重にさせていたのである。さらに、モネ・プランの期間中である1947年から1953年までのフランスの消費者物価は134％も上昇しており、政府系資金の投入によるインフレ招来への懸念も財務省の態度を一層硬化させていた。

　だが、省間会議に出席した閣僚の多数派は、2次プランの法制化を支持していた。例えば、産業大臣「ルーヴル氏はプログラムが開始されたときには、最小限の財政的保証が必要不可欠であると考え」ていた。さらに、公共事業・運輸・観光大臣「シャストラン（Jacques Chastellain）氏も同様に、最低限の資金投下は財務省によって行われるべきであると確信し」、フォールの主張に反論していたのである。

こうした財務省への反論に対して、「フォール氏は予測される公務員給与の引き上げや減税措置を考慮すると、1,500億フランほどに拡大した歳出と歳入の格差をともなって、1955年度予算の執行を開始することになると断言した。プランの事業が素晴らしいものだとしても、これこそ彼が資金調達の観点から約束できない理由である」。このように主張して、フォールが財務省の立場を譲らなかったことを省間会議の議事録は伝えている[27]。

この後、財務省の2次プラン法制化反対論を前に法制化の作業は停滞し、暗礁に乗り上げた。そこで、フランス政府は、2次プラン法制化を財務省が受け入れる条件整備に着手することになる。

まず、モネ・プランへの重要な資金供給源であった設備近代化基金が改組された。同基金はマーシャル援助の終了にともなって廃止が検討されたが、1954年1月1日に経済拡大基金（Fonds d'expansion économique）に改組されたのである。その後、1955年8月30日のデクレ・ロワ（décret-loi）によって、この経済拡大基金に、1954年に設立された産業構造改革基金（Fonds de conversion industrielle）と地域整備国民基金（Fonds nationals d'aménagemet du territoire）の1部を併せて、経済社会開発基金（Fonds de développement économique et social, FDES）が創設された。すなわち、一連の改革によって、設備近代化基金は、他の基金を包摂しながら最終的に経済社会開発基金に改組され、経済社会開発基金は2次プランの重要な資金供給源としての役割を引き継ぐことになったのである[28]。

以上の改組によって財務省の主導権は、モネ・プランにおける設備近代化基金の運用に比べて、以下の点で制度上より強固なものになった。まず、経済社会開発基金の配分を決定する管理委員会（Conseil de direction）のメンバー構成がより財務省中心になり、財務官僚が多くの席を占めるようになったのである[29]。さらに、経済社会開発基金による資金貸付の適否は、個別の投資計画ごとに管理委員会によって審査されることになった。したがって、同基金による資金提供は管理委員会によるより厳格な管理下におかれることになる[30]。

以上のように、経済社会開発基金の資金配分について財務省の影響力が拡大

したことで、2次プランへの政府資金の支出は財務省によってより強力に管理される仕組みが整備された。その結果、実態としても投資資金への政府の財政負担軽減[31]が進行することになる。以上の経過を経て、すでにプランの実施期間が後半に入っていた1956年3月7日に、ようやく2次プラン法制化案は議会を通過し、正式に法律として承認されたのである。

2　鉄鋼共同市場における鉄鋼価格公表をめぐる裁判

　これまで検討してきたように、フランス鉄鋼業の操業は同国政府による2次プランの立案、執行という国内政策に条件づけられる一方で、ヨーロッパ石炭鉄鋼共同体によって開設された鉄鋼共同市場という新たな国際環境にも直面していた。そこで、共同体加盟6カ国で構成される鉄鋼共同市場は、どのような市場条件を鉄鋼業界に課すことになるのか。以下ではまず、1953年5月の鉄鋼共同市場開設直後に生じた問題を概説する。次いで、同市場のあり方を決定づけた1954年の共同体裁判所における鉄鋼価格をめぐる裁判の経過と判決を検討し、判決の結果形成された鉄鋼共同市場の機能について考察しよう。

(1)　最高機関による制度変更

　鉄鋼共同市場においては、取引の際に顧客が差別されることを防止するため、価格をはじめとする販売条件を事前に公表することが鉄鋼会社に義務づけられていた。これまでも述べてきたように、これは特定の国籍や系列関係にある顧客に対して値引きなどの便宜をはかることを禁止し、共同市場内の顧客に共通の条件で製品が販売されることを意図した規定である。すなわち、鉄鋼各社が価格表を公表し、その価格表に記された条件に従って、どの顧客にも製品が販売されることが、最高機関の決定30–53号と31–53号によって規定されていたのである[32]。

　だが、前章で詳しく検討したように、鉄鋼共同市場開設直後の1953年後半から1954年前半まで、実際の取引価格は公表価格を下回っていた。その原因は、

景気後退期に鉄鋼市況も停滞したために、鉄鋼各社は公表価格からの値引きを余儀なくされたこと、さらにフランスでは同国政府もインフレ抑制のために、非公式に価格引き下げ圧力をかけていたことである[33]。このように公表価格と実勢価格が乖離することは、最高機関によって問題視されたが、自由競争に基づく市場原理からすれば、価格が市況に応じて変動することは当然であった。そこで、最高機関は取引価格が公表価格から一定程度乖離することを認めざるをえないと判断し、1954年1月7日付で次のような決定1-54号、2-54号と3-54号を制定した。

まず決定1-54号は、価格表に掲げられていない取引が存在し、その場合は価格表に拘束されないことを明示した。すなわち、価格が公表されるのは一定の規格品についてであって、規格外の製品については価格に関する拘束はなく、この点はパリ条約にも規定されていた。したがって、決定1-54号は当時の状況を追認するものであり、実際の取引には何ら影響を与えることはなかった。ただし、鉄鋼共同市場開設時に最高機関が定めた決定30-53号では、価格表に示されない取引については言及されていなかった。そのため、決定1-54号は、決定30-53号の第2条を改正し、その点を補う意味があった。

次に、決定2-54号では、実際の取引価格が価格表から60日間の平均で上下2.5％乖離することを認めた。そしてこの限度を超えて取引価格が変動した場合には、乖離幅が2.5％以内に収まるように価格表を改定することが鉄鋼会社に義務づけられた。したがって、この決定が、公表価格と異なる価格での販売が可能であることを新たに規定した、最高機関による制度変更の根幹をなすものである。

最後に、決定3-54号では、実際の取引価格を最高機関に報告することを鉄鋼会社に義務づけた。これは、決定2-54号で規定された範囲内で取引が行われていること、さらに、価格表が実際の取引に合わせて事後的に調整されていることを、最高機関が監視するための規定である[34]。

こうした最高機関の対応に対して、フランス政府は、鉄鋼製品の値引き販売が問題にされた当初から、価格表の厳格な適用を主張していた。例えば、最高

機関からの諮問を受けて、閣僚理事会が取引価格と価格表価格の格差を議論した1953年12月21日の席でも、フランス政府代表は原則として乖離の許容に反対したのである。

以上のようなフランス政府の立場に同調して、最高機関内部でもモネらフランス人メンバーは取引価格が価格表から乖離することを最小限に食い止めるべきだと主張していた。だが、最高機関内部の多数派は市場原理を尊重し、取引価格が市場の動向に応じて変動することを認めるべきだという議論を展開した。その結果フランス政府の主張は退けられ、すでに触れたように、最高機関は公表価格から取引価格が60日間の平均で2.5％乖離することを認める決定をしたのである[35]。

(2) フランス政府の訴えと最高機関の反論

そこでフランス政府は、最高機関の決定から約1カ月後の1954年2月9日付で抗告（requête）を提出し、これら3つの決定の撤回をオランダのハーグに設置されたヨーロッパ石炭鉄鋼共同体の裁判所に提訴した。フランス政府の訴えによれば、最高機関はパリ条約60条の顧客差別の禁止、価格公表に関する規定を誤解し、権力を乱用している。それから9日後の2月18日には、イタリア政府からも同様の訴えが裁判所に提出されている[36]。そこでフランス政府が訴えた条約の誤解は、以下の3点に要約できる。

第1に、最高機関の決定2－54号では、価格表から一定程度乖離した価格での売買を認め、限度を超えた場合に、価格表の改定を義務づけている。だが、パリ条約60条第2項の規定によれば、価格表は事後的に提示されるべきではなく、実際の取引に先立って顧客に公表されるべきである。すなわち、市場の動向を尊重して取引後に価格が確定されるのでは、価格表公表の意味をなさない。最高機関に価格表公表制度を事実上廃止する権限はなく、パリ条約に違反する。

第2に、最高機関は価格表の公表が価格カルテルの形成を助長し、自由競争を阻害することを懸念している。だが、カルテル規制についてはパリ条約65条に規定されており、この規定に基づいて最高機関は鉄鋼会社の取引状況を監視

し、違法カルテルを防止すべきである。すなわち、カルテルの形成については、最高機関はそれを規制する権限をパリ条約によって認められており、その範囲内で規制すべきであり、価格表と関連づけるべきではない。

　第3には、最高機関は決定1-54号を制定し、パリ条約60条の「比較可能な取引」（transactions comparables）という抽象的な基準を用いて、同一の時点での取引だけを比較可能と規定した。そのため、継続的な価格変更が可能になり、ある鉄鋼会社が同じ製品を別の顧客に異なった価格で売却しても顧客差別にはあたらないことになる。したがってこれも、価格の事前公表を定めたパリ条約に違反すると、フランス政府は主張した。ただし、すでに触れたようにこの決定は、実質的には制度変更を加えるものではなかった。

　以上のように、フランス政府は、最高機関による1954年初頭の3つの決定が自由競争の導入を第1に優先し、価格表公表による顧客差別の防止を有名無実化するものとして、条約違反であると訴えたのである[37]。

　このようなフランス政府の訴えに対して最高機関は、3月19日に裁判所に提出された抗弁（mémoire de défense）で、以下のように自己の決定を弁護している。まず、フランス政府の求める価格表の事前公表が、鉄鋼共同市場開設後の経験からみても、非現実的であることを次のように述べている。

　「実際には、鉄鋼市場には多くの生産者が参加しており、彼らの間で展開されている競争は、ある製品の生産や流通については非常に激しくなっている。この競争は現在の生産や市場の構造によって可能になったものである。だが、鉄鋼共同市場が機能し始めた最初の数カ月間には景気の停滞を経験し、特に鉄鋼業において停滞は深刻であった。したがって、鉄鋼市場は著しい価格変動にさらされ、大部分の製品が持続的な価格下落に見舞われた。

　共同体内の生産者は市況の変化によって形成される価格に従属せざるをえず、公表の規則を順守することはできなかった。実際の価格下落は予見することができず、公表される価格表の改定は価格下落を反映することさえできなかったのである。価格表の公表は実態経済と関わるあらゆる意義

を失い、同時に条約60条第1項に規定された禁止事項を守るための機能も喪失して、ますます架空の性格を帯びている」[38]。

以上のように最高機関は、価格表が実態を反映しない架空の価格しか示していないことを指摘した。そのために、パリ条約60条第1項に規定されている顧客差別を禁止するための機能も、価格表は果たしていないと結論づけたのである。

さらに、最高機関はその原因について次のように説明している。価格表の公表は購買者が取引価格を監視するのに効果的な制度であり、価格表が守られるのは、価格表順守が購買者の利益に合致する場合のみである。したがって、価格が上昇する好況期には有効でも、価格下落時には価格表は守られず、この制度は機能しない。すなわち、最高機関は、価格表を事前に公表する制度を維持すること自体困難であるとして、フランス政府の要求が非現実的であると断言している[39]。

このように、フランス政府が要求する価格表公表が実態を反映しえないことを確認したうえで、最高機関は、価格公表制度の適用、すなわち、それを規定した前年1953年5月における自身の決定30-53号と31-53号の問題点を3つあげている。第1は、上記に検討した価格表価格の非現実性である。

第2は、取引前の価格公表は商取引における企業間の自由な交渉を阻害してしまうことである。いうまでもなく、価格表が厳格に守られれば、個別の取引において価格交渉の余地はない。したがって、市場原理に基づく自由競争を尊重する意味から、取引前に価格を固定することは適切ではない。

第3に、厳格に価格表を適用することは、価格カルテルの形成を助長してしまう。すなわち、価格表公表都市であるベイシング・ポイント（basing point）において、価格表が公表されると、その近辺に工場を持つ諸企業が当該地出荷の製品価格を一致させる現象が見られた[40]。

以上のような状況認識に基づいて、パリ条約60条の新たな適用方法として、決定1-54号、2-54号と3-54号を策定したことを最高機関は次のように説明した。すなわち、鉄鋼取引の実態にあわせて売買価格が価格表への公表価格

から平均2.5％までは乖離することを認める。ただし、実際の取引価格については、定期的に最高機関へ届け出ることを鉄鋼会社に義務づけた。したがって、顧客差別の防止については、より効果的なのである。

　さらに、これらの決定が、価格公表制度を定めたパリ条約60条第１項に違反するというフランス政府の訴えは、次のように退ける。まず、条約は公表価格以外の価格での売買を禁じてはいない。最高機関が定めた方法で適用価格を公表することを規定しているだけである。したがって、価格が事前に公表されることは必ずしも義務づけられているわけではなく、事後的な公表でも条約違反にはあたらない。この点について最高機関は次のように述べて、フランス政府の抗告に反論している。

　「要するに条約は、公表された価格以外の価格適用禁止を規定してはいない。単に、最高機関が定めた方法で、適用された価格が公表されなければならないことを規定しているだけである。もし、この規則〔価格表公表〕が維持されるべき市場の機能を阻害すると判断した場合は、最高機関は適用価格の事前公表を要請する必要はない。

　確かに、適用価格は差別的であるべきではない。しかし、この観点からしても、公表されているという事実のみから、価格は合法的だと考えられるべきでもない。もし、同等の取引に同じ価格が適用されなければ、公表された価格が適用されたとしても購買者にとって差別的であることは十分考えられる。

　したがって、抗告が60条に基づき価格公表と差別排除の間に目的の緊密な関連を主張していることは誤っている。価格公表は価格の合法性を認定、保証するものではないし、差別を排除するものでもない」[41]。

　そして、次のように結論づける。

　「抗告の根拠のない断言に反して、価格公表の新しい規定は、差別的行為の排除に直接貢献するし、60条の条文と市場の機能に関わる経済条件を十分に両立させつつ、価格公表と差別排除との合目的連関を形成するものである」[42]。

第6章　第2次近代化設備計画と鉄鋼共同市場　187

　以上のような1954年3月19日付の最高機関による抗弁に対して、フランス政府は同年5月3日付の再抗弁（réplique）の書面において、最高機関による3つの決定を再び激しく非難した。再抗弁では、まず、最高機関の反論を要約したうえで、フランス政府の見解との最大の相違点が、価格表と実際の取引価格が異なることが違法か否かにあることを確認して、次のように述べている。

　「フランス政府の主張では、違法な事実は販売価格が公表された価格に一致しないことにある。だが、最高機関の主張では違法な事実は、存在するとすれば、新しい価格表へ〔適用された販売価格の〕公表を差し控えることにある。

　この2つの概念は、全く異なった結論を導く。〔中略〕

　最高機関の主張とフランス政府のそれとの対立は、最も明確には、価格の公表されるべき日付をどう考えるかにある。この点は実際に公表の効果についての問題が原因となっている」。

　そして、「もし、この規則〔価格表公表〕が維持されるべき市場の機能を阻害すると判断した場合は、最高機関は適用価格の事前公表を要請する必要はない」という、本章でも引いた最高機関の見解を引用して、フランス政府はこれを以下のように批判している。

　「もしこれが条約の理念であったら、第三者に対する公表のメリットは最小限のものになってしまうことは明白である。実際の取引に対して、公表時期がしだいに離れていき、公表は単なる経済情報の提供としての役割しか果たさなくなってしまう。このような条件になれば、最高機関が現実の適用価格の公表を廃止するまでにいたることは、容易に想像できる。これこそが、ここで訴えられている決定の帰結として、もたらされる状況にほかならないのである」[43]。

　以上のように、フランス政府は最高機関の決定が取引価格の事後的な公表を容認することを意味し、価格公表制度を実質的に無効にするものとして激しく批判したのである。そして、最高機関の決定が、不正な販売について規定したパリ条約64条に違反することを主張して、さらに次のように述べている。

「最高機関の解釈では、われわれは矛盾や欠陥が錯綜した一連の状況に追い込まれることになる。唯一の問題は、公表の義務が最早処罰をともなわないモラルでしかなく、単なる統計的な役割しか果たさないと主張していることである。

さらに、条約は、価格表や販売条件を適用前に公表することを義務づけている。フランス政府は、その不履行は販売条件の不当性とは関係なく、実行された販売を損なうものであり、64条に基づく処罰の対象になるものと考える」[44]。

このように、最高機関の3つの決定に対して条約違反との訴えを起こしたフランス政府とその決定を擁護する最高機関との主張の対立は、焦点が絞られていった。すなわち、価格表の公表が実際の取引の事前に行われ、実際の取引が価格表に拘束されるものか、それとも価格表は実際の取引の結果に応じて事後的に調整されることになってもかまわないのか、という点が最も深刻な争点になったのである。前者の主張をしたフランス政府は価格表の公表による顧客差別の防止を優先した。これに対して後者を主張した最高機関は、需給関係を価格に反映させる市場原理をより重視したのである。

(3) 裁判所の判決と価格公表制度の確立

以上のような1954年2月からの書面による応酬ののち、裁判所は同年12月21日に判決を下した。裁判所は、訴えられた最高機関の3つの決定に対して、それぞれに次のように述べている。まず、実際の取引価格が価格表に公表されない可能性を示した決定1-54号については、条約違反ではない。この決定は、前年の決定30-53号の一部を改定するもので、取引を比較可能なものとそうでないものとに区別して、パリ条約で定められた規格品に関する前者についてのみ価格を公表すべきだと規定した。したがって裁判所は、この決定は価格表公表の原則を損なうものではなく、条約に違反するものではないと判断したのである[45]。

次に、フランス政府と最高機関の間で最大の争点となっていた決定2-54号

については、その第1項がパリ条約に矛盾することを次のように指摘している。「裁判所は決定2-54号の第1項が、価格表改訂の事前公表なしに、実際の適用価格と公表価格との間に、多少とも差をつけることを企業に認めるのは、条約に矛盾すると判断する」[46]。その理由については、裁判所はパリ条約の条文に照らし合わせながら、次のように説明する。まず、同条約では価格表を公表することに3つの機能が期待されていた。それは、①生産者による顧客差別を禁止すること、②購買者に正確な価格情報を与えて、顧客差別の監視に参加させること、③生産者に競争相手の正確な価格情報を与えて、対応を可能にすることである。したがって、価格表公表はパリ条約47条に規定されている最高機関による単なる情報収集のために実施されるものではない。

以上の点を前提に価格表公表を規定したパリ条約60条を検討すると、その第2項では公表が義務として明記されており、「裁判所は、厳格な法規定に沿った価格表と販売条件の公表は義務であり、いかなる特別措置も認められるべきではないと解釈するにいたった」。そこで、問題になるのが、公表はいつの時点でなされるべきかという点である。続いて裁判所はこの点について、次のように述べている。

「価格設定方法に関する〔パリ条約60条の〕第2段落bを読めば、価格表が共同市場において行われるあらゆる販売に先立つものであることを十分に理解することができる。

実際のところ、60条の第2段落bの文面は、価格設定手続きによって、価格表に予告された価格に比べて適用価格が引き上げられる結果をもたらすべきではないと、明言している。このことはさらに、価格表は、すべての合法的取引の正確な計算を可能にし、適用価格のリストを意味するものであり、適用される前に公表されるべきであることを確認している」[47]。

このように、裁判所は価格表の公表が実際の取引前に行われるべきであることが、条約にも明記されていることを確認している。したがって、以上の検討ののちに、「これらの理由に基づき、裁判所は、決定2-54号の第1項が条約に違反し、同条項は廃止されるべきであると認定する」[48]。

最後に、鉄鋼会社から取引価格についての情報提供を定めた決定3－54号については、条約に違反しないと結論づけた。この決定は実際の鉄鋼取引に適用された価格を最高機関に報告し、取引価格が価格表価格とどれだけ食い違っていたかを確認するための措置であった。ここで確認された乖離の実態に基づいて、価格表を事後的に改定をすることを最高機関は当初想定していたのである。したがって、決定2－54号が廃止されて適用価格の事前公表が義務づけられた場合、決定3－54号は必ずしも必要ではなくなる。だが、裁判所は決定3－54号が条約に違反することはなく、取り消す必要はないと判断した。

　これらの判断を総合して、判決文はその末尾で次のような結論を下している。

　　「裁判所は、より詳細な、または対立する他のすべての結論を排除したうえで、次のように言明し、判決を下す。

　　　決定2－54号の第1項を廃止し、関連事項は最高機関に差し戻す。

　　　決定1－54号と決定3－54号並びに決定2－54号の第2項の廃止請求は棄却する。

　　　原告側は訴訟費用に関する申し立ての提出を放棄したため、裁判所はそのことを証明し、双方それぞれの費用を負担することを命ずる」[49]。

以上のように、1954年12月21日に法廷で朗読された判決によって、フランス政府が廃止を求めた3つの決定のうち決定2－54号の第1項のみが条約違反と判断されたのである。同年2月18日のイタリア政府による同様の訴えに対しても、フランス政府の訴えと同じ12月21日に裁判所から判決が下された。当然ながら、そこでも同様の判決が下され、最高機関の決定2－54号の第1項が条約違反と判断されて、その廃止が命じられた[50]。

　したがって、1954年を通じて審議されたフランス政府による最高機関の決定の取り消しを求める裁判と、同時並行的に審理されたイタリア政府の同様の訴えをめぐる裁判の結果、最高機関は政策の修正を迫られることになった。すなわち、実際の取引価格が価格表価格から60日間の平均で2.5％まで乖離することを最高機関が容認することは、裁判所に認められなかったのである。

　この判決によって、最高機関の決定2－54号の第1項は削除され、1955年1

月1日以降に販売価格が公表価格から乖離することは認められないことになった。すなわち、価格表価格どおりに実際の取引を行うことが、各鉄鋼会社に再度義務づけられたのである。これにともない、最高機関は、実際の取引価格の報告義務について定めた決定3－54号を1955年1月4日に廃止した。すでに触れたように、決定3－54号については裁判所の判決では、廃止の必要はないと判断された。だが、この決定は実際の取引価格が価格表どおりに行われないことを前提に、2つの価格の乖離幅を検証するために制定されたものであった。そのため、乖離が認められなくなる以上、存在理由がなくなった同決定を廃止すべきだと最高機関は判断し、決定1－55号を1月4日の会議で採択して、決定3－54号を廃止したのである[51]。

　以上のように、規則のうえでは、取引価格を事前に価格表に発表し、それに応じて取引を行う鉄鋼共同市場開設当時の制度に戻されたわけである。だが、この制度は景気停滞の影響を受けて、価格表どおりの取引が実行されなかったことで機能不全に陥っていたことは、すでに前章で検討したとおりである。したがって、元の制度で実際の取引が価格表に則って行われる状況をいかに確保するかが、最高機関の新たな課題となった。

　にもかかわらず、取引価格の報告を鉄鋼会社に義務づける決定3－54号を廃止したことは、最高機関の価格監視機能を弱めることを意味し、この点からは上記の新たな課題への対応能力を低下させることになった。さらに、この1955年には、ヨーロッパ経済は前年後半に景気停滞を脱して、戦後の経済成長を再開していた。したがって、鉄鋼市況も共同市場開設時の1953年から1954年の時期とは大幅に異なり、実際の取引価格には上昇圧力がかかることが考えられる。この点では、価格表が購買者の側から価格の引き上げを監視するのに役立つことは考えられた。しかしながら、共同市場が創設されて以来の経験は少なく、価格表がどのように機能するかは不確定であることには変わりなかったのである。

おわりに

　これまで検討してきたように、1954年から1955年の時期は、フランスにおける2次プランの開始と、ヨーロッパ石炭鉄鋼共同体による鉄鋼共同市場に関する規定の確立というフランス鉄鋼業にとって、新たな経営条件を決定づける画期となった。この1950年代半ばに、フランス鉄鋼業界はどのような経営環境におかれることになったのか。最後にこの点について、これまで検討してきた国内外両面を総合して考察しよう。

　2次プランの立案にあたっては、1957年までに国内生産を25％拡大することが基本目標として掲げられ、それに基づいて鉄鋼業の近代化計画についても、生産、投資計画が策定された。だが、こうした計画を実現するための資金調達については、必ずしも十分な見通しが立ってはいなかった。そのことは、鉄鋼近代化委員会の報告書でも、詳細に分析された点であり、2次プラン全体について審議した省間会議でも、財務大臣フォールから強い懸念が表明された。それは、モネ・プランではマーシャル援助からの見返り資金をもとに設備近代化基金が創設され、この基金から設備投資資金が潤沢に貸し付けられたが、2次プランではマーシャル援助に代わる十分な資金源が見当たらなかったためである。したがって、フランス鉄鋼業界にとっても2次プランを遂行するにあたって、モネ・プラン実施時のように同基金から政府系資金を導入しうる可能性は低かった。さらに、資本市場において民間金融機関からの資金調達も急激な増額は望める状況にはなかった。

　このように外部資金の導入が困難であったとすると、プラン実施のためには自己資金を確保することが必要になる。だが、戦後のフランス鉄鋼業とっては、政府の圧力により、鉄鋼価格が低く抑えられてきた。そのため、設備投資のための資金を収益のなかから捻出することが困難であることは、鉄鋼近代化委員会も指摘していた。換言すれば、戦後の経済成長下にあって供給が不足していた鉄鋼は、市況に応じて価格が上昇すること、すなわち、需給関係によって価

格が決定されるような市場のルールが確立されることによって、鉄鋼業界の資金調達の見通しも大きく改善されることになる。

だが、鉄鋼価格については、ヨーロッパ石炭鉄鋼共同体では1954年12月の裁判所の判決により、フランス政府の訴えが認められ、1954年1月の最高機関の決定は取り消されることとなった。すなわち、公表価格どおりの価格で実際に販売すべきことが、確認されたのである。これによって、日々の市況に応じて柔軟に鉄鋼価格を変更することは否定され、価格表の改正なしに販売価格を変更することは認められないこととなった。

フランス政府がこの点に固執し、裁判にまで訴えた理由は、共同市場の鉄鋼価格監視を容易にすることにあったと考えられる。特に、フランス政府の監視の届きにくい他の共同体諸国の鉄鋼価格を把握し、共同市場においても国内の鉄鋼価格統制（＝価格上昇の抑制）に役立てることである。さらに、裁判における論議でも指摘されているように、価格表を順守することは、価格の変動（上昇）を抑制する効果も考えられた。そのため、本書でこれまでにも検討したフランス政府による鉄鋼価格抑制にも、好都合であったと考えられる。このように、1954年の判決は市場への最高機関や各国政府の介入、統制の可能性を高め、自由競争による価格形成を阻害する方向に寄与するものであった。いずれにしても、その後の鉄鋼価格が需給関係を敏感に反映して上昇し、2次プランの遂行に十分な自己資金を鉄鋼業界にもたらす可能性は、制度上保障されていなかったのである。

したがって、この1950年代半ばの段階では、フランス鉄鋼業は投資計画達成のための十分な資金をどこに求めるのか。この点が未解決のまま2次プランを開始することになった。モネ・プランにおいて発生した大量の政府系資金投入とそれによるインフレという問題を防止し、同時にフランス産業の生産性上昇と国際競争力の獲得を両立させようとしたフランス政府、財務省の方針は、フランス産業界、なかでも鉄鋼業にこのような困難な状況をもたらしたのである。

こうした状況で1954年に開始され、1956年にようやく法制化された2次プランは、1957年に終了し、翌年次のプランへと引き継がれることになる。だが、

フランス経済は1957年に危機的状況を迎え、1958年にはフランの切り下げを余儀なくされる。そこにいたる過程で鉄鋼業の2次プランがどのように実施され、鉄鋼共同市場での競争はどのように展開されたのかは、次章以降の検討課題とする。

注
1) モネ・プランで当初基幹産業と指定されたのは、石炭、電力、鉄鋼、セメント、農業機械、輸送機械の6部門で、発動機用燃料、窒素肥料の2部門がのちに付け加えられた。
2) 計画化についてはとりあえず、P. Mioche, *Le Plan Monnet*...; H. Rousso (dir.), *De Monnet à Massé*.... ヨーロッパ石炭鉄鋼共同体については、D. Spierenburg et R. Poidevin, *Histoire de la Haute Autorité*...; G. Bossuat, *La France, l'aide*...; G. Bossuat et A. Wilkens, *Jean Monnet, l'Europe*...; J. Gillingham, *Coal, Steel and*...; M. Kipping, *La France et les origines*...; W. Diebolt, *The Schuman Plan*.... などを挙げておく。フランス鉄鋼業については、P. Mioche, La sidérurgie et l'Etat en France...; F. Berger, La France, l'Allemagne et l'acier (1932-1952), De la stratégie des cartels à l'élaboration de la CECA, thèse de doctorat nouveau régime, 2000；戦後のフランス経済一般を扱ったものとしては、M. Margairaz, *L'Etat, les finances et l'économie*...; L. Quennouëlle-Corre, *La direction du Trésor*....
3) AN 80 AJ 17, E. Hirsch, Le deuxième plan de modrnisation et d'équipement, novembre 1952.
4) ヨーロッパ経済協力機構 (Organisation européenne de coopération économique) は1948年4月16日に調印された欧州経済協力条約によって西欧16カ国によって設立された。前年の6月に発表されたマーシャル・プランの受け入れ機関として設立されたが、加盟諸国間の貿易自由化交渉の場にもなった。
5) Ibid.
6) AN 80 AJ 17, CGP, Directives proposées en vue de l'établissement du deuxième plan de modernisation et d'équipement (1953-1957), février 1953.
7) CGP, *Deuxième plan de modernisation et d'équipement, Rapport général de la Commission du financement*, novembre 1953.
8) AN 80 AJ 59, CGP, Commission de la sidérurgie, Procès-verbal de la 1ère réunion de la Commission de la sidérurgie tenue le 12 mars 1953.
9) AN 80 AJ 59, CGP, Commission de la sidérurgie, Groupe Travail Investisse-

第6章　第2次近代化設備計画と鉄鋼共同市場　195

ment, 1er juin 1953.
10) AN 80 AJ 59, CGP, Commission de la sidérurgie, Note sur le plan de 5 ans de la sidérurgie française, s. d.
11) CGP, *Rapport général de la Commission de la sidérurgie*, Paris, juin 1954.
12) Ibid., pp. 11-12.
13) Ibid., pp. 28-35.
14) Ibid., p. 36.
15) フランス政府の物価統制については、M. -P. Chélini, *Inflation, Etat et opinion...*, pp. 347-350.
16) AN 80 AJ 60, CGP, Commission de la sidérurgie, Groupe travail du financement, Procès-verbal de la réunion de Groupe travail du financement du 2 juin 1953.
17) モネ・プランにおける設備近代化基金の重要性については、M. Margairaz, Les finances, le Plan Monnet..., pp. 144-175.
18) CGP, *Rapport général de la Commission de modernisation de la sidérurgie*, Paris, juin 1954.
19) AN 80 AJ 60, CGP, Commission de modernisation de la sidérurgie, Procès-verbal de la réunion de Groupe travail du financement du 2 juin 1953.
20) CGP, *Rapport général de la Commission de modernisation de la sidérurgie*, Paris, juin 1954.
21) AN 80 AJ 60, CGP, Commission de modernisation de la sidérurgie, la Procès-verbal de Groupe travail du financement du 2 juin 1953.
22) CGP, *Rapport général de la Commission de modernisation de la sidérurgie*, Paris, juin 1954.
23) Ibid., p. 55.
24) *Journal Officiel*, le 3 août 1954, pp. 662-666.
25) AN 80 AJ 19, Comité interministériel du plan de modernisation et d'équipement, Procès-verbal de la séance tenue le 5 avril 1954.
26) AN 80 AJ 19, Comité interministériel du plan de modernisation et d'équipement, Procès-verbal de la séance tenue le 13 avril 1954.
27) Ibid.
28) Laure Quennouëlle-Corre, *La direction du Trésor...*, pp. 190-192.
29) 同委員会は設備近代化基金の投資委員会にあたる組織であり、投資委員会もすでに財務省内に設置され、委員長は財務大臣が務めることになっていた。この点は管理委員会も同様であった。*Ibid.*, pp. 192-194.

30) Claire Andrieu, Le financement des investissements entre 1947 et 1974: trois éclairages sur les relations entre le ministère des finances, l'institut d'émission et le plan, in Henri Rousso, *De Monnet à Massé*..., p. 46.
31) 財政負担軽減については、*Ibid.*, pp. 42-47.
32) CEAB 2, 1178/1, Décision n. 30-53 du 2 mai 1953, Décision n. 31-53 du 2 mai 1953.
33) すでに本書で明らかにしたように、フランス政府が鉄鋼価格抑制圧力をかけていたことは、フランス鉄鋼協会によって最高機関にも訴えられている。政府はフランス鉄鋼協会と直接交渉すると同時に、国有企業で鉄鋼の大口購買者であるフランス電力、フランス国鉄、フランス石炭公社などを介して、鉄鋼価格に引き下げ圧力をかけていたと考えられる。
34) CEAB 2, n. 1179/1, Décision n. 1-54 du 7 janvier 1954, Décision n. 2-54 du 7 janvier 1954, Décision 3/54 du 7 janvier 1954.
35) 詳しくは、本書第5章を参照。
36) AN 62 AS 129, Communauté européenne du charbon et de l'acier, Arrêt, fait et jugé par la Cour, Luxembourg le 20 décembre 1954.
37) AN 62 AS 129, Communauté européenne du charbon et de l'acier, Cour de justice, Arrêt, le 21 décembre 1954, p. 3.
38) AN 62 AS 129, Jean Coutard, avocat au Conseil d'Etat et à la Cour de Cassation, Mémoire de défense, le 19 Mars 1954, p. 3.
39) *Ibid.*, p. 4.
40) *Ibid.*, pp. 4-5.
41) *Ibid.*, pp. 8-9.
42) *Ibid.*, p. 9.
43) AN 62 AS 129, Pierre Saffroy, Réplique du Gouvernement de la République Français dans l'instance par lui introduite en date du 9 février 1954 et tendant à l'annulation des décisions n. 1-54, 2-54, et 3-54 de la Haute Autorité en date du 7 janvier 1954, le 3 mai 1954, pp. 6-7.
44) *Ibid.*, pp. 10-11.
45) AN 62 AS 129, Communauté européenne du charbon et de l'acier, Cour de justice, Arrêt, lu en séance publique à Luxembourg le 21 décembre 1954, pp. 8-10.
46) *Ibid.*, p. 10.
47) *Ibid.*, p. 14.
48) *Ibid.*, p. 20.

49) Ibid., p. 23.
50) AN 62 AS 129, Communauté européenne du charbon et de l'acier, Arrêt, fait et jugé par la Cour, Luxembourg, le 21 décembre 1954.
51) CEAB 2, n. 1181/1, Décision n. 1-55 du 4 janvier 1955.

第7章　第2次近代化設備計画の進行と鉄鋼不足の再現
　　　——フランスの物価政策と鉄鋼価格——

はじめに

　1952年に創設されたヨーロッパ石炭鉄鋼共同体は、1953年に加盟諸国の石炭、鉄鋼製品にそれぞれ共同市場を開設し、そこでは自由で公正な競争が展開されることとなった。さらに、加盟国の石炭、鉄鋼業などについての行政権限は、各国政府から共同体の最高機関に移譲され、同機関が加盟国の関連産業と共同市場を管理することになったのである。

　ところで、本書ではすでに、フランス政府が実施していた2次プランが開始される1954年までについては、共同体設立当初の鉄鋼共同市場で生じた諸問題と、モネ・プラン進行下におけるフランス鉄鋼業の復興、発展の実態について以下の点を明らかにしてきた。まず、設立当初の共同体、最高機関は、カルテルに対する審査を形骸化し、独占規制も事実上棚上げしてしまった。また、鉄鋼取引が、価格表どおりの価格で実行されない事態に直面した際には、価格表の適用を緩和する決定を下した。だが、フランスやイタリア政府からの訴えにより、裁判所がその決定をパリ条約に違反すると判決を下すと、最高機関は決定を取り下げざるをえなかった。さらに、フランスにおける鉄鋼価格の設定に同国政府が介入していることを、フランス鉄鋼協会が訴えた時にも、最高機関は、それを結果的に見すごしたのである。

　これらの事実は加盟国政府から共同体への行政権限の移譲は進まず、自由競争の導入も進展していないことを意味していた。その結果、フランス政府による物価政策によって、フランスの鉄鋼価格も実質的には政府に管理、抑制され

ていた。そのため、鉄鋼業は十分な収益を確保することができず、モネ・プランの実施資金は借入れに依存せざるをえなかった。さらに、コークス炭の調達も不十分であったことなどから、鉄鋼業の発展も当初計画されたようには進まず、西ドイツ鉄鋼業などの復興に遅れをとっていたのである。さらに、以上のような状況であったにもかかわらず、2次プランの作成段階でも鉄鋼業の資金調達などに関する対応策は、用意されてはいなかった。

では、それ以後2次プランが実施される過程で、上記の諸問題はいかに解決されたのだろうか。このテーマに言及しているヨーロッパ石炭鉄鋼共同体に関する従来の諸研究では、フランス政府の物価政策がフランスの鉄鋼価格形成にもおよび、パリ条約と矛盾をきたしていた点が紹介されているのみである[1]。すなわち、この問題について、共同体の最高機関がどのように対応し、フランス政府やフランス鉄鋼業界がいかに活動したかは、具体的に分析されていない。さらに、戦後のフランス鉄鋼業に関する歴史研究においても、これらの問題は指摘されている。だが、そこでは、個別企業の経営動向が中心に分析され、経済政策には主たる関心が払われておらず、本章が扱うテーマについては十分な分析が加えられてはいない[2]。

そこで本章では、1954年に開始された2次プランの進行を鉄鋼業について分析し、前述の諸問題がどのように解決されたのかを検討する。すなわち、これらの問題が共同体の最高機関、フランス政府、フランス鉄鋼業界の3者によって、いかに扱われ、フランス鉄鋼業の発展にどのような結果がもたらされたのかを検証する。したがって、本章で利用する史料も最高機関の内部文書、フランス計画庁、財務省などの同国政府の内部文書、フランス鉄鋼協会文書、ポン・タ・ムーソン社文書など3つのアクターの内部文書を分析し、それぞれの立場や対応を詳細に検討する。

1　2次プランの開始と鉄鋼不足問題の再現（1954～55年）

(1)　2次プランの開始（1954～55年）

　フランスにおける戦後の経済再建計画として有名なモネ・プランの後を受けて、2次プランは1954年から実施された。この2次プランについては、モネ・プラン同様にフランス政府、計画庁を中心として産業部門ごとに組織された近代化委員会において、プラン最終年である1957年の生産目標、それを実現するための投資目標、資金調達方法などが設定された。前章でも確認したように、1957年の農業を含む全産業部門の国内生産を1952年と比べて25％増加させることが基本目標に定められた。さらに、国際収支の均衡、通貨価値の安定（＝インフレ防止）をめざして、フランス産業の生産性向上と国際競争力強化が重要課題とされた。鉄鋼業については、1957年の粗鋼生産1,430万トン、1954年から1957年までの投資総額2,200億フランが目標として鉄鋼近代化委員会によって設定されたのである。
　モネ・プランでは、高率のインフレと国際収支の不均衡に苦しみながらも、アメリカ政府からのマーシャル援助もあって、フランス経済は鉄鋼、エネルギーなどの基幹産業部門の生産を回復させ、戦後の経済成長をスタートさせたと評価されている。では、1954年から実施された2次プランは、どのような結果をもたらすのだろうか。以下では鉄鋼業を中心に2次プランの進行状況を分析し、そこから浮かび上がる問題点を明らかにしよう。
　まず、2次プランの達成状況を統計数字でみると、次のような結果が確認できる。2次プランを通じて、生産は目標の1954年から1957年の国内生産25％拡大に対して、実際には29％拡大し、そのうち工業生産が46％、農業生産が18.5％拡大した。すなわち、2次プランの結果は生産量では目標を上回り、特に工業生産は目標の25～30％を大幅に上回る結果となった。ただし、農業生産の拡大は目標の20％を若干下回った。

第7-1表　ヨーロッパ石炭鉄鋼共同体加盟諸国の粗鋼生産量（1952～59年）

(単位：1,000トン)

国	1952	1953	1954	1955	1956	1957	1958	1959	1960[1]	1959年から1960年の増加率（％）
西ドイツ（ザールを含まない）	15,806	15,420	17,435	21,336	23,189	24,507	22,785	25,824	34,100	15.8
ザール	2,823	2,682	2,805	3,166	3,374	3,466	3,485	3,613		
ベルギー	5,170	4,527	5,003	5,894	6,376	6,267	6,007	6,434	7,171	11.5
フランス	10,867	9,997	10,627	12,631	13,441	14,100	14,633	15,197	17,294	13.8
イタリア	3,535	3,500	4,207	5,395	5,911	6,787	6,271	6,762	8,219	21.5
ルクセンブルク	3,002	2,658	2,828	3,226	3,456	3,493	3,379	3,663	4,084	11.5
オランダ	693	874	937	979	1,051	1,185	1,437	1,670	1,940	16.2
共同体	41,896	39,658	43,842	52,627	56,798	59,805	57,997	63,161	72,808	15.3
その他	170,104	194,642	179,758	217,773	227,002	233,295	213,503	242,039	269,192	11.2
世界[2]	212,000	234,300	223,600	270,400	283,800	293,100	271,500	305,200	342,000	12.1

出典：European Coal and Steel Community, *General Report on the Activities of the Community*, vol. 9, 1960-1961, p. 402.

注：1）暫定値。
　　2）推定値。

　このように一見すると、部門間によって多少のばらつきはあるものの、概ね2次プランは達成され、フランス経済は順調に発展したかのようにみえる。しかしながら、実際には1956年ごろから国際収支の不均衡、財政赤字の累積、その結果としてのインフレの進行という深刻な問題を発生させることになる。

　では、鉄鋼業は2次プランによって、どのような発展を遂げたのか、年を追ってより詳細に検証しよう。鉄鋼市況は1953年から停滞していたが、1954年後半から1955年にかけて需要が急増する。その結果、第7-1表のように1953年には粗鋼生産が前年の1,087万トンから1,000万トンへと減少し、戦後復興が始まって以来、初めての減少を経験した。その後1954年から景気の回復に応じて鉄鋼生産は増加に転ずるが、1954年は1,063万トンと1952年の水準を上回ることはなく、1955年になってようやく1,263万トンに達した[3]。

　だが、1954年から1955年前半には第7-1図にみられるように、鉄鋼の受注量は引き渡し量をはるかに超え、需要は供給を大幅に上回っていたのである[4]。フランス鉄鋼業がこのような生産力不足を露呈したのは、1949年代末から1950年代初頭以来であった。したがって、フランス鉄鋼業は、モネ・プランに基づく設備投資と生産力の拡大にもかかわらず、1950年代半ばにも国内需要の急激

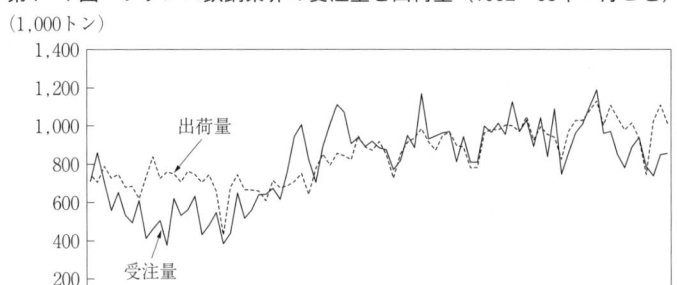

第7-1図 フランス鉄鋼業界の受注量と出荷量（1952～58年：月ごと）

出典：PAM 74161, Chambre syndicale de la sidérurgie, Réunions mensuelles d'information より作成。

第7-2表 鉄鋼業の設備投資実績

(単位：10億フラン)

	1953年まで	1954年	1955年	1956年	1957年	2次プラン合計
コークス化設備、発電設備	35.2	8.7	6	7.2	8.3	30.2
高炉	48.3	3.95	5	12.6	22.8	44.35
製鋼設備	31.3	4.35	6.2	6.8	9	26.35
圧延設備	157	22.2	23	21	31	97.2
労働者住宅など福利厚生施設	23.8	3.3	2.4	3.7	4	13.4
その他	35.4	6.5	6.9	8.7	7.9	30
合計	331	49	49.5	60	83	241.5
1957年時点での通貨価値で換算	477	57	56	63	83	259

出典：Commissariat général du plan, *Rapport annuel sur l'exécution du plan de modernisation et d'équipement de l'Union française*, 1958, p. 157.

な拡大に応えるだけの生産力を備えていなかったのである。

そしてさらに、この1954年と1955年は設備投資も停滞をきたしていた。第7-2表にみられるように、1954年と1955年にはそれぞれ時価で500億フラン足らずの投資しか実現しておらず、これは1953年の750億フランから大幅に減少している。これらを1957年のフラン価値で換算し、物価上昇分を差し引いても、設備投資額の停滞は明らかである。

こうした設備投資停滞の背景には、以下のような事情が絡み合っていた。ま

第7-3表　フランス鉄鋼業の資金調達

(単位：10億フラン)

	1953年	1954年	1955年	1956年	1957年
自己資金	16.1	20	55.4	65	82.4
社債発行（個別企業と GIS によるものとの合計）	11.6	17.4	35.7	20	22.5
公的資金	36.8	23	12.6	14	8.6
その他の借入れ、中期信用	21.1	5	9.8	2	7.5
増　資		5.4			
合　計	91	65.4	113.5	101	121

出典：Commissariat général du plan, *Rapport annuel sur l'exécution du plan de modernisation et d'équipement de l'Union française*, 1958, p. 158.

ず、2次プラン開始直前の1953年から1954年にかけての鉄鋼市況の悪化にともない、需要予測が悲観的になったこと、さらに鉄鋼各社の収益も減少したために資金的余裕が減少したことによって、各社が設備投資を抑制した。そのため、第7-3表にみられるように、調達資金に占める自己資金は1954年には200億フランにとどまり、政府による公的資金の援助も230億フランに削減されたことで、調達できた資金は654億フランにとどまった。その結果として、これらの資金から借入れの返済、金利負担、運転資金の増額を差し引いた設備投資資金は、490億フランと前年を下回ってしまったのである[5]。

　景気が回復した1955年には業績の好転などもあって、自己資金は554億フラン、社債の発行などは357億フランと大幅に増えてはいるが、公的資金は126億フランとさらに半減した。それに対して借入れの返済や金利負担が295億フラン、経常的な運転資金の増額が315億フランにものぼり、この年に調達した1,135億フランのうち設備投資には495億フランしか投入することができなかった[6]。この2年間の状況が示しているように、設備投資停滞の原因の1つが公的資金の削減にもあることも明白であった。すなわち、政府の財政負担軽減の影響は鉄鋼業にも明確に表れていたのである。

　こうした投資停滞の結果、圧延設備に比べて高炉や製鋼設備の建設は抑制され、特に高炉建設に費やされた金額は1954年に39億5,000万フラン、1955年には50億フランと、1956年の126億フランや1957年の228億フランの半分以下にと

どまり、その停滞は顕著な傾向として現れた。この傾向はすでにモネ・プランの終了時にも指摘されていたが、より鮮明になり、必然的に各生産工程の生産力のバランスを失わせ、銑鉄や鋼塊の不足を顕在化させていた。すなわち、フランス鉄鋼業の供給力不足はまず製銑能力に起因し、次いで製鋼能力の不足が足枷となっていたのである。

こうした状況を反映して、フランス政府、計画庁によって1956年に作成された年次報告書は、鉄鋼業に関するページの冒頭で1955年の鉄鋼業の課題を次のように述べている。

「1954年における投資の停滞のために、担当省庁や〔鉄鋼〕業界にとって1955年からの計画の実施を加速する必要があることが判明している。特に銑鉄、鋳塊の生産能力を早急に向上させるプロジェクトを急がなくてはならない。昨年から今年初めに開始されたもののリストは、こうした意図を反映している」。

さらに、同報告書は1955年の鉄鋼業の実績について以下のように評価して、鉄鋼業に関する記述を締め括っている。

「1955年には1,260万トンの鋼塊が生産された。これはフランス鉄鋼業がこれまで達成したことのない水準である。1955年末の時点で実際の有効な生産能力はほぼ1,300万トンと推定することができる。

この記録にもかかわらず、1955年の国内鉄鋼市場は全体として満たされなかったことを確認しなければならない。鉄鋼が不足していることを疑う余地はなく、いくつかの製品の市場は極度に逼迫しており、多くの鉄鋼利用者が苦情を訴えている。確かに、一次産品（コークス、屑鉄）が調達困難であるため、状況の迅速な改善の可能性は限定されている。銑鉄、鋳塊の生産水準の向上に真の隘路が存在することが、困難さを一層増幅している」[7]。

(2) 鉄鋼不足の実態と鉄鋼業界の対応

こうした状況については、フランス鉄鋼コントワールの諮問委員会において、

以下のような議論が交わされていた。すでに第2章や第5章でも詳述したように、同コントワールは、フランス鉄鋼各社の共同出資で設立された鉄鋼製品の共同販売会社である。その諮問委員会の出席者は、同コントワールの幹部と鉄鋼会社の経営者に加えて、建設業界、自動車業界、造船業界、金属機械工業界などの鋼材の大口需要者である民間企業や国有企業の代表者から構成されていた。したがって、この諮問委員会は鉄鋼製品の供給者と需要者が、毎月市況に関する情報と意見を交換する場であった。

同委員会において、需要者側から鋼材の調達に支障をきたしているという苦情がみられるようになったのは、1955年の初頭であった。同年2月4日の委員会では、建設業界のマルシャル（François Marchal）ら鉄鋼需要産業の代表者が鋼材の供給不足を訴えている。こうした状況への応急処置として、コントワールは同月より需要者から調達困難の訴えを受け付け、受注先を紹介することを開始した[8]。

だが、同年も4月以降になると鋼材の供給不足は、一層深刻さを増し、鉄筋、帯鉄、鋼板、山形鋼、梁材などは、納入まで8カ月から10カ月程度、最大では15カ月もの時間がかかっていることが、建設業界、造船業界、自動車業界、フランス国鉄など需要者側から毎月指摘された。委員会での議論からは、特に建設業界における建築資材としての鋼材不足が深刻であったことがうかがえる[9]。

これに対してコントワールの理事長であるデュピュイは10月の諮問委員会の席上では、同年半ばまでは鋼材調達困難の訴えは月に十数件寄せられているが、コントワールの紹介により要求はほぼ満たされていると報告している。最も深刻なケースについても調達先が確保されていると述べて、この問題に対するコントワールの積極的な対応を強調していた。だが、翌月11月10日の諮問委員会においては、新規に発注すること自体が困難であると述べ、コントワールによる応急処置では対応できないことをデュピュイも認めざるをえなくなっていたのである。

そこでデュピュイはこの日の委員会ではさらに、需要の急増ににもかかわらず、鉄鋼価格が政府によって人為的に抑制されていることの不当性を次のよう

第7-4表　ヨーロッパ石炭鉄鋼共同体加盟諸国における鋼材完成品の平均公表価格[1]
(共同体の平均公表価格の1953年の数値を100とする価格指数)

国	1953 5月20日	1954 1月1日	1954 4月1日	1955 1月1日	1956 1月1日	1957 1月1日	1957 7月1日	1958 1月1日	1959 1月30日	1960 1月1日	1961 1月1日
ベッセマー製鋼法											
西ドイツ	101	96	96	97	99	104	104	109	110	108	108
ベルギー	100	100	95	96	109	111	117	117	103	113	113
フランス	99	99	96	96	96	101	104	97	92	92	98
ルクセンブルク	99	99	96	96	102	108	113	114	114	111	111
オランダ	100	100	95	102	110	114	119	119	105	114	111
共同体	100	98	96	96	100	104	106	106	101	102	104
平型炉											
西ドイツ	93	89	89	90	94	101	101	106	106	105	104
ベルギー	103	103	95	95	109	112	120	120	102	113	113
フランス	96	96	94	94	102	107	110	101	92	92	96
イタリア	116	116	114	113	117	130	130	125	115	111	113
オランダ	94	94	89	95	102	110	112	110	103	107	107
共同体	100	98	96	97	102	110	111	111	105	103	105

出典：European Coal and Steel Community, *General Report on the Activities of the Community*, vol. 9, 1960-1961, p. 414.
注：1) 市場における最も代表的な公表価格による。

に訴えている。

　「前回の価格改正以来、数年間にわたって行政によって不適切に抑制されたため、鉄鋼価格の引き上げは、他の製品全体と比べても遅れていることを付け加えなければなりません。金属が不足しているこの時期に、この製品のために努力が払われなければならないのは当然なのであります」[10]。

　この発言によれば、政府による鉄鋼価格管理（＝抑制）政策が、需要高揚期の市場メカニズムと矛盾し、需給の不均衡を一層拡大している。すなわち、製品ごとの需給動向に対応して価格変更が行われないことが、問題を一層複雑化していた。以上のように、デュピュイは政府による鉄鋼価格管理を批判したのである。

　また、この諮問委員会の鉄鋼不足に関する論議からは、価格形成のほかに、共同体諸国との取引についても問題が存在していたことをうかがうことができる。まず、鉄鋼不足の状況にあるにもかかわらず、フランス鉄鋼業界が共同体諸国への鉄鋼輸出を増やしているのではないかと、疑う需要者側の意見さえ諮

第7-5表 共同体諸国における銑鉄価格

(単位:1トン当たりドル)

質		西ドイツ	ベルギー	フランス	イタリア	オランダ
鋳物用銑鉄 リン=1.0〜1.4% マンガン=0.6%	1953年5月	65.40	60.00	60.00	68.80	57.00
	1954年10月	65.40	56.00	60.00	64.00	57.00
	1957年8月	75.67[1]	74.00	69.05[1]	89.60	74.25
	1959年2月	75.67	66.00	64.11	64.00	74.25
鋳物用銑鉄 リン=0.08〜0.12% マンガン=0.7〜1.5% オランダ リン=0.06〜0.08%	1953年5月	69.29	70.30	70.71	68.80	67.50
	1954年10月	69.29	70.30	66.86	64.00	67.50
	1957年8月	80.70[1]	83.90	86.29[1]	91.20	83.00
	1959年2月	80.70	83.90	74.34	65.60	83.00
鋼鉄用銑鉄 リン=0.08〜0.12% マンガン=2〜3% オランダ 0.10マックス	1953年5月	58.29	64.20	61.43	64.00	61.44
	1954年10月	54.77[1]	58.70	58.86	59.20	61.44
	1957年8月	69.37[1]	80.10	82.57	88.00	81.75
	1959年2月	69.37	80.10	65.83	57.60	81.75
スピーゲル マンガン=10〜12%	1953年5月	83.21	80.00	82.00	92.80	—
	1954年10月	83.21	73.60	78.57	92.80	—
	1957年8月	94.41[1]	98.00	95.60[1]	103.20	—
	1959年2月	94.41	98.00	81.53	102.40	—
マンガン鉄	1953年5月	203.91	211.00	177.71	240.00	—
	1954年10月	203.91	167.00	166.57	240.00	—
	1957年8月	246.20[1]	240.00	203.10[1]	284.80	—
	1959年2月	246.20	154.50	150.29	208.00	—

出典:European Coal and Steel Community, *General Report on the Activities of the Community*, vol. 7, 1959, p. 358.
注:1) 1957年12月。

問委員会では存在した。だが、鉄鋼業界側はそうした事実は決してないことを強く主張している。

次いで、共同体加盟諸国など、国外から鉄鋼製品を調達することも話題にのぼったが、それは非現実的であると指摘された[11]。実際には、鉄鋼需給バランスの変動は共同体諸国では同調しており、フランスで鉄鋼需要が高揚しているこの時期には、共同体諸国全体でも鉄鋼市場は逼迫していたからである。さらに、いかに国内生産者による鉄鋼供給が十分でなかったとしても、国外から調達することは控えるべきであるという見解も存在した。例えば、1956年2月3日の委員会の席上で、鉄鋼需要産業の代表であるラップ(Roland Rabbe)は、

第7-6表 ヨーロッパ石炭鉄鋼共同体諸国間の銑鉄・鉄鋼貿易

(単位：1,000トン)

輸出国	輸入国	1952	1953	1954	1955	1956	1957	1958	1959
西ドイツ[1]	ベルギー／ルクセンブルク	88.8	118.8	119.7	116.5	183.5	233.4	215.9	188.0
	フランス[2]	9.6	28.8	117.6	163.1	227.2	425.3	371.3	816.2
	イタリア	62.4	79.2	150.3	115.1	150.5	212.8	205.2	268.9
	オランダ	141.6	220.8	384.0	437.3	356.6	628.2	486.9	575.0
	合計	302.4	447.6	771.6	832.0	917.8	1,499.7	1,279.3	1,848.1
ベルギー／ルクセンブルク	西ドイツ[1]	532.8	478.8	652.5	1,041.1	784.2	642.6	774.8	1,125.9
	フランス	14.4	73.2	303.3	524.9	572.1	655.3	767.1	590.2
	イタリア	135.6	145.2	119.4	103.0	85.7	106.6	128.3	173.1
	オランダ	571.2	546.0	711.0	814.5	773.5	805.0	469.7	656.2
	合計	1,254.0	1,243.2	1,786.2	2,483.5	2,215.5	2,209.5	2,139.9	2,545.4
フランス[2]	西ドイツ[1]	243.6	543.6	863.4	1,297.3	1,055.9	1,003.3	1,065.0	1,443.0
	ベルギー／ルクセンブルク	70.8	184.8	138.3	311.7	281.5	245.7	153.4	308.4
	イタリア	121.2	253.2	249.9	255.8	174.3	186.4	210.8	374.1
	オランダ	45.6	108.0	69.3	77.9	96.7	117.0	73.7	152.8
	合計	481.2	1,089.6	1,320.9	1,942.7	1,608.4	1,552.4	1,502.9	2,278.3
イタリア	西ドイツ[1]	0.5	0.0	1.8	8.2	11.1	0.6	2.2	27.3
	ベルギー／ルクセンブルク	0.8	0.0	0.0	0.0	1.2	0.9	2.9	14.0
	フランス[2]	0.1	3.6	6.0	53.3	36.5	70.2	80.9	69.5
	オランダ	1.0	1.2	0.0	0.1	0.1	0.2	0.0	7.5
	合計	2.4	4.8	7.8	61.6	48.9	71.9	85.9	118.3
オランダ	西ドイツ[1]	9.6	57.6	160.2	217.1	147.4	227.5	271.6	319.0
	ベルギー／ルクセンブルク	51.6	36.0	59.4	78.4	63.5	59.8	51.9	67.2
	フランス[2]	3.6	12.0	27.3	40.2	64.8	67.1	64.0	63.4
	イタリア	3.6	8.4	20.4	8.6	13.4	27.4	22.3	22.2
	合計	68.4	114.0	267.3	344.3	289.1	381.8	409.8	471.8
	総合計	2,108.4	2,899.2	4,153.8	5,664.1	5,079.7	5,715.3	5,417.8	7,261.9
	総合計内訳[3]								
	西ドイツ[1]	786.5	1,080.0	1,677.9	2,563.7	1,998.6	1,874.0	2,113.6	2,915.2
	ベルギー／ルクセンブルク	212.0	339.6	317.4	506.6	529.7	539.8	424.0	577.6
	フランス[2]	27.7	117.6	454.2	781.5	900.6	1,217.9	1,283.3	1,539.3
	イタリア	322.8	486.0	540.0	482.5	423.9	533.2	566.6	838.3
	オランダ	759.4	876.0	1,164.3	1,329.8	1,226.9	1,550.4	1,030.3	1,391.5

出典：European Coal and Steel Community, *General Report on the Activities of the Community*, vol. 9, 1960-1961, p. 406.
注：1）1959年7月6日からザールを含む。
　　2）1959年7月5日までサールを含む。
　　3）輸入国をもとにした推計。

共同体諸国など国外から鉄鋼製品を調達することには、以下のような慎重論を唱えている。

「私がこの委員会で代表している産業のために、次のことを確認しておき

たいと思います。困難は相当な量におよんではおりません。問題はより近くをみつめることであります。なぜなら、それほどの量でもないのに、フランスの産業全体がヨーロッパ精神のために、外国製鉄業者の参入を認めざるをえなくなるのは、望ましいとは考えられないからであります」12)。

このように、鉄鋼需要者には国外鉄鋼メーカーからの鋼材輸入を忌避する認識が存在した。それは、この会議の存在それ自体が示しているように、国内供給者と需要者の間には協調的な関係が確立されており、国外生産者よりも安定的な供給が一定程度保障されていると考えられたからであろう。

さらにこの諮問委員会とは別の場面で、フランスの鉄鋼利用者協会（Association des utilisateurs de produits sidérurgiques）会長のコンスタン（Jean Constant）が、共同体最高機関議長マイエル（René Mayer）に宛てた1956年2月23日付の書簡で、鉄鋼不足を訴えたが、そこにはその調達を輸入に頼る危険性について、具体的に以下のように記されている。

「利用者は1953年と1954年に登録した各製鉄業者に、同じ製品についてしか発注できなくなってしまいました。この割当と再配分の仕組みは、〔鉄鋼が〕欠乏している状況を示すものでしかありませんが、その結果は重大であります。

共同市場を信じて1953年と1954年にベルギーやドイツの製鉄業者に発注した利用者は、今日にはその分量だけ、国内製鉄業者によってペナルティーを課せられております。だからといって、共同体内の他の製鉄業者から等分の供給を得ることもないのであります。

品質の面でも、数量の面でも1953年以来要求が変化している利用者は、要求を満たす術がないのであります」13)。

このコンスタンの訴えは、当時のフランス鉄鋼会社が1953年と1954年の販売実績に応じて、各需要者に1955年の鉄鋼製品の配分を決定していたことを示している。したがって、ベルギーやドイツから鉄鋼を輸入していた鉄鋼加工会社は、供給が不安定な国外から国内に調達先を転換しようとしても、新たな調達先を見出すことは困難であった。すなわち、コンスタンは共同体諸国からの輸入に

依存することは、価格、数量や品質などの面で安定的な供給が期待できず、危険を孕んでいることを訴えたのである。以上のようなラップやコンスタンの認識は、需要者の立場からみても鉄鋼共同市場における国際的な自由競争が、必ずしも望ましいものではないことを示している。

　これまで検討してきたように、フランス鉄鋼業は1953年の景気後退を克服し、1954年後半からの需要の増加にともない、生産を拡大した。だが、1955年には供給は需要に追いつかず、大幅な納期の遅れや受注拒否という事態を招いていた。すなわち、1955年までの2次プランの遅れはフランス鉄鋼業の生産力不足を露呈させた。さらに、他の共同体諸国からの供給はより不安定であり、鉄鋼共同市場の開設も当時のフランスにおける鉄鋼不足を解決することにはつながらなかったのである。

2　物価凍結政策と鉄鋼価格の動向

　これまで分析してきたように、2次プランも半ばに差しかかった1955年のフランスでは、深刻な鉄鋼不足に陥っていた。それにもかかわらず、鉄鋼価格は1954年後半に景気回復期に入って以降も停滞し、引き上げられることはなかった。すなわち、自由競争市場であるはずの鉄鋼共同市場で、このように矛盾した現象が発生した原因は、フランス政府の物価凍結策にほかならなかった。

　すでに第5章でも詳しく検討したように、この政策は1952年に採用されたものであり、主要な工業製品の価格は1952年8月31日の水準に固定されることとなった。そのために、鉄鋼需要産業にとっては、鉄鋼価格が引き上げられた場合にも、その上昇分を自らの製品価格に転嫁することは認められなかった。その結果、鉄鋼価格にも引き上げ抑制の圧力がかかり、鉄鋼業界も自由に価格を引き上げることができなかったのである。

　この点についてフランス鉄鋼業界は、共同体の諮問委員会の席や書簡を通じて、石炭、鉄鋼業に関する行政権を共同体に移譲したはずの同国政府が、なお鉄鋼価格に影響を与えている不当性を、共同体に訴えている。1953年秋から問

題を認識していた最高機関も、フランス政府に事情説明を求めるなどして対応策を検討した。最高機関による事情調査からは、同政府が鉄鋼需要産業者に対して、共同体諸国を含む外国産鉄鋼製品の価格上昇については、製品価格に転嫁することを認めていたにもかかわらず、国産品については価格転嫁を認めていないことが判明した。すなわち、本来同等に扱われるべき共同体内の鉄鋼製品が、フランス国内産と他の共同体加盟国産とで扱いが異なっていたのである。

したがって、これは共同体加盟諸国の石炭、鉄鋼製品を平等に扱うというパリ条約に違反することは明白であった。その点を最高機関から指摘されて、フランス政府は1954年3月6日の2つの省令によって、鉄鋼共同市場開設時の国産鉄鋼製品の価格上昇分を製品価格に転嫁することを鉄鋼需要産業に認めることになった。以上の経過をたどり、フランスにおける鉄鋼価格をめぐる問題は、一応の決着をみたのである[14]。

だが、以上の1954年3月6日の省令が適用されたのちには、フランス鉄鋼各社は鉄鋼価格を自由に決定することが可能になったのだろうか。ただし、その後もフランスにおいては、政府による一般的な物価統制は継続されており、鉄鋼価格もその影響を免れることはできなかったと思われる。以下では、その後の鉄鋼価格の変動とそれをめぐる政府と鉄鋼業界の動向を分析し、フランスにおいてこの問題がどのように扱われたのかを検討しよう。

1954年半ばから1955年のフランスにおける鉄鋼価格は、具体的には第7-7表にみられるように変動した。まず、1954年7月に、導入された付加価値税を鉄鋼業が負担することを求めた政府の要請に応じて、国内向け鉄鋼価格は1.79％値引きされることとなり、同じ事情から翌年1955年7月にもさらに値引き幅が3.29％に拡大された。その一方で、共同体の裁判所による判決もあって、価格表価格に沿った取引が再開された1955年2月に価格は2.5％上昇した。一連の価格変更の結果、国内向け鉄鋼価格は、0.78％ほど低下したことになる[15]。

このように、鉄鋼価格がフランス政府の政策によって意図的に抑制されていることは、鉄鋼業界にとっても看過しがたい問題であった。特に、すでに検討した1955年の需要拡大と、ベルギーをはじめベネルクス諸国での鉄鋼価格の上

第7-7表　フランスにおける鉄鋼価格の変化

(1953年5月20日の価格を100とする指数)

	トーマス鋼	マルタン鋼	平均	
1953年5月20日	100.0	100.0	100.0	鉄鋼共同市場開設にともなう価格表公表
1954年2月1日	94.5	96.9	95.2	
1954年7月1日	92.8	94.9	93.5	付加価値税にともなう1.79％値引き
1955年2月1日	95.3	99.1	96.4	
1955年7月1日	93.9	97.7	95.0	付加価値税にともなう3.29％値引き
1955年10月1日	97.1	105.4	99.0	付加価値税にともなう値引き廃止
1956年5月5日	101.7	110.1	103.4	1957年4月18日まで

出典：AN 80 AJ 61, Chambre syndical de la sidérurgie française, Rapport d'activité la sidérurgie française en 1956, le 21 juin 1957.

昇は、フランスにおける鉄鋼価格の動向の不自然さを際立たせた[16]。さらに鉄鋼価格抑制の代償ともみなされた公的資金の貸付が、2次プランでは大幅に削減されたことも、すでに指摘したとおりである。したがって、この時期にフランス国内でも鉄鋼協会と政府の間で、この問題をめぐって交渉が展開されたのは、当然であった。

具体的には、1955年6月8日には鉄鋼協会は財務省の担当部局である物価局との交渉を始めており、同月14日には物価局長のフランクに2つの覚書を添えて書簡を送っている。そこでは、鉄鋼の生産コストが上昇していること、にもかかわらず鉄鋼価格は共同市場開設時より低下していることなどを理由に、鉄鋼価格が不当に低く設定されていることを訴えている[17]。だが、すでに触れたように、その1カ月後の7月には前年の同月に続いて、付加価値税を鉄鋼業界も負担することを理由に、鉄鋼価格の値引き率がより引き上げられた。これによって、前年の措置と合計して、3.29％の値引きを鉄鋼各社が受け入れることになっていた。

しかし、いったんは値引きを受け入れた鉄鋼業界も一連の措置に反発し、生産コストの上昇を根拠に鉄鋼業の負担軽減、価格の引き上げをフランス政府に求め、同年の11月28日には鉄鋼協会はついに3.29％の値引きを取りやめることを決定した[18]。その際に、11月14日に作成した鉄鋼協会の覚書では、この値引きが行われている状況が次のような点で問題であると述べている。

「鉄鋼共同市場の開設以来、鉄鋼価格は各国政府の管轄からはずれ、石炭鉄鋼共同体条約の規制下にある生産者は、自由に制定した価格表を公表し、適用することができる。
　その一方で、生産者は公表された価格表の尊重や、共同市場の根本的命題である無差別についての厳格な規則に従わなければならない。
　換言すれば、鉄鋼生産者は公表した価格表の価格を実際に適用し、彼らのすべての取引にその価格を適用しなければならない。
　フランスの顧客のみに3.29％の値引きを供与することは差別であり、フランスとザールの鉄鋼生産者は、政府がおよぼす圧力によって、条約違反を強要されていたのである」[19]。

以上のように、フランス政府の非公式の圧力によって、価格表価格が適用される共同体諸国向けの輸出価格と、値引きされた国内需要者向けの価格との間に格差が生じている。この事実は、共同市場において国内需要者を優遇し、他の共同体諸国の顧客を差別していることを意味し、パリ条約に違反する事態を招いていると、覚書は述べている。

　そこで鉄鋼協会は、条約に反する上記の顧客差別を解消するために、価格表の公表価格を3.29％引き下げるのではなく、国内需要者への値引きを取りやめて、2つの価格を一致させることを主張した。その根拠としては、価格を引き下げることから生じる以下のような3つの問題点をあげている。①鉄鋼市況が極めて好調である現状で、輸出価格を引き下げる措置は需給原理に反し、市場の機能を阻害してしまう。②フランス生産者の競争相手であるベルギーやドイツの鉄鋼価格と比較して、フランスの鉄鋼価格はベルギーよりは明らかに低く、ドイツとは同水準か、若干低く設定されている。そのため、価格を引き下げることは、共同市場内の価格格差を拡大することになる。③共同体の外国の需要者に有利な条件を与えることになり、フランス経済にとっては利益にならない。

　以上のように、好況期における物価の上昇を背景に、鉄鋼協会はパリ条約違反を理由として、鉄鋼の値引き停止を正当化した。だが、当然のことながら、機械・金属加工産業連盟（Fédération des industries mécaniques & transformatrices des métaux)をはじめ鉄鋼需要産業からは反発の声が上がった[20]。そうした値引き廃止反対の議論については、この覚書のなかで鉄鋼協会は次のように述べている。

　「しかし、3.29％値引きの停止は、公権力が鉄鋼使用者の段階で価格凍結を維持しているために生ずる一定の抵抗に遭遇している。鉄鋼生産者は理論上自由にその価格を決定しうるにもかかわらず、その使用者は鉄鋼価格の変動を自らの製品価格に転嫁する権利を持たないからである。ヨーロッパ石炭鉄鋼共同体の条約によって創設されたシステムは、フランスにおいては正常に機能しえないことが判明した。

　最高機関の催告は、政府とっては、この問題を再考し、条約の規定に沿った解決策を見出すよい機会になるに違いない。価格変動を利用者の販売価格に転嫁することが可能な輸入品と、鉄鋼製品とを同一扱いすることが、効果的であると同時に、目立たず抵抗の少ない方法である」[21]。

　鉄鋼協会は共同体条約の基本原則を根拠として、最高機関の圧力を後ろ盾に、実質的な価格の引き上げを実現したのである。のちに詳述するように、会長リカールはこの1955年の7月25日付で共同体、最高機関に宛てて、フランス政府の物価統制に関する政策が共同市場の基本原則に反し、市場原理による価格形成を妨げていることを訴えている。その結果、同年11月3日の最高機関会議ではこの問題が議題として取り上げられ、フランスの価格凍結策と鉄鋼価格の関連について調査が開始されることになった。

　その後、鉄鋼協会はフェリが財務大臣フリムラン（Pierre Pflimlin）や経済問題担当閣外相ヴィリエ（George Villiers）と、12月9日と13日に会談し、値引き廃止後の措置として、次のような協定を取り交わした。鉄鋼業界は翌1956年4月30日までは鉄鋼価格を引き上げない。農業機械、トラクター産業に対しては、鉄鋼価格に関する助成措置を講ずる。政府は鉄鋼加工産業に対して、鉄鋼価格の実質的上昇分を販売価格に転嫁することを認める。以上のような経過を経て、1955年10月1日と11月28日に鉄鋼価格が引き上げられた[22]。

　いずれにしても鉄鋼価格は、実態として基本的には政府の管理下にあり、鉄

鋼業界が市場の動向に応じて、柔軟に鉄鋼価格を設定できないことは明らかであった。だが、フランス政府の側から見ても、自らの意のままに鉄鋼価格をコントロールすることはできなかった。すなわち、この問題が最高機関に訴えられ、そこで問題視された場合には、同政府も一定の配慮ないし、譲歩を示さざるをえなかったのである。フランス鉄鋼業界も政府、財務省による一方的コントロールを回避するよりどころとして、共同体、最高機関を利用し始めたことがうかがえる。

　1955年の12月9日と13日の政府との会談に鉄鋼協会側の代表として出席したフェリは、この会談について、財務大臣宛の書簡の末尾で次のように述べている。

「私どもの産業は、政府が策定する経済政策の枠内で、政府に対して協力したと認識しております。政府は、共同市場における鉄鋼業の立場を守る必要性に配慮することで、われわれの協力を期待することができました。その立場は本来の枠組みをはるかに超えて重要性を増していますが、鉄鋼業は国民的利害に基づいた唯一の計画に沿って行動することになるでしょう」[23]。

　このように、フェリはフランス鉄鋼業が制度的には共同体の管轄下にありながらも、基本的にはフランス国民経済の利害に沿って、物価統制を含めたフランス政府の経済政策に従うことを表明している。ただし、それは、共同体のルールや共同市場の状況を看過しえないものであることも指摘しているのである。

3　最高機関による鉄鋼価格に関する調査

　これまで検討したように、1955年のフランスでは鉄鋼協会と政府の間で鉄鋼価格をめぐる折衝が継続され、鉄鋼価格の変更が行われていた。その際に鉄鋼協会は、政府による価格形成への干渉の不当性をヨーロッパ石炭鉄鋼共同体の最高機関に訴え、交渉を有利に導こうとした。それでは、鉄鋼協会の訴えを受

第7章　第2次近代化設備計画の進行と鉄鋼不足の再現　217

けて、最高機関はどのように対応したのか。以下では、1955年から1956年にかけての最高機関によるフランスの鉄鋼価格に関する調査と、この問題への対応を分析しよう。

最高機関が1954年初頭に続いて再度この問題を取り上げる契機となったのは、フランス鉄鋼協会会長のリカールが最高機関に宛てた1955年7月25日付の前出の書簡であった。そこでは、フランスの物価についての法規定が、パリ条約の60条に矛盾していることが訴えられた。最高機関においては1955年10月から関連する文書が作成されていることが確認できる[24]。この問題については、市場局、協定・集中局と法務課が合同で組織した市場・協定・運輸作業部会（Groupe de travail Marché-Entente-Transport）が調査、分析にあたることになった。1955年11月3日の最高機関会議においてもフランスの鉄鋼価格に関する問題が取り上げられ、加盟国政府による価格形成への影響が問題視されて、次のような結論に達している。

「最高機関は、この問題について実際に閣僚理事会の注意を喚起すべきだと考えている。しかしながら、鉄鋼加工産業の段階で値上げが禁止されているために、フランスでは鉄鋼価格が間接的に凍結されていること、イタリアでは取引段階で石炭価格が固定されていること、これら以外に同様の問題が存在するのか、理事会に対して注意を喚起する前に、作業部会が調査するべきである」[25]。

以上のように、最高機関はフランス政府による鉄鋼価格と、イタリア政府による石炭価格の抑制を具体的問題として認識し、閣僚理事会を通じて各国政府と政策調整をしつつ、この問題の解決にあたることをめざしていた。そして、翌年1956年6月には、イタリア政府による石炭の最高価格設定については、1956年8月31日をもって廃止することを同政府が受け入れたことが確認された。したがって、フランス政府による物価抑制策の鉄鋼価格への影響が、検討課題として残されたのである。

次いで、同年3月9日付と6月29日付で、鉄鋼取引商全国組合（Syndicat national du commerce des produits sidérurgiques）のマルマス（Jacques

Marmasse）から最高機関議長マイエルに宛てた2通の書簡のなかで、それまでの問題とも異なる点が訴えられている[26]。マルマスが訴えたのは、1955年7月1日付の省令と、それを改定した1955年12月30日付の省令によって、1956年1月時点での工場での買入価格と輸送コストを基準として、取引業者の売上げ利益率を10.5％になるように、政府が鉄鋼取引業者の販売価格を設定したことである。マルマスは6月29日付の書簡のなかで、この制度について、次のように述べている。

> 「販売限界価格の計算は、〔省令の〕第5条に規定されており、われわれの買入価格に対する売上げ利益率ではなく、もはや効力のない決められた日付の価格に対して係数を乗ずることで行われます。その結果、われわれは製鉄工場での価格を下回る値段で、例えば梁材を、販売することさえあるのです」[27]。

このように述べ、いくつかの具体例を示すメモを添えている。それによると、1956年5月時点での消費地パリのラ・ヴィレットにおける梁材価格は、規定ではトン当たり3万5,930フランになったが、実際の工場渡し価格と輸送費の合計は3万7,111フランであった。したがって、仲買人にとっては十分な利益が出ないどころか、損失が生じるケースさえ存在したのである[28]。

そのため、最高機関もこの年の7月から8月には、それまでとは異なり、フランスの鉄鋼価格の抑制圧力について、2つ問題点の存在を認識することになった[29]。すなわち、第1にはそれまでも指摘されていたように、フランス政府が鉄鋼業界への指導、圧力によって鉄鋼価格を抑制していることである。第2には、鉄鋼商社に課せられた販売価格の制限であり、鉄鋼卸売市場の販売価格をフランス政府が管理、抑制していることであった。

こうした認識に基づき法務課の要請を受けた市場局は、これらの問題に対応するための前提となる調査報告書を同年10月3日付で作成している[30]。この調査は、鉄鋼製品の調達コストが鉄鋼加工品の生産原価に占める比重を、様々な加工品について調べたものである。それによって、鉄鋼価格の上昇が加工品生産に与える影響の大きさ、換言すれば、加工品価格の凍結が鉄鋼価格におよぼ

す抑制圧力の程度を、品目ごとに明らかにするためのものであった。

その報告によれば、まず64.4％をも占める針金、62.1％の缶などのブリキ製品、鋼鉄製ばね43.2％、建築用金属資材33.6％、ボルト類29.5％などの9つの分類が25％を超え、次いで、様々な金属完成品22.0％、農業設備18.8％、ベアリング（玉軸受け・金軸受け）17.3％、金物15.3％、金属製家具15.2％など7つの分類が15％から25％の間にあった。さらに、自動車14.2％、鉱山開発用機械13.2％、機関車12.9％、トラクター12.6％、産業用機械10.8％、電気器具10.5％、船舶10.3％などの最も重要な機械産業部門を含む22分類が10％から15％であった。最後に10％未満に73分類が列挙されている。

以上の調査結果に基づいて、市場局は鉄鋼調達費用が生産原価の10％以上を占める加工品については、鉄鋼価格の上昇分を自動的に価格に反映させることを認めるべきだと提言する。すなわち、原価に占める鉄鋼調達費用が10％未満の製品は、鉄鋼価格が10％引き上げられても、原価に1％未満の影響しか与えないため、特別な場合を除いて、価格転嫁は必要ない。だが、10％以上の38分類に含まれる製品に、フランス政府が物価凍結策を適用することは、鉄鋼価格に多大な影響を与え、パリ条約と矛盾すると市場局は判断したのである。

ただし、これらの製品の分類や鉄鋼調達コストの占める割合は、すべて1947年時点のアメリカで作成されたデータであり、フランスや他の共同体加盟諸国の実態に基づくものではなかった。すなわち、市場局はフランス国内のデータを収集して独自に分析することは不可能であり、すでに一定程度整理されているアメリカ政府作成のデータを借用して、上記の報告をまとめざるをえなかったのである。このフランスのデータを利用できなかった事情について、報告書は次のように説明している。

「残念ながら現在のところ、フランスについて利用可能な数量データは、必要な分析を行うのに十分に詳細ではない。

　経済問題担当省庁の物価局による鉄鋼加工産業の原価に関する専門調査が、いまひとつの情報源として存在する。だが、入手した情報によれば、その調査は非常に詳細に行われているが、全体的に古いものとなっている。

現時点のデータについては、極秘事項であるため閲覧は不可能であった。だがそれは、フランス政府とともに正式な手続きを踏めば、利用を拒否されることはないだろう」[31]。

このように、フランス自体のデータに基づく調査を断念し、アメリカの資料に依拠せざるをえなかった事情が説明されている。だがこの事実は、最高機関がこうした問題についての厳密な調査を行ううえで、当該国政府の理解と協力が不可欠であることを如実に示したのである。すなわち、共同体結成によって、形式的には石炭、鉄鋼業に関する行政管理権が加盟国政府から共同体の最高機関に移譲されたとしても、実質的には当該国政府がこれら産業についての情報収集、管理機能を保持していた。したがって、市場局はこの報告書の末尾で、最高機関がフランス政府と協力して、同政府の物価凍結策が共同市場における鉄鋼の自由な価格形成を阻害している実態を調査するよう進言する[32]。

さらに、最高機関のうちでも協定・集中局は、フランスの鉄鋼価格形成方式に別の観点からも疑問も提示している。それは直接には、リカールのあとを継いだフランス鉄鋼協会会長ラティの記者会見でのコメントが根拠となっていた。協定・集中局のハンブルガーは最高機関メンバーに宛てた書簡で、この年の秋にフランス鉄鋼業界が価格引き上げを見送らざるをえなくなったとするラティの発言を引用しつつ、以下のように述べている。

「1956年に鉄鋼業が借入れを開始するときに開かれた記者会見の折に、フランス鉄鋼協会会長ジャン・ラティ氏はとりわけ鉄鋼価格について、以下のように明言しておられます。

『フランス鉄鋼業は現在価格表価格の引き上げを予定してはおりません。われわれは必要不可欠ではないにしても、必要と思われる価格引き上げを遅らせる共同決定を行いました』。

そうだとするならば、その国の産業が鉄鋼価格を共同で固定あるいは決定していると、鉄鋼業界の傑出した実業家であるグループの会長によって、公に認められたことになります」[33]。

すなわち、協定・集中局もフランスにおいて鉄鋼価格が据え置かれたことは、

個々の企業の自主的な判断ではなく、価格カルテルが形成されていることを意味するものと疑惑を抱いていた。ただしここでは、政府による関与については触れられておらず、民間レヴェルでの価格統制と捉えていた。

以上のように、法務課や市場局と協定・集中局とでは状況認識が異なっている面はあるものの、最高機関はフランスにおける鉄鋼価格が、意図的にコントロールされていることを問題視していた。だが、景気高揚期にもかかわらず、価格が抑制されていた点を考慮すれば、鉄鋼業界などが訴えたように政府主導の価格設定と考えるほうが妥当であった。したがって、協定・集中局からの上記のような指摘もあったが、最高機関は基本的にはフランス政府による価格抑制を問題視したのである。

そこで、最高機関は、1956年12月6日に副議長であるエツェル名でフランス政府宛に書簡を送り、そのなかでフランス政府による鉄鋼取引業者の販売価格規制と鉄鋼加工品の価格凍結が、価格形成の自由を阻害し、パリ条約に違反することを伝えた。この書簡でエツェルは結論部分を以下のように締め括っている。ただしその論調は穏やかであり、フランス政府を糾弾するというよりは、詳しい実態調査と問題解決のために、最高機関への協力を要請するものであった。

「上述の2つのケースでは、フランス政府によって実施されている物価政策は、生産者によって公表される価格表に、容認できない方法で鉄鋼価格が記載される事態を招いています。あるいは、このような介入は、――すでに最高機関は他の加盟国の類似の事例も考察しましたが、――共同市場における製品価格の形成と固定に関する条約の条文（5条、60条、61条）と両立しないと思われます。

共同体諸国の一般的政策と最高機関の活動を照合し、調和させるための研究の折には、最高機関はフランス政府を招いて、条約と齟齬をきたしている価格についての規制条項を撤廃するよう説得させていただきます」[34]。

以上のように、最高機関はフランス政府の鉄鋼価格形成への介入を問題視し、同政府による鉄鋼需要産業への価格統制を緩和することで、鉄鋼価格への抑制

圧力を除去する方策を模索していた。具体的には、鉄鋼調達費用が生産費用の一定割合を超える産業については、鉄鋼価格の上昇分を無条件で製品価格に転嫁できるよう、フランス政府に制度改正を要請することを検討していた。すなわち、鉄鋼業に対するフランス政府の物価政策の影響を遮断するために、川下産業に鉄鋼価格上昇分の価格転嫁を認めることが必要と考えたのである。ただし、そうした方策を具体化するためには当該国政府の協力が不可欠であり、最高機関はフランス政府に協力を依頼したのである。

だが、このように呼びかけたにもかかわらず、最高機関は同政府からの回答を翌1957年1月になっても得られなかった。そこで最高機関は、自らの諮問機関であり、加盟国政府の閣僚によって構成される閣僚理事会に対して、この問題の検討を依頼することになる。

おわりに

これまで検討してきたように、2次プランは1954年に開始されたが、フランス鉄鋼業は1955年に供給不足に陥るなど、戦後復興における様々な問題を未解決のまま抱えていた。なかでも、政府による物価凍結策の影響を受けて、鉄鋼価格は共同体諸国のなかでも最低水準に抑制されていた。そのために鉄鋼会社の利益が圧縮され、設備投資資金の調達にあたっては、借入金への依存度を高めざるをえず、その返済が鉄鋼業にとって重い負担となっていた。さらに、2次プランにおいては、政府による資金貸付が削減されたため、鉄鋼業にとってはより不利な状況になっていた。

そこで問題となった政府による鉄鋼価格抑制圧力は、石炭鉄鋼共同体のパリ条約の規定に違反することも否めなかった。政府の価格形成への介入は、自由競争を阻み、フランス産鉄鋼製品と共同体諸国からの輸入品のフランスでの扱いに差異が生じていたからである。

こうした状況にあって、1955年にはフランス鉄鋼協会は政府との交渉を進め、同時にこの問題を最高機関にも訴えている。その結果、鉄鋼協会は最高機関か

らの後ろ盾を得て、この年にようやく鉄鋼価格の引き上げを実現した。この事実は、政府と鉄鋼協会の交渉に共同体のルールが持ち込まれ、最高機関も一定程度関与したことを意味する。すなわち、政府が鉄鋼業に対してなお強い実質的行政権を保持しているとはいえ、共同体の原理や最高機関の権限が効力を持ち始めたのである。

だが、こうしたかたちでの決着は、政府による価格形成への介入を継続させ、市場原理に基づく自由な価格形成を実現するものではなかった。したがって、鉄鋼業界にとっても、最高機関にとっても問題の根本的な解決にはなっていない。この問題を未解決のまま放置することは、鉄鋼業界にとっては収益を抑制され、財源確保に不安を抱えた状態が継続することを意味した。さらに、最高機関からみれば、共同市場の基本原則に違反する政府の介入を放置することにもなるのである。

これらの事実を把握した最高機関は、1955年に調査活動を開始し、この問題の解決策の検討を始めていた。そして、フランス政府にも根本的な解決に向けて協力を求めていくことになった。ではその後、鉄鋼業界、最高機関がフランス政府に対して、どのように問題解決を迫るのか、同政府はそれにいかに対応していくのか。そこでの対応の結果は、フランス鉄鋼業の2次プラン後半以降の経営条件を規定し、共同体の実質的機能を推し量る重要な根拠となろう。1956年以降にも、この問題はフランス鉄鋼業界と財務省を中心とするフランス政府との間で検討され、最高機関もそれに関与していくことになる。この点については、次章において検討する。

注

1) W. Diebold, *The Schuman Plan...*; D. Spierenburg et R. Poidevin, *Histoire de la Haute Autorié...*.
2) J. Baumier, *La fin des maîtres...*, pp. 156-157; E. Godelier, *Usinor-Arcelor...*, pp. 93-104; H. d'Ainval, *Deux siècles de sidérurgie...*, pp. 288-289.
3) CGP, *Rapport annuel sur l'exécution du plan de modernisation et d'équipement de l'Union fançaise*, 1954, pp. 205-218; 1955, pp. 205-215; 1956, pp. 193-206.

4) PAM 74161, CSSF, Réunions mensuelles d'information.
5) CGP, *Rapport annuel sur l'exécution du plan de modernisation et d'équipement de l'Union française*, Paris, 1954.
6) CGP, *Rapport annuel sur l'exécution du plan de modernisation et d'équipement de l'Union française*, Paris, 1956, pp. 203-205.
7) *Ibid.*, p. 194 et pp. 205-206.
8) PAM 82348, Procès-verbal du comité consultatif du CPS, réunion du 4 février 1955.
9) PAM 82348, Procès-verbaux du comité consultatif du CPS, réunions du 29 avril 1955, du 1er juillet 1955 et du 7 octobre 1955 etc.
10) PAM 82348, Procès-verbaux comité consultatif du CPS, réunions du 7 octobre 1955 et du 10 novembre 1955.
11) PAM 82348, Procès-verbal comité consultatif du CPS, réunion du 29 avril 1955.
12) PAM 82348, Procès-verbal comité consultatif du CPS, réunion du 3 février 1956.
13) CEAB 2 n. 1560-3, Lettre de J. Constant, le 23 février 1956. 同様の書簡は3月にもコンスタンから最高機関に送付されている。CEAB 2 n. 1494, Lettre de J. Constant, le 5 mars 1956.
14) CEAB 8, n. 554-1, Lettre de Jean-Marie Louvre, le 6 mars 1954.
15) AN 62 AS 50, P. Poulain, Note sur les indices des prix des aciers ordinaires, le 7 mars 1955.
16) ベネルクス諸国での鉄鋼価格の上昇は最高機関にも報告され注目された。
17) AN 62 AS 50, La lettre de J. Ferry, le 14 juin 1955; CSSF, Evolution de la marge disponible pour amortissement et bénéfice dans la sidérurgie depuis l'ouverture du marché commun, le 14 juin 1955; CSSF, Evolution des prix de revient de l'acier depuis l'ouverture du marché commun, le 13 juin 1955.
18) AN 62 AS 94, Note officieuse remise à la presse par la chambre syndicale de la sidérurgie française, le 25 novembre 1955.
19) AN 62 AS 94, Note relative aux prix de l'acier, le 14 novembre 1955.
20) AN 62 AS 94, Revue quoidienne de presse française, le 29 novembre 1955.
21) AN 62 AS 94, Note relative aux prix de l'acier, le 14 novembre 1955.
22) AN 62 AS 94, Lettre de J. Ferry à P. Pflimlin, le 17 décembre 1955.
23) Ibid.
24) CEAB 8, n. 554/1, Communauté européenne du charbon et l'acier, Haute Autorité, Division du marché, Note à messieur les members de la Haute Autorité, le 19

octobre 1955.
25) CEAB 8, n. 554/1, CECA, HA, Division du marché, Note à MM. les members du Groupe de travail Marché-Ententes-Transports, le 7 juin 1956.
26) CEAB 8, n. 554/1, Lettre de Jacques Marmasse à René Mayer, le 29 juin 1956.
27) Ibid.
28) CEAB 8, n. 554/1, Etudes des prix de vente du commerce sidérurgiques, s. d.
29) CEAB 8, n. 554/2, Note à Messieurs les members du Groupe de travail Marché-ententes-transports, le 10 août 1956.
30) CEAB 8, n. 554/2, Division du marché, Note pour messieurs les membres du Groupe de travail M. E. T., le 3 octobre 1956.
31) Ibid., p. 3.
32) Ibid.
33) CEAB 8, n. 554-2, Lettre de R. Hamburger, le 15 novembre 1956.
34) CEAB 8, n. 554/2, Lettre de F. Etzel, le 6 décembre 1956.

第8章　第3次近代化設備計画の作成と鉄鋼共同市場
——フランスの物価政策と鉄鋼価格——

はじめに

　戦後のフランスにおける経済復興、発展の牽引車として、政府、計画庁主導で1947年から開始されたモネ・プランは、1954年から2次プランに引き継がれた。この2次プランが終了する1957年は、同時にヨーロッパ石炭鉄鋼共同体の結成から5年間が経過する年にあたっていた。この5年間は共同体では設立当初の過渡期として位置づけられ、この後はそれまでの過渡的措置は撤廃されることになっていた。さらに、ローマ条約の締結交渉も57年3月に条約調印に達し、1958年1月にはヨーロッパ経済共同体やヨーロッパ原子力共同体が発足することが予定されていた。すなわち、ヨーロッパ統合も新たな段階を迎える節目の時期であった。
　それと同時に、フランスにおいては、国際収支と国家財政の深刻な赤字を背景にインフレが進行する経済危機が深刻化し、アルジェリア独立戦争にも対応せざるをえない政治的にも危機的な状況を迎えていた。その結果、1958年には第4共和制から第5共和制への移行が実施され、ド・ゴール政権が誕生して、同政権はフラン切り下げなど大胆な経済改革に着手することになる。
　このように、国内外の情勢ともに戦後史における転換点を迎えていたフランスでは、1958年から第3次近代化設備計画（Troisième plan de modernisation et d'équipement；以下、3次プラン）が実施されることになっていた。その3次プランは1956年から計画庁によって作成作業が開始され、本書が分析対象とするフランス鉄鋼業については、鉄鋼近代化委員会によって1957年7月に一

般報告書が作成され、プランが完成した。

　だが、筆者が前章で明らかにしたように、3次プランが作成途上にあった1956年後半の時点で、鉄鋼業界は製品価格の設定などをめぐって未解決の諸問題を抱えていた。それは、戦後政府は物価凍結策を継続しており、工業製品の価格を1952年8月31日の時点を基準として抑制していたことから、政府の管轄下から離れた鉄鋼価格もその影響を免れられなかったのである。すなわち、製造業全般の製品価格が抑制されたため、その原料となる鉄鋼価格にも抑制圧力がかかっていたのである。

　そのため、鉄鋼価格は事実上政府の管理下におかれ、鉄鋼需要が逼迫していたにもかかわらず、価格の上昇は抑制されていた。この価格抑制は鉄鋼業界にとって重荷となっており、フランス鉄鋼協会はそうした状況の打開に腐心していた[1]。さらに、鉄鋼業に関する行政権限を掌握したはずの最高機関も、共同市場における自由競争を規定したパリ条約に違反することを認識し、フランス政府の価格形成への介入を問題視していた。従来の諸研究では、この問題に対する詳細な分析は存在しない。すでに前章でも指摘したように、ヨーロッパ石炭鉄鋼共同体の政策に関する包括的研究[2]や戦後のフランス鉄鋼業に関する歴史研究[3]において、フランスの鉄鋼価格形成にフランス政府が介入し、最高機関がそれを問題視していたことが触れられているだけである。

　そこで本章では、1956年から1958年にかけての3次プランが開始される時期までに、鉄鋼価格をめぐる政府、鉄鋼業界、最高機関の3者間での折衝について分析し、この問題がいかに解決されたのかを検討する。それによって、最も初期の段階での経済統合がどのような性格を帯び、実態として行政権の移譲が進んだのか、共同市場における競争はいかに展開したのかを明らかにする。さらには、フランス政府と共同体の二重の行政機関の存在は、フランスが経済危機を迎える状況にあって、鉄鋼業の発展にどのような影響をもたらしたのかを検討する。

1　2次プランの進行と3次プランの目標設定

　すでに前章で検討したように、2次プランの前半期にあたる1954年から1955年には急速な景気回復もあって、鉄鋼需要は大幅に増大した。だが、フランス鉄鋼業界はその需要に十分に応えることができず、鉄鋼不足は深刻化していた。その原因としては、公的資金借入れの削減や、1953年から1954年の需要減退による鉄鋼会社の投資抑制などのために、この時期の設備投資が停滞したことが考えられる。さらに、鉄鋼協会は鉄鋼価格の抑制が鉄鋼業の収入を圧縮し、設備投資のための自己資金捻出を制約していることを強調していた。

　では、その後の2次プランの後半期においては、鉄鋼の生産と市況はどのように推移したのだろうか。以下ではまず、1956年と1957年の市況を分析し、続いて2次プランの進行状況を前提に、どのような3次プランの基本目標が設定されたのかを検討しよう。

(1)　2次プランの進行（1956〜57年）

　フランスにおいて深刻化していた鉄鋼不足が解消されたのは、1956年に入ってからであった。1954年後半以来の市況の好転によって、粗鋼生産は1956年に1,340万トン、1957年には1,410万トンと1955年に続いて増加した。その結果、鉄鋼各社の業績が好転したことによって収益も増大し、需要予測が楽観的になって、自己資金よる設備投資も拡大したのである。公的資金の借入れは1956年の140億フランから1957年の86億フランへと引き続き削減されたにもかかわらず、自己資金は1956年の650億フラン、1957年の824億フランへと拡大され、設備投資額も1956年の600億フランから、1957年の830億フランへと大幅に伸びている。すなわち、政府からの公的資金援助は2次プラン期間中に、モネ・プラン最終年である1953年の368億フランから1957年の86億フランへと約4分の1に急激に削減されたが、鉄鋼各社は自己資金を1953年の161億フランから1957年の824億フランへと大幅に増加させ、社債などの債券発行も加えて投資資金

を確保したのである[4]。

そして1956年と1957年には、それまで問題となっていた製銑、製鋼過程への設備投資も拡大された。第7-2表にみられるように、高炉への投資が1954年の39億5,000万フランから1956年には126億フラン、1957年には228億フランへと激増していることがこの事実を物語っている[5]。

だが、この2次プラン最終年の1957年の粗鋼生産は、目標である1,430万トンを僅かに下回る結果となった。生産目標に僅かに到達しなかった点では、モネ・プランと同様の結果であった。政府、計画庁の1958年の年次報告書において、計画庁はこの結果について深刻に受け止めてはいない。だが、2次プラン最終年の状況について、次のように評価を下している。

「産業全体の活動が、その目標設定の基盤となっている鉄鋼業より活発であった。そのために、国際的な景気は輸出に極めて有利な状況にあるにもかかわらず、国内需要は対外取引における輸出超過を予想よりも縮小させてしまっている。

　この経験を考慮して、鉄鋼の生産力拡大に関する3次プランの目標は、平均的な景気にある年の需要を満たすものより、多少高めに設定すべきである」[6]。

したがって、フランス鉄鋼業は1957年の時点で、国内需要には一定程度対応できるようになったが、共同体諸国などの国外への鉄鋼輸出を十分に伸ばすことはできなかった。これは、伝統的な輸出産業であり、外貨獲得が期待されているフランス鉄鋼業が、その期待に十分に応えてはいないことを意味していた。以上の認識から、計画庁もこれまでの目標が戦後の急速な経済成長に十分対応しておらず、3次プランではより高い目標を設定すべきであることを認めていたのである。

(2)　3次プランにおける基本目標の策定

2次プランが3年目に入った1956年3月に計画庁は、財務省の経済金融調査課（Service des études économiques et financières）によって同時期にまとめ

られた研究7)をもとに、以下のような3次プランの全体目標を設定した。その際に、1957年1月から1961年末までの3次プランにおいては、財政負担の軽減、国際収支の均衡、経済成長の促進など、2次プラン以来の前提条件は継続されることが確認された。

そうした前提で、農業生産については、1956年当時の動向と同様の生産増加をめざし、工業生産については、1954年から1961年までで年平均4％の成長を目標とした。工業生産の目標は、1954年と1955年の6％の成長よりは劣るが、1949年から1954年までの年平均3.5％成長を上回っている。このように直前の1954年から1955年の実績より抑制された目標が設定された根拠は、この2年間の高成長率では、鉄鋼、コークスなどの物資と熟練労働者の不足が生産拡大の障害になることが懸念されたからであった。

これらの考慮に基づいて、計画庁は1954年から1961年までの間に農業生産が25％、工業生産は45％拡大することを目標として掲げた。これは予想される人口増加を考慮すると、1954年から1961年までに1人当たりの消費が32％増加（年率にして4％増加）することを意味したのである。以上の全体目標を設定し、計画庁は各産業部門の近代化委員会に3次プランの作成を依頼した8)。この計画庁の依頼を受けて、各産業部門に組織された近代化委員会による3次プランの策定作業が1956年から開始された。以下では、鉄鋼近代化委員会が策定した3次プランの鉄鋼生産と設備投資の基本計画を分析する。

まず、同委員会は3次プランの基本目標をまとめるにあたって、上述の3次プランの全体目標に沿って1961年の国内生産が1954年に比べて37％増加することを前提として、鉄鋼需要を予想している。その際に、ヨーロッパ石炭鉄鋼共同体の調査研究でも利用され、2次プランの作成時にも採用された1.3という係数を用いて、国内生産37％増加に対応する粗鋼消費の増加は48％（＝37％×1.3）と想定した。すなわち、粗鋼消費は1954年の920万トンに対して1961年には1,350万トンと委員会は予想した。ただし、1954年は景気停滞期にあり粗鋼需要が低下していたため、景気が回復して粗鋼需要も増加した1955年の粗鋼消費1,040万トンを基準に、国内生産の増加を29％、粗鋼消費の増加を38％（＝

29%×1.3)として同様に計算すると、1961年の粗鋼消費は1,420万トンとなる。そこで委員会はこの2つの数字の平均をとって、1961年の粗鋼消費を1,380万トンと想定した。この国内の鉄鋼需要予測をもとに、鉄鋼近代化委員会は海外領土向けも含めた国外輸出分と合計して、1961年に必要な粗鋼生産量を、普通鋼が1,559万5,000トン、特殊鋼161万5,000トンで、粗鋼生産合計1,721万トンと想定した[9]。

この生産目標を達成するための投資計画については、投資作業部会によって実施された各鉄鋼会社へのアンケート調査から、3次プラン期間中のフランス鉄鋼業界の投資計画が集計された。その結果、各社の計画どおりに設備投資が実施されれば、年間粗鋼生産力は1,900万トンに達することが判明した。ただし、現実には能力最大限の生産を実現することは困難であり、委員会は実現可能な生産は最大でも1,850万トンと見積もった。この数字は需要予測1,700万から1,750万トンがその90%にあたり、90%の操業率は最も低いコストでの生産を可能にするため、非常に好ましい数字であると委員会は評価した。

だが、計画によって実現されるトーマス鋼、マルタン鋼、電炉鋼などの生産能力を確認し、委員会は各製品の生産量について問題点を指摘している。そこで指摘された問題点の第1は、独立製鋼所の縮小をより進めることであった。生産性の低い製鋼工程のみを備える小規模工場では、製銑、製鋼、圧延工程を併設する大規模な一貫工場に対して競争力で劣ることは明白である。したがって、小規模の独立製鋼工場の生産縮小を早めるべきである。第2には、当時不足していた屑鉄の利用を縮小することである。すなわち、共同体諸国でも深刻化していた屑鉄不足に対応すべく、製鋼工場の生産計画に反映させることである。第3には、新しい製鋼法の可能性を考慮して、トーマス鋼の生産をより増加させることであった。

さらに、原材料の調達についても、コークス不足という隘路が解消されていないことが指摘された。そのため、コークスを燃料とする高炉などの生産設備の建設が遅れていたことはすでに指摘したとおりである。コークスの原料となるコークス炭の調達については、3次プランのエネルギー近代化委員会(Com-

第8章　第3次近代化設備計画の作成と鉄鋼共同市場　233

第8-1表　3次プランにおけるフランス鉄鋼業の設備投資計画

(単位：100万フラン)

	1957年	1958年	1959年	1960年	1961年	合　計
コークス化設備	2,090	1,535	2,778	2,001	1,490	9,894
準備工程	5,658	8,005	8,600	6,090	3,696	32,049
高　炉	10,773	18,298	21,455	16,821	7,637	74,984
製鋼設備（トーマス鋼）	2,826	2,886	3,550	4,695	4,490	18,447
製鋼設備（マルタン鋼）	3,512	3,420	3,545	4,110	4,780	19,367
製鋼設備（電炉鋼など）	1,436	4,108	4,601	3,229	1,530	14,904
圧延設備	23,549	28,921	24,885	24,885	23,014	125,254
発電・配電設備	4,579	8,441	11,340	8,770	5,650	38,780
その他	6,644	8,747	8,765	8,355	7,643	40,154
合　計	60,390	84,916	88,286	78,733	60,411	372,736

出典：Commissariat général du plan, *Troisième plan de modernisation et d'équipement Rapport général de la commission de modernisation de la sidérurgie*, juillet 1957, annexe IV より作成。

mission de modernisation de l'énergie) のコークス化作業部会 (Groupe de travail《carbonisation》) において検討されていた。そこでは、フランス石炭公社によるコークス炭増産努力や、コークス化可能な石炭をコークス生産に優先的に配分する政策努力をもってしても、必要量のコークスを確保できず、輸入の拡大が不可避と予想されていた。さらに、ヨーロッパの市場でもコークス炭は不足しており、アメリカからコークス炭を輸入することが不可欠と考えられた。だが、輸送費などを考慮すると、フランス政府によるアメリカ産コークス炭輸入への助成措置も必要であった。そのため、長期契約や輸送体制の整備によってアメリカ炭輸入の条件を改善すると同時に、鉄鋼近代化委員会はコークス節約への一層の努力が必要であることを指摘している[10]。

　以上のように、鉄鋼近代化委員会は3次プランの基本的な生産目標、投資計画の作成作業を進めていた。だが、懸案となっていた価格問題については、有効な解決策を見出すことは困難であった。その理由は、委員の構成をみれば、推測することができる。すなわち、同委員会は第8-2表にみられるように、鉄鋼業界の経営者と労働組合代表、鉄鋼加工産業の経営者、それに政府の計画庁と産業省の官僚で構成されていた。だが、鉄鋼価格を実質的に管理、抑制していた財務省の関係官僚は参加しておらず、この委員会では鉄鋼価格の調整は

第8-2表 第3次近代化設備計画・鉄鋼近代化委員会メンバー

議長	ヴィケール (Henri Vicaire)	ル・クルーゾ製鉄会社取締役補佐
副議長	ドゥニ (Albert Denis)	商工業担当閣外省鉄鋼課長
委員	ドゥ・ブコ (De Beco)	圧延・加工業協会会長
	ボルジュオー (Maurice Borgeaud)	ユジノール社取締役補佐
	ビュロー (Léon Bureau)	シャティヨン・コンメントリー・ヌーヴメゾン製鉄会社取締役
	ドゥール (Louis Dhers)	ソラック社取締役
	ドレフュス (Pierre Dreyfus)	ルノー公団取締役会長
	エプロン (Pierre Epron)	ロンヴィユ製鋼社取締役
	オスリエ (Haussoullier)	ボンヴィユ金属会社執行取締役
	ラドゥース (Ladouce)	鉄鋼業技術者・管理職組合会長
	ルジャンドル (Robert Legendre)	ラ・マリーヌ=サンテチエンヌ製鉄社取締役補佐
	ラント (Jacques Lente)	鋼管協会会長
	マコー (Marcel Macaux)	ロワール製鉄会社
	マルコー (Henri Malcor)	製鉄調査研究所長
	マルタン (Roger Martin)	ポン・タ・ムーソン社・鉄鋼部門支配人
	モリゾ (Robert Morizot)	調質鋼・特殊鋼協会会長
	プラン (René Perrin)	電気化学・電気冶金会社取締役副会長
	プジョー (Jean-François Peugeot)	機械・金属加工業協会会長
	ピエラール (Paul Piérard)	ドゥ・ヴァンデル社主任技師
	パンツォン (Pinczon)	大西洋造船執行取締役
	ラティ (Jean Raty)	フランス鉄鋼協会会長
	シュウォブ (Schwob)	労働総同盟労働者の力派・金属連盟書記
	テヴナン (Georges Thévenin)	ソルヌ高炉会社取締役
	ティボー (Thibault)	鉄鉱山協会会長
	ワルカンナエ (François Walkenaer)	ノルマディー金属会社取締役会長
	ウィラム (Willame)	フランスキリスト教労働者同盟・金属工業書記、経済審議会委員
報告者	エルバン (Herbin)	鉱山技師長
報告補助者	オシュール (Aussure)	鉱山技師
	ドゥニオ (Deniau)	鉱山技師
	フェリ (Jacques Ferry)	フランス鉄鋼協会
	ラプラス (Laplace)	鉱山技師
	マレ (Malet)	鉱山技師

出典：Commissariat général du plan, *Troisième plan de modernisation et d'équipement, Rapport général de la commission de modernisation de la sidérurugie*, juillet 1957.

不可能だったのである。したがって、鉄鋼価格の設定はもとより、3次プランの資金調達、アメリカ産コークス炭輸入への助成措置についても、鉄鋼近代化委員会が明確な解決策を提示することは困難であった。

2　3次プランにおける鉄鋼業の価格設定と資金調達

　これまで検討したように、1955年から最高機関ではフランスにおける鉄鋼価格の動向が問題視されていた。これとほぼ同時期の1956年からフランスでは、3次プランの作成作業が開始され、鉄鋼業については鉄鋼近代化委員会において、生産目標や投資目標が設定された。だが、懸案となっていた価格設定や資金調達については、同委員会が解決策を見出すことは困難であった。

　そこで、これらの懸案事項を検討するために、1956年から1957年にかけてフランス政府と鉄鋼協会の間で意見交換が行われる。その際には、生産目標を達成するための設備投資資金の調達、なかでも自己資金の前提条件となる鉄鋼販売価格について、激しい論争が展開された。以下では、まず鉄鋼協会の状況認識を分析し、彼らの主張とそれに対する財務省を中心とする政府の対応を詳細に検討していこう。

(1)　鉄鋼協会による状況分析

　1955年以降のフランスにおいては、鉄鋼価格は付加価値税分の値引きが廃止されたのみであり、価格それ自体の引き上げは見送られていた。そのため、鉄鋼は供給不足の状態にあって、ベネルクス諸国では価格が上昇しているにもかかわらず、フランスの鉄鋼価格は共同市場における最低レヴェルに抑制されていた。こうした状況を背景に、フランス鉄鋼協会は1956年11月に「鉄鋼政策に関する定義の試み」（Essai de définition d'une politique de la sidérurgie）と題する覚書[11]を作成し、同協会の立場から鉄鋼業の3次プラン実施について見通しを示した。この覚書は、フランス政府、財務省などに送付されており、同協会の主張を政府など関係者に知らしめるためのものであった。

　そのなかで鉄鋼協会はまず、戦後から2次プランまでの1945年から1955年における鉄鋼業の発展を総括している。戦後における鉄鋼業の粗鋼生産は1946年の440万トンから1955年には1,260万トンに達し、1956年には1,300万トンを超

えることが見込まれている。このように2つの近代化計画を通して鉄鋼生産は大幅に拡大しているが、そこには様々な問題点も内包していた。まず、この時期のフランス鉄鋼業の設備投資の47％までもが、圧延設備の建設にあてられ、粗鋼生産の増加には貢献していない。そうした圧延設備への投資の偏重もあって、設備投資に多大な努力が払われたにもかかわらず、戦時中の占領下の遅れを取り戻せないでいる。例えば、戦前の最大の生産を記録した1929年と比べて、フランスの鉄鋼生産は1956年に40％の増加を記録したが、イギリスでは112％、西ドイツでは59％増加している。

このようにフランスにおける鉄鋼生産拡大が鈍いことの背景として、鉄鋼協会は以下の状況を挙げている。まず、フランスの鉄鋼生産の30％が輸出に向けられており、イギリスの11％、西ドイツの12％と比べても大きな割合を占めている。この事実は国内市場の狭隘さを示しており、人口1人当たりの鉄鋼消費でも、西ドイツの440キログラム、イギリスの380キログラムに対し、フランスは250キログラムと、フランスにおける鉄鋼需要の低さを確認することができる。この鉄鋼需要の低さは、フランスにおける機械工業を中心とする鉄鋼加工産業の発展の遅れに原因があり、鉄鋼業は景気変動の影響を受けやすい不安定な国外市場に依存せざるをえないと、鉄鋼協会は認識していた[12]。

だが、以上のような不利な条件のもとで、相対的に不十分な生産拡大にとどまっているフランス鉄鋼業も、技術的には西ヨーロッパの最高水準にあった。なかでも、新しく需要が高まっている薄鋼板などの生産は、1950年の85万トンから1956年には193万2,000トンへと大幅に増加している。そのうち、冷製圧延の割合は、1950年の16％から1956年には53％にまで拡大している。さらに、労働生産性についてもその向上は目覚しく、労働時間1時間当たりの生産量は1950年の38.2キロから1956年には52.7キロにまで上昇している。

ただし、こうした生産性の上昇にもかかわらず、鉄鋼製品の生産コストは当時のインフレ基調を反映して上昇している。主な生産要素の価格は1950年から1956年までの間に燃料47％、屑鉄280％、鉄鉱石130％、賃金103％と大幅に上昇している。これに対して鉄鋼製品の価格は、同じ期間に平均56％しか上昇し

ていない[13]。この点について、鉄鋼協会は以下のように述べて、鉄鋼価格上昇の相対的遅れがフランス政府の政策によってもたらされたものであり、その結果として鉄鋼業界の設備投資に重大な障害が発生していることを指摘している。

「1955年末において、鉄鋼会社の中長期債務への依存は2,800億フランに達し、それは年間総売上げの56％にものぼる金額である。こうした状況は、物価政策が招いた直接的な結果であり、鉄鋼業界は、各企業の業績に損失をもたらしたこの政策の人為的で、危険な性質を、この10年間にわたって公権力に告発し続けてきた。

　最近10年間の総売上げは、総計2兆8,100億フランに達している。運転資金の増加を考慮すると、各企業の売上げによって賄われる新規設備投資費用は、1,650億フランにすぎず、総売上げの6％のみである。ところで、フランスや外国のすべての専門家は、年間の減価償却費は〔総売上げの〕11％から12％を計上することで見解が一致している。〔中略〕原価を構成する諸要素の変化と比べて、恒常的な〔価格〕引き上げの遅れのために、鉄鋼会社は相反する2つの懸案事項によって、文字どおり板ばさみになっている」[14]。

ここで言う懸案事項の第1は、鉄鋼会社の資金不足が深刻化し、設備投資資金のみならず、通常の運転資金までも中長期の借入れに依存しなければならなくなることである。さらに、第2の懸案は、戦時中の遅れを取り戻し、フランス経済の再建にも貢献するために、大規模な設備投資が要請されていることである。

　さらに、フランス政府による鉄鋼価格の抑制という鉄鋼業界への規制が、本来同業界を管轄するヨーロッパ石炭鉄鋼共同体、最高機関の存在とも抵触することを強調して、次のように述べている。本書の扱う問題の本質に関わる重要事項を含むだけに、長くなるが続けて引用しよう。

「〔従来の〕このシステムは、ヨーロッパ石炭鉄鋼共同体設立条約の調印に続く共同市場開設にあたって、存続するはずではなかった。だが実際にある一定の部分では、最高機関によって規定された諸規則と3年前から共

存し続けている。ほかに類をみない世界的な好景気が、現在のところ外見では有利な状況をもたらしている。こうした状況にもかかわらず、2つの異なった権力に由来する2つの体制の共存というよりも根本的矛盾は、フランス鉄鋼業の操業をかなりの程度悪化させている。

シューマン・プランは自由と競争の一般的文脈のなかにあり、関税障壁と割当制の廃止が、当然の結果として価格と取引の自由化をもたらすはずであった。〔中略〕

フランスの公権力は最高機関のために、自らの特権を放棄することは決して受け入れることができなかった。ルクセンブルク当局〔最高機関〕の決定に反して、共同体の鉄鋼製品の価格を自由に変動させることも容認できなかったのである。販売価格は本来景気と生産原価の動向を反映して改定されるべきものであるにもかかわらず、フランス公権力はフランスの銑鉄、鉄鋼生産者に対して、販売価格の動きを制止する圧力を3年間かけ続けたのである」[15]。

以上のように、鉄鋼協会は共同体、最高機関の決定に反するフランス政府の鉄鋼価格抑制策を批判した。だが、同じ覚書のなかで鉄鋼協会は、この政策を認める条件として、税負担や社会保障費負担、コークスや屑鉄などの一次産品の調達コストについて、鉄鋼業の負担を軽減する措置を講ずることも政府に要求している。なかでも、コークスの調達については、「コークス問題は3次プラン実現に関わる大部分の疑問を左右するものである」と位置づけその重要性を特に強調している。

最後に、鉄鋼協会はこのフランス国内の価格凍結と共同市場における自由取引という矛盾の解決方法として、次のような提案をして、文書を締め括っている。

「ここで、この覚書で述べてきた、今日までに採用された価格に関する政策の矛盾と危険について、繰り返すことはしない。実際には、問題の解決方法は単純である。

公権力は、法律的にだけではなく、実質的にも条約によって共同体の鉄

鋼各社に認められた自由が、現実に存在することを受け入れればこと足りるのである。この立場は、銑鉄、鉄鋼生産者が実施せざるをえない価格引き上げを、フランスの鉄鋼利用者が自身の販売価格に恒常的に反映させる権利を認めることである。物価凍結体制に必要な特別措置は、共同市場の開設によってすでに、治外法権化している銑鉄、鉄鋼を輸入品と同様に扱うことである」[16]。

　すなわち、鉄鋼協会は、鉄鋼製品の価格上昇分については、鉄鋼加工業者がその加工品価格に自由に転嫁することを認めるよう、政府に提案したのである。これは、輸入品価格の上昇による生産コストの上昇分については認められていた価格の引き上げを、フランス産の鉄鋼にも認め、同国の鉄鋼製品を他の共同体諸国など外国産の鉄鋼と同様に扱うことを求めたものである。それによって、フランスの鉄鋼価格も抵抗なく自由に変更（引き上げ）が可能になると想定されたのである。

　だが、その一方で、鉄鋼協会はフランス政府による価格抑制を前提とした場合、それを受け入れる条件として資金の借入れ、減税、原材料の調達などでの助成措置を提示していたことも、すでに指摘したとおりである。したがって、鉄鋼協会は鉄鋼製品の価格自由化を第1の目標として位置づける一方で、第2の目標として、価格自由化がならなかった場合に、政府から勝ち取るべき条件も用意していた。すなわち、最高機関の政策原則の適用に第1の優先順位を与えつつ、フランス政府の政策原則が適用される場合の条件提示など、2段構えの対応策を示していたのである。

(2)　合同作業部会における論議

　以上のような鉄鋼業界側の主張を受けて、1957年の初めにフランス政府は「鉄鋼業の現状における諸問題検討のための鉄鋼・行政合同作業部会」（Groupe de travail mixte sidérurgie-administration chargé de l'étude des problèmes actuels de la sidérurgie）を召集し、鉄鋼協会と政府との間で前年から作成過程にある鉄鋼業の3次プランについて、議論が交わされた。この作業部会の出

席者は計画庁長官イルシュを議長とし、政府側の財務省、計画庁、産業省などからの委員と、会長ラティをはじめとする鉄鋼協会の委員で構成された。ここで扱われた主な議題は、3次プランの目標達成に向けて、原材料や資金調達などの諸条件についてである。その際に前提となる生産目標や投資目標は、鉄鋼近代化委員会で設定された基本目標が採用されている。すなわち、この作業部会は財務省の官僚も加えて、鉄鋼近代化委員会では踏み込むことができない、資金調達、その前提となる価格設定について論議が展開されたのである。

まず、2月8日の第1回会議では、同部会にフランス鉄鋼協会によってまとめられたノートが提出され、1946年から1956年までの実態と1957年から1961年までの予測が鉄鋼協会側から報告された[17]。この報告を踏まえた鉄鋼協会のフェリの発言によれば、1946年から1956年までは設備更新のために計上される費用、すなわち減価償却費が、総売上げに対して9.8%にすぎなかった。だが、鉄鋼会社にとって、この費用は12%から12.5%は必要である。にもかかわらず、3次プランにおいては、この値が6%程度しか見込まれておらず、明らかに実際の設備更新費用も不足する[18]。

さらに、3次プランにおける資金調達については、投資目標実現に必要な5,100億フランの資金のうち、自己資金で賄えるのは楽観的にみても2,760億フランにすぎず、借入れも最大1,250億フランが期待できるのみである。したがって、残りの1,090億フランは、鉄鋼価格の引き上げによる自己資金の拡大によって調達することが必要である[19]。

以上のように、鉄鋼協会側は、減価償却費の計上不足と、それに基づいて価格が低く設定されていることを指摘する。すなわち、減価償却費をより高く設定し、鉄鋼価格算定にも反映させるべきだと、価格の引き上げを主張したのである。したがって、ここでの鉄鋼協会の主張は、鉄鋼価格設定の自由化ではなく、政府による介入を前提として、適切な価格水準の算定を求めるものであった。すなわち、前年11月の覚書で鉄鋼協会が第1に主張した価格の自由化ではなかったのである。

だが、合同作業部会において、政府側は鉄鋼業界の主張に理解を示すことは

なかった。すなわち、鉄鋼協会側が要求する減価償却費の拡大、それにともなう鉄鋼価格の引き上げを受け入れることはなかったのである。政府側からは2月23日の第3回合同作業部会の席上で、計画庁のリペール（Jean Ripert）や、財務省、物価局の官僚たちが、鉄鋼協会の主張に対して一斉に反論して、総売上げに対する減価償却費の比率は9％から10％で十分であると主張した。こうした政府側の議論の根拠となっていたのは、1957年2月21日付の物価局作成の覚書[20]であり、同文書では次のように分析している。

　鉄鋼業の減価償却費についての詳細な調査は1947年に実施され、その年の7月に「国家経済査定報告書」（Rapport de l'expertise économique d'Etat）にまとめられている。それによると、1947年当時のフランス鉄鋼業の減価償却費は平均で総売上げの11％から12％を占めていた。しかし、この調査が実施された後の10年間で、あらゆる要素が変化していることは確かである。戦前からの古い諸設備の更新が進行し、設備更新の必要性は低下する。したがって、1945年から1956年までの期間には、鉄鋼会社の総売上げのおよそ10％が設備更新にあてられたと考えられ、1957年初頭当時には10％を若干下回っている。さらに、この比率は1957年から61年には6％まで低下すると物価局は予想し、減価償却費の比率も縮小可能と結論づけている[21]。

　以上の減価償却費に関するフランス政府と鉄鋼協会との認識の違いは、合同作業部会でも解消されることはなかった。鉄鋼各社が異なる設備や特徴を持つ諸工場を擁し、それぞれ異なる設備更新を実施しているなかで、フランス全体の総売上げに占める減価償却費を想定することは、恣意的な要素を排除することができなかったのも当然であろう。したがって、鉄鋼価格の算定に関しても、両者の一致点を見出すことは困難であった。

　この共同作業部会では、鉄鋼価格をめぐる問題に加えてコークス炭調達に関する問題も取り上げられた。すなわち、鉄鋼協会の会長ラティやフェリは2月23日の作業部会の席で政府に対して、コークス炭調達に対する助成措置の維持を訴えたのである[22]。これは価格設定に政府の介入を受け入れる代償として、鉄鋼協会が位置づけていたものの1つである。2次プラン以降、設備投資に対

する政府の資金援助が激減するなかで、懸案となっていたコークス炭調達への補助金交付は、鉄鋼業界にとって極めて重要であった。

　鉄鋼業の燃料であるコークスを生産するためのコークス炭はフランスでは自給できず、共同体諸国でも不足していたことは、すでに指摘したとおりである。そのため、アメリカからコークス炭の輸入が必要であり、当時フランス政府は鉄鋼業界に助成措置をとっていた。すなわち、鉄鋼業へのアメリカ産コークス炭156万トンの輸入について、鉱物燃料補償基金が毎年63億8,000万フラン（トン当たり4,090フラン）を補助金として支出していた。それによって、輸送コストも含めたアメリカ産コークス炭のフランスでの引き渡し価格は、共同体諸国産のコークス炭とほぼ同額に引き下げられていた。だが、鉄鋼協会からの訴えによれば、これはアメリカ炭を優遇し、フランス鉄鋼業界に補助金を与える差別的な扱いであり、ヨーロッパ石炭鉄鋼共同体のパリ条約に抵触し、最高機関から問題視される可能性がある。

　そこで鉄鋼協会は、アメリカからの輸送費について、トン当たり8ドル40セントを限度額としてこれを超える額を同基金が支払うかたちに改め、コークス炭の輸送費を補助するように政府に要求した。当時アメリカからのコークス炭の輸送費は13ドル60セント以上を要しており、この新しい制度では基金の負担は、現行と同じ156万トン輸入した場合には、35億4,000万フラン程度に減額される。アメリカ炭の必要性は200万トン程度にまで拡大することが予想されるが、その場合でも負担は約45億フランになり、現行より軽減されると鉄鋼協会は予測している[23]。

　この鉄鋼協会からの助成措置の要請に対して、フランス政府側はコークス不足が深刻な問題となり、3次プランにおいてアメリカ産のコークス炭への依存度が高まる可能性は認めている。だが、リペールら政府側は財政負担となる助成措置の継続を拒絶した。すなわち、政府は作業部会において、鉄鋼協会から要請されたコークス炭輸入への助成継続についても受け入れることはなかったのである[24]。

(3) 政府の見解

この合同作業部会の検討結果については、計画庁は報告書を3月4日付で作成し、財務省に提出している[25]。この報告書では、作業部会における論議を踏まえながらも、鉄鋼協会側の主張は退けられ、政府側の主張が原則として盛り込まれた。そこでは、まず1945年から1956年までの鉄鋼業の設備投資と生産拡大の経過ついて要約したうえで、懸案となっていた減価償却費について次のように説明している。

1947年に政府が実施した詳細な調査によれば、鉄鋼業にとって減価償却費は総売上げの12％から13％必要であると見積もられている。この比率が鉄鋼業者には妥当と判断され、2次プランまでは減価償却費設定の基準とされてきた。だが実際に鉄鋼業は、1945年から1956年には総売上げの約10％のみを設備更新にあてており、1957年から1961年には6％にまで低下すると考えられる。さらに、1932年から1945年までの設備更新は極めて低い比率にとどまっていた。したがって、1947年の基準に照らして必要と考えられる設備更新と、実際に支出されたものとは乖離しているのが現実である。その原因としては、①現実には機械設備の耐用年数は延びており、設備更新までの期間が長くなっていること、②戦後の設備更新の進行によって、更新の緊急を要する老朽設備が減少していることを報告書はあげている。

計画庁によれば、これらの様々な要素を考慮に入れて、1957年から1961年までの減価償却費について、以下のような想定が可能となる。粗鋼生産1トン当たりの設備投資額が平均10万フラン、生産力を1,650万トン、生産設備の平均耐用年数25年と想定すると、減価償却費は毎年10万×1,650万÷25＝660億フラン、5年間で3,300億フランと考えられる。そして、設備コストなどを楽観的に想定した場合も考慮して、この5年間の減価償却費を2,800億フランから3,300億フランと幅を持たせ、成長率5％と想定すると、総売上げに対しては、8.5％から10％の減価償却費を計上することになる。

しかしながら報告書は、上記の金額が同時期に見込まれる設備更新費用を大

幅に上回ることを指摘し、その理由を次のように説明する。1946年から1956年までは実際の設備更新に費やされた金額は、ほぼ会計上の減価償却費に相当していた。それによって、1946年時点での設備更新の遅れは一定程度解消された。したがって、1957年から1961年では予定される設備更新費用2,000億フランは、理論上の金額である2,800億から3,300億フランを大幅に下回ることになる。この点について報告書は、前に触れた①と②の事情を再度取り上げて、具体的には次のように説明している。

「すでに述べたように、1961年にはフランスの鉄鋼生産能力の40％は戦後に設置されたものになり、設備更新のための費用は必要としない。そのため、戦前からの設備のみが目下のところは更新され、総売上げの6％と見込まれている1957年から1961年の更新費用は、最終的には減価償却費の見積もり〔6％〕を裏づけることになる。鉄鋼業が生産力を手つかずの状態に維持するために、通常求めうるマージンに相当する」[26]。

すなわち、計画庁は2次プランまでの1957年までに戦後の設備更新が進み、3次プランの時点では設備を更新する必要は減少していると述べているのである。したがって、減価償却費も低く抑制することができると結論づけている。だが、本来の減価償却費は、いうまでもなくすべての生産設備について、将来の設備更新を想定して計上するものである。すなわち、計画庁自身が前頁の計算から導き出した2,800億から3,300億フランこそが、大雑把ではあるが本来の減価償却費であろう。このように、政府、計画庁は3次プランの期間中には実際の設備更新の必要が少ないため、減価償却費も抑制できると、強引な説明で鉄鋼業界の要求を退けたのである。こうした見解の相違を反映して、鉄鋼の販売価格についても、1957年の操業に向けては2.6％の引き上げで十分と主張する政府側と、6％は必要であるとする鉄鋼協会側との見解の相違も埋まることはなかったと、報告書は述べている[27]。

次いで、同報告書ではアメリカ産コークス炭輸入への助成措置についても、次のように述べて、合同作業部会での鉄鋼協会の要求を退ける。

「〔鉄鋼〕協会の要求はアメリカ産コークス炭の引き渡し価格制度に関す

第8章　第3次近代化設備計画の作成と鉄鋼共同市場　245

るものである。鉄鋼業は現行の引き渡し価格制度の維持を求めている。すなわち、政府の補助金によって、アメリカ産のコークス炭を石炭鉄鋼共同体からの石炭の価格と同じ水準にするシステムを望んでいるのである。
　しかし、補助金を長期間維持することは、一方ではフランスの財政規律に関わる問題を生じさせる可能性があり、他方では過渡的期間の終了後、すなわち、1958年2月以降に石炭鉄鋼共同体の条約規定に起因する様々な困難を招くおそれがある。これらの事情は鉄鋼業界も承知しているはずである」[28]。
このように、アメリカ産コークス炭の輸入補助制度を維持することは、フランスの財政にも負担を強いることになる。さらに、鉄鋼協会が提案した輸送費という名目であれ、鉄鋼業に補助金を支給することは、共同市場における公正な競争を阻害して、共同体のパリ条約にも違反することになると述べている。
　すなわち、フランス政府はアメリカ産コークス炭輸入への援助を打ち切る根拠として、自由競争を標榜する共同体のルールを持ち出したのである。すでにみたように、鉄鋼協会も共同体のルールである自由競争を根拠に、政府による鉄鋼価格抑制の撤廃を迫っていた。したがって、政府、鉄鋼業界双方ともそれぞれの都合のよいところでは共同体の存在を利用し、同時に別の面では一定程度共同体からの制約を受ける立場にあったのである。
　これまで検討してきたように、3次プランの策定をめぐって1957年2月から3月にかけて行われたフランス政府と鉄鋼協会との折衝では、鉄鋼価格の設定に対する政府の介入を前提として、論議が展開された。その際に鉄鋼協会側が主張した減価償却費の確保を根拠とする価格引き上げは、減価償却費の縮小を理由に政府によって退けられた。さらに、政府による価格管理を受け入れる代償として、設備投資資金の融資や税制の優遇など鉄鋼業界への様々な助成措置が検討されていた。そのなかでも懸案となっていたアメリカ産コークス炭調達についても、政府は補助金の打ち切りを通告したのであった。

3 鉄鋼近代化委員会による3次プラン

　すでに検討したように、3次プランにおける鉄鋼業の生産、投資に関する基本目標は、フランス工業生産の全体目標や、鉄鋼各社が提出した投資計画などをもとに鉄鋼近代化委員会によって設定されていた。それを裏づける原材料や資金の調達については、1956年末から1957年初めに政府と鉄鋼業界を交えた合同作業部会などで検討された。では、作業部会の結果がどのように鉄鋼近代化委員会の3次プランに関する報告書に反映されたのかを確認しておこう。

　まず、それまでの鉄鋼業の投資資金調達に関して、鉄鋼近代化委員会は次のように述べている。1945年から1956年までの借入れ返済を含む投資関連費用については、総額5,960億フランのうち60％にあたる3,590億フランまでを、外部からの借入れに依存していた。ただし1953年から1956年では、57％とその比率を減少させつつあり、自己資金による設備投資を増加させている。こうした傾向は、好景気を背景に鉄鋼各社の業績が好調であることの反映であった。

　しかしながら、1956年末の時点でフランス鉄鋼業界は、約3,000億フランにものぼる中長期の債務を抱えていた。この負債は総売上げの54％にも相当し、1956年の返済額が230億フランを超え、金利負担も約150億フランに達している。このような多額の負債を抱える原因となったのは、生産拡大を実現する設備投資資金の多くを借入れに依存したためである。なかでも、1945年から1956年の4,900億フランの設備投資のうち、70％にあたる3,500億フランは設備更新であり、その40％は借入れによって賄わざるをえなかった。

　こうした事情を背景に、フランス鉄鋼業の設備更新が遅れていることを委員会は指摘する。その遅れはすでに1946年のモネ・プラン作成時から当時の鉄鋼近代化委員会にも認識され、モネ・プランと2次プランのいずれも、僅かとはいえ生産目標を達成することはなく、1955年には供給不足を招いていたことは、すでにみたとおりである。

　だが、「この設備更新にあてられた支出は、実際に1946年から1956年までの

総売上げの9.8％にすぎず、2次プラン作成時に減価償却費として認められたもの〔12％〕よりはるかに低い比率であった。この想定された目標との食い違いは、過去10年間の設備更新の遅れとなって現れ、追加的な困難は将来の深刻な負担となることが懸念される」[29]。このように鉄鋼近代化委員会は指摘し、モネ・プラン、2次プランの基準となっていた総売上げの12％にあたる減価償却費が実態として確保されなかったことを、設備更新遅れの原因として問題視している。これは、10％弱の設備更新が実行されたことを前提に、3次プランの設備更新の比率を6％と想定した合同作業部会や3月の報告書における政府側の見解とは対立するものであった。

　こうした認識を前提として、3次プランに必要な資金について、委員会は次のように分析している。まず、期間中の設備投資に必要な資金は約4,000億フランで、そのうち2,000億フランが鉄鋼業の設備更新に必要な費用である。それ以外にも、借入れへの返済などに950億から1,000億フラン、総売上げの拡大にともない運転資金に400億フランが必要となる。ただし運転資金の増加は短期債務の増加で吸収できるので、200億フランに限定することができる。これらを合計すると、鉄鋼業が3次プランとして5年間に調達すべき資金は5,150億から5,200億フランとなり、これは2月の政府との合同作業部会において、鉄鋼協会が算定した5,100億フランとほぼ同額である。

　この資金は、各鉄鋼会社の自己資金、増資、外部からの借入れの3つのカテゴリーから調達することになる。まず、自己資金としては、1961年までの総売上げの増加を年率5％と想定して、3,350億フランの調達が見込まれる。ただし、これは好調な市況が維持され、販売量、価格とも良好な状態にあることが条件となり、特に輸出については不確かなことは否定できないと委員会も認めている。この金額は、2月の合同作業部会で鉄鋼協会が主張した2,760億フランを大幅に上回る、楽観的な数字である。次に増資は、最も好ましい資金調達方法だと委員会が考えていた。それまで実施されてきたペースから、250億から300億フランの増資が考えられる。だが、近年の各社の財務状況の改善を考慮すると、より多くの増資も期待できる。

最後に、借入れについては、資本市場からと政府系金融機関など特定機関からとが考えられるが、ここ3～4年間の経済状況が維持されると仮定し、金融機関の協力が期待できることを考えると、毎年350億フランまでの借入れが可能と思われる。しかし、これまでも指摘したように、当時すでにフランス鉄鋼業界は多額の債務を抱えていたため、借入れを制限することが望ましい。したがって、委員会は年間300億フランまでに借入れを制限すべきだとしている。ただし、借入れを年間300億フランに抑制した場合でも、彼らの推計では、総売上げに対する負債の比率を現状の54％から1961年に48％にまで低下させることにしかならない。これら3つの経路から調達が期待される上記の資金総額は、ほぼ必要な資金をもたらすことになる。ただしそれは、鉄鋼価格、景気、原材料の購入価格を含む生産コストなどの動向にかかっていることは明白であり、委員会も「楽観的な仮定」に基づいていることを指摘している[30]。
　そこで、こうした資金調達が順調に行われるために、価格、信用、財務の3つの領域で満たされるべき条件を以下のように説明している。

　　「販売価格については、共同市場開設以来、フランスの鉄鋼会社は石炭鉄鋼共同体結成条約で通常想定されていた自由体制を享受することはできなかった。鉄鋼各社が対象となった間接的価格凍結は、本報告書においては議論することはない一般的政策のために設定され、各社をベルギーやドイツの主要な競争相手に比べて劣悪な状況においてきたし、現在もそうした状況を押しつけている。ベルギーやドイツの鉄鋼会社は、非常に好調な市況から利益を引き出していることは疑いなく、自己金融のためや不況時に備えて、極めて多額の内部留保を形成している。その内部留保によって、フランス鉄鋼業の競争相手が非常に有利な条件に支えられ、商取引の状況を激変させることが可能になるのではないかという、将来への懸念すべき要素が存在する」[31]。

　このように、国内の物価凍結政策が鉄鋼価格を抑制し、ベルギーやドイツなどの共同市場内の競争相手に対して、フランス鉄鋼業が不利な経営条件を強いられていることを強調している。ただし、鉄鋼価格の設定について、財務省官

僚が参加していない鉄鋼近代化委員会には関与することができなかったことは、前に指摘したとおりである。さらに、生産コストについてもコークス調達コストの上昇懸念と屑鉄価格が共同体発足以降100％上昇していることを指摘し、安定した調達が必要であることを繰り返し述べている。

次に、信用については、2次プランからフランス政府が着手している国家財政負担軽減のために、資本市場における資金調達の重要性が高まることは間違いない。その場合、資本市場の状況が不確定であり、確実な資金調達が可能か否かは不明である。だが、各社の設備投資の継続性を考えても、社債の発行あるいは公的資金の借入れによって、投資計画の遂行は保障されなければならない。そのためには、主要な計画については各社の申請に基づいて、3次プランに沿った公式プログラムと認定することで十分であると、委員会は結論づけている。

次に、借入れ金利については、いかなる調達先から借り入れた資金でも金利を4.5％以下に抑えることを要求している。公的資金の借入れについては4.5％の金利が保証されているが、民間資金は最初の5年間だけしか保証されていない。財政負担軽減措置によって民間資金への依存度がますます高まることが予想される以上、資本市場からの借入れ金利の動向は鉄鋼業にとって死活問題であった。さらに、コークス生産のための資金については特段の配慮を求めている[32]。

資金調達に関して最後に、委員会は、借入れ返済の期限については、その延長を強く求めている。特に、フランスにおいて伝統的に金融機関が実施していた中期信用は、最長10年程度を期限とする貸付である。施設の建設から資金の回収までにより長期間を要する鉄鋼業にとって、それは資金調達の実情にそぐわないものであった。したがって、中期信用を長期化することとともに、それまで中期信用として借り入れていた資金の返済繰延べの必要性も訴えている[33]。

すでに指摘したように、2次プランにおいても問題化していたコークス調達の成否は、3次プランにおいても製銑、製鋼過程の生産拡大を左右する懸案事項であった。アンケートの結果から、各社の銑鉄生産には1961年の時点で銑鉄

1トン当たり平均945キロのコークスが必要であり、鉄鋼需要に応じて1,430万トンから1,550万トンのコークスが必要と見込まれる。コークス化作業部会が推計した鉄鋼業界、フランス石炭公社、フランス・ガスなどのコークス生産力拡大と国外からの輸入見通しを考慮しても、鉄鋼業界の高炉用コークスは1961年に1,430万トンしか調達できない。さらに、コークス炭を国外から調達する場合、アメリカ炭に依存することが不可欠であり、支払いのための外貨確保が必要であることも指摘している。したがって委員会は、コークス生産力の不足が鉄鋼業界の生産拡大を阻む危険性があることを指摘し、鉄鋼各社のコークス調達への一層の努力が必要であると説いている[34]。こうした認識をもとに、委員会は「コークス生産への直接的、間接的貢献をなす出費についてはひとまず考慮しないものとして」、投資について第8-1表のような実施計画を提示している[35]。

すでに検討したように、鉄鋼近代化委員会は3次プランの目標である1961年時点での鉄鋼生産や、そのために必要となる設備投資額は、全産業の生産目標に基づき設定していた。それを前提として、同委員会は報告書において目標を達成するための原材料や資金の調達にともなう様々な問題を検討した。そこでは、必要な資金総額については鉄鋼協会の推計が採用されていたが、資金の調達方法に関しては、鉄鋼協会の見込みを大幅に上回る金額が自己資金から捻出されることが見込まれた。すなわち、政府が各社の財務状況を鋼鉄協会より楽観的に想定し、それが報告書に反映されたのである。

いずれにしても、鉄鋼価格の設定方法については、報告書で深く検討されることはなく、鉄鋼協会の念願である自由化に向けた措置も盛り込まれてはいない。さらに、政府に管理された価格の設定水準について、設備更新のための減価償却費確保を根拠に、価格引き上げを主張する鉄鋼協会の議論も採用されてはいない。したがって、自己資金確保のための値上げを求める鉄鋼協会の議論も、政府の楽観的な見通しによって無視されたことになる。さらに、生産拡大の足枷となっていたコークス調達についても、その原料として重視されたアメリカ炭の輸入への助成措置も、協会側の要求は受け入れられていない。

1954年から1955年にかけての鉄鋼需要高揚期に、フランス鉄鋼業がその需要に十分に応じられなかったことや、ドイツなど周辺諸国と比較して生産拡大のペースが遅れていることなど、問題はより深刻化していることは、報告書のなかでも指摘された。だが、その対応策として鉄鋼協会が主張した鉄鋼価格引き上げや、アメリカ産コークス炭輸入費補助は取り上げられることはなかったのである。すなわち、政府のインフレ抑制や財政支出削減といった政策方針が優先され、鉄鋼協会の要求は採用されなかった。

4 　経済危機の深刻化と鉄鋼価格の引き上げの意義

　これまで検討してきたように、1957年3月までの段階で鉄鋼協会の価格引き上げ要求は退けられ、3次プランも価格を政府が実質的に管理しながら、実施されることが決定的となっていた。だが、この年はフランスの経済危機が深刻化し、卸売物価の上率は10.3％を記録するなど、フランスの経済状況は大きく変動していた。そうした状況にあって、フランス政府は同年に3度にわたり、合計で14.4％鉄鋼価格を引き上げることになる。以下では、この価格引き上げが、共同体の最高機関や鉄鋼協会にどのように受け止められたのかを検討し、この時点でのフランスにおける鉄鋼共同市場の実態を明らかにする。

(1)　鉄鋼価格の引き上げと最高機関の対応

　上記のように、1957年の3月の時点でフランスでは鉄鋼価格設定への政府の介入を継続することが、政府と鉄鋼協会の合同作業部会で確認されていた。この政府介入については、ヨーロッパ石炭鉄鋼共同体の最高機関においても問題視され、1956年12月には副議長エツェル名でフランス政府への問い合わせの書簡が送られていた。だが、フランス政府からの回答は得られず、最高機関は共同体加盟国政府の担当大臣で構成される閣僚理事会に検討を依頼することとしたのも、すでに前章で検討したとおりである。

　だが、同年2月20日の時点でも閣僚理事会でこの問題についての審議は開始

されず、最高機関は手詰まりの状態に陥っていた[36]。そこで、最高機関は2月28日に議長マイエル名で再度フランス政府に同国の物価政策とパリ条約との矛盾を指摘した書簡を送った[37]。ただし、この書簡では、フランス政府と鉄鋼業界との交渉にも言及して、以下のように述べている。

> 「それ以来最高機関は、共同市場の製品の価格形成に対する各国政府の介入を、景気対策について検討する会議の最優先議題とするよう、閣僚理事会に申し入れてきたところであります。しかしながら、この会議の日程はいまだ決定されていません。
>
> 最近最高機関が入手した情報によれば、フランス鉄鋼業はフランス政府と同産業に関する価格と投資についての交渉を行っています。この交渉は、鉄鋼業に資金的利益をもたらし、見返りとして鉄鋼価格を現行水準に維持する投資計画の採用をめぐって進められています。
>
> この情報が正しければ、最高機関としてはこの種の政策手段が条約と両立しないことを、フランス政府に注目していただかなければなりません。共同市場内にある製品の価格形成や価格設定が〔パリ〕条約5条、60条、61条の管理下にあっても、フランス政府は鉄鋼価格に直接圧力を加えるために権力を行使し、共同市場の存在と相容れない政策手段を採用しているのです」[38]。

このように、最高機関は鉄鋼業界と政府が交渉で鉄鋼価格を決定している事実をあえて取り上げ、フランスにおける条約違反をより断定的に通告した。ただしすでに指摘したように、この情報は56年秋の時点でも最高機関は把握しており、新たに認識した事実ではない。したがって、最高機関はフランス政府から回答が得られず、閣僚理事会でも有効な審議が開始されないことから、状況の打開をめざしてこの書簡をフランス政府に送付したものとみられる。

最高機関からの連絡に対して、フランス財務大臣ラマディエ（Paul Ramadier）が返書を送ったのは、同年4月に入ってからであった。4月9日付の返信のなかでラマディエは、マイエルと会談することも提案しつつ、物価抑制策がフランス政府による一般的経済政策の一環であることを強調して、以下のように説

「その情報は、おそらく計画庁の鉄鋼委員会において、鉄鋼業界の代表者とともに同産業の将来像を検討したことから出たものです。この作業について、マスコミがゆがんだイメージを与えたものと思われます。

　いずれにしても、問題は錯綜し、政府の経済政策全体に関わる諸問題と結びついており、この点についてあなたと話し合う用意があります」[39]。

　このようなラマディエの返書が作成されて僅か9日後の1957年4月18日に、フランスの鉄鋼価格は平均3.0％、続いて8月5日に平均4.5％と、2度にわたって引き上げが認められた。したがって、フランス政府としても、最高機関の問い合わせを受けて、一定の譲歩をみせたのである。

　この値上げにともない、フランス政府は同年5月10日の財務省令によって、鉄鋼値上り分の鉄鋼加工品への価格転嫁を認めた。そこでは、1956年1月2日から1957年5月1日までの鉄鋼価格の上昇について、鋼鉄製針金、鋼管などの特定品目の価格には、値上り相当額を還元できることになった。したがって、これらの製品には1956年5月（4.5％）と1957年4月（3％）の鉄鋼値上げ分について価格転嫁が可能となった。それ以外の製品、土木・建設事業、サーヴィスについては、1957年4月の鉄鋼価格の上昇分についてのみ価格や料金への転嫁が認められた[40]。さらに、同年8月10日に財務省令が再び発令され、1957年8月の値上げについての価格転嫁が、前回とほぼ同様の鉄鋼加工製品に認められた[41]。

　だが、以上のフランス政府の対応について、最高機関、市場局のロールマン（Tony Rollman）は1957年6月7日付の市場局の報告書のなかで、その不十分さを次のように指摘している。まず、同政府が鉄鋼価格の引き上げを認めたうえで、鉄鋼加工品への価格転嫁を認めていくやり方は、「その場かぎりの不完全な調整」であり、「将来にわたって有効な一般的方法で問題が解決されたのではない」[42]と評価している。

　さらに、価格転嫁が認められた製品は、生産コストのなかで鉄鋼調達費用が極めて高い割合を占めるものに限定されていた。具体的には、5月10日の省令

で2度の鉄鋼値上げ分について認められた品目はこの割合が50％、8月10日の省令で認められたものは45％以上もの高率の製品であった。すでに前章で分析した1956年10月3日の報告書で市場局が提言した、この比率が10％以上の製品には自動的に価格転嫁を認めることとは、大きな隔たりがあった。以上のように、ロールマンは、フランス政府による一連の方策が、柔軟な価格変動を阻害し、鉄鋼価格の引き上げを抑制する構造が温存されていることを最高機関に報告したのである[43]。

> 「フランス政府が精力的に取り組んでいる金融再建策の枠組みのなかで、ここに要約した方策が必要不可欠であるか否かは、市場局が判断すべき範疇にはない。せいぜい市場局が指摘できることは、次の点である。すなわち、フランスにおける国内価格が、ドイツと同様に、世界の価格に比べて人為的に低い水準に維持されることは、フランスの生産者に多くの鉄鋼を輸出に振り向けさせるであろうということである。〔中略〕
> 　しかし、本局が最高機関に注意を喚起すべき点は、〔パリ〕条約に従うべき製品の価格決定に対して、フランスにおいてこの方策がもたらす必然的な影響についてである」[44]。

このように市場局は、1957年の鉄鋼価格の引き上げと、それに対応する鉄鋼加工産業による価格転嫁が、経済危機におけるフランス政府の経済政策の一環であることには配慮している。しかしながら、これらの方策によって、共同体のパリ条約に違反する状態が相変わらず維持されていることを指摘したのである。以上の認識に基づき、最高機関は引き続き鉄鋼価格に関する問題を閣僚理事会で検討するよう働きかけていく。

(2) 鉄鋼価格の引き上げと鉄鋼協会の対応

1957年4月と8月の鉄鋼価格引き上げ措置について、引き上げを要求していたフランス鉄鋼協会からは、強い反発が生じていた。同協会、会長ラティは財務大臣ラマディエに宛てた1957年4月16日付の書簡で、4月の3.0％の引き上げについて、「私の同僚は皆、とてもひどく失望しました」と、不十分である

ことを訴えている。その書簡には本章でもすでに詳細に分析した同協会による1956年11月作成のノートも添えて送付され、鉄鋼価格引き上げの必要性が繰り返し主張された[45]。さらに、8月の価格引き上げに際しても、ラティは8月3日付で新財務大臣ガイヤールにも書簡を送り、4月の書簡と同様に以下のように訴えている。

　「私に会長を任せている協会メンバーの失望は隠しようもありません。もし彼らが最終的に価格表からの4.5％引き上げに従うとすれば、それはひとえに、経済の立て直しと通貨の安定をめざす政府の活動を妨害することをおそれたためにほかなりません。さらに、付け加えさせていただけば、過去においては〔経済危機への対応という〕重い仕事を担うことなく、それを引き受ける強固な意志も必要なかったであろう財務大臣に敬意を払ってのことだと存じます。

　それでもやはり、われわれの同業者たちが、自身の懸念と努力が正しい尺度で評価されていないと感じていることは事実であります。この4月に確認された条件の下で、鉄鋼製品の4.5％値上げは、鉄鋼業の収入と支出の一般的均衡を回復するには程遠いのです」[46]。

このようにラティは政府が深刻なフラン危機に直面し、その対応に苦慮していることに一定の理解を示しながら、政府が認めた鉄鋼価格引き上げが鉄鋼業界にとっては、極めて不十分であり、経営者たちが失望していることを訴えている。当然のことながら、当時の国際収支と財政収支の急速な悪化と激しいインフレをともなうフラン危機によって、鉄鋼業界は大幅な鉄鋼価格の引き上げを必要としていたのである。すなわち、政府、財務省のインフレ抑制策と鉄鋼業界の利益確保のための価格引き上げ要請とは、明らかに矛盾していたのである。

　鉄鋼協会を代表するラティの訴えに対する財務大臣の回答は、それまでの財務省の方針を変更するものではなかった。まず、ラマディエは3％引き上げ後の4月30日付の返書で、政府が鉄鋼業の資金借入れやアメリカ産コークス炭輸入について、調査、検討する用意があるとしながらも、鉄鋼価格については次

のように述べている。

　　「政府は鉄鋼会社の価格表3％引き上げを取り決めました。それは現在の経済状況が維持されるならば、この値上げが他のタイプの資金源と組み合わさって、3次プランの近代化委員会によって見込まれた投資や、他の負担を賄うのに十分な資金調達を保障すると想定しているからであります」[47]。

　さらに、8月14日にはガイヤールは、この年初以来の原材料費上昇など、経済状況の変化を考慮して、4.5％の価格引き上げを決定したことを説明し、以下のように答えている。

　　「鉄鋼価格引き上げについてフランス鉄鋼業に通告して、第3次近代化設備計画実現に必要な資金を企業が確保すべきであるという、政府の意志を確認したのであります。公権力のこの姿勢に応えるために、あなた方の業界は、1957年4月16日のあなたの手紙に具体的に示された既存の設備を近代化、発展させる取り組みを、より強化する方向に向かうことでしょう」[48]。

　以上のように、4月のラマディエの回答も8月のガイヤールのそれも、いずれもそれぞれの時点での鉄鋼価格の引き上げは十分であり、鉄鋼業は3次プランの実現に向けて積極的に取り組むべきであると、ラティの要求を退けている。

　だが結局のところ、鉄鋼価格は4月、8月に続き11月にも平均6.3％引き上げられることになる。これは、この1957年にはフランス経済が危機的状況を迎え、激しいインフレが進行していたことへの対応であった。すなわち、当時のフランスは物価上昇と国際収支、財政収支の赤字に悩み、経済危機を迎えていた。そのため、同年8月には事実上20％のフラン切り下げが断行され、政府はインフレの沈静化と財政支出削減に腐心していた。

(3)　最高機関による調査の進展と閣僚理事会での検討

　ここまで分析したように、1957年にフランス政府は3度にわたり鉄鋼価格を引き上げたが、それでも最高機関は、政府による価格管理が継続されている点を問題視していた。そこで市場局はこの年の年末にも鉄鋼共同市場の機能について詳細な分析を行い、12月10日付で報告書を作成している。ここでは、開設

第8章　第3次近代化設備計画の作成と鉄鋼共同市場　257

5年を迎える鉄鋼共同市場の実態を以下のように捉えている。

　まず、共同市場で価格表に公表されている価格は、国ごとに全生産者ほぼ同一であり、変更もほぼ同時に行われている。ただし、この現象は、事前の交渉なしに、各生産者が独自に価格を設定しても起こりうる。需要と供給が相対的に均衡した市場であれば、全生産者は最も価格の低い競争相手の価格に自らの価格をあわせるからであると、市場局は説明する。

　だが、異なる国あるいは異なる生産地域の生産者グループ間には第7-4表、第7-5表のような価格差が生じており、しかもその差額は地域間の輸送費をはるかに越えている。それには次の3つの原因が考えられる。①各国の生産者間、あるいは生産者と需要者間の伝統的な関係によって、価格が決定されている。②好況によって需要と供給が不均衡に陥り、地域間の競争が機能しなくなっている。③業界団体を介した生産者への政府の働きかけによって、価格が決定されている。この政府の介入は、フランスと西ドイツでは公然と行われ、オランダとイタリアでは控えめだが、ベルギーとルクセンブルクでは認められないと、市場局は断定している。特にフランスにおいては、この年にフランス・フランが切り下げられたため、周辺諸国との価格差は拡大しており、同年のフランスにおける鉄鋼の値上り分は相殺されてしまっている。

　こうした状況がそのまま放置された場合について、報告書は以下のような事態を危惧している。この1957年9月から11月に共同体諸国全体の受注量は減少しており、需要が落ち込んで景気が減退することが考えられる。そうなると共同体の生産者は、フランスの水準に合わせて価格の大幅な引き下げを強いられる可能性がある。その場合、次のような状況が想定される。

　　「生産者がこの結果を避けるために必然的に想起する対応策は、フランスから共同体諸国の購買者への供給を制限すること、言い換えれば、市場を分け合うことである。これは、共同市場の理念から見ると重大な問題ではあるが、現実に危機を引き起こすものではない。より脆弱な市場の要請を前に、実践の場では類似の考え方が蔓延することになる」[49]。

　すなわち報告書は、景気が悪化すると、鉄鋼共同市場の解体という、共同体

としては回避すべき最悪の事態を招きかねないとまで述べているのである。最高機関において、フランスや西ドイツ政府による鉄鋼価格管理については、1956年から57年の2年間に市場局を中心に、法務課や協定・集中局によって調査が実施されてきた。ここではついに、政府による鉄鋼価格の管理は、共同市場における自由競争の原則に反するのみならず、共同市場そのものを解体させる危険性を孕んでいるとまで、深刻に受け止められたのである。

すでに触れたように、フランス政府による鉄鋼価格管理については、1956年末には最高機関は同政府に連絡をとると同時に、閣僚理事会での検討を依頼していた。これに対して閣僚理事会がこの問題を議題として取り上げたのは、ようやく1957年も年末に近づいてからであった。それは、同年12月5日付のオランダ外相ゼイルストラ（Jelle Zijlstra）からの提案によって、鉄鋼価格の動向が議題として取り上げられることになったからである。共同体内では鉄鋼業が最も発展しておらず、鉄鋼価格については他の加盟国に対して受動的な立場にあるオランダ政府の外相が、最高機関の要請に応えたのは偶然ではあるまい。

ゼイルストラによれば、最高機関は石炭の供給不足を懸念して、最高価格を設定するなど石炭市場に注意を向けてきた。だが、鉄鋼業や鉄鋼価格については、基本政策を保持するにいたってない。そこで彼は、「オランダ代表はこれらの問題を検討するべき時が来たと考えている」[50]と訴えている。なかでも、オランダでは1954年以来鉄鋼価格が上昇している。この価格上昇が景気動向を反映したものなのか、生産コストの上昇によるものなのか、などを検討課題とするよう要請した。

これを受けて12月17日に行われた閣僚理事会で、最高機関が対策を作成するために様々な情報や意見を各国政府代表が交換することとなった。当日の会議では審議がこの議題に移ると、まずゼイルストラによってこの議題に関する主旨説明が行われた。だが、その直後に、西ドイツの経済大臣エアハルトが次のように発言して、審議の方向性を決定づけてしまう。

「石炭や鉄鋼価格の動向に関する厳密な調査を実施することは有益でありますが、それらの動向は、景気とは異なった様子の曲線を描くことでしょ

第8章　第3次近代化設備計画の作成と鉄鋼共同市場　259

う。しかし、市場において主要な地位にある一産業が、国民経済の枠組みのなかで、価格について全くの自由を享受することは可能なのでしょうか」[51]。

　このようにエアハルトは、石炭や鉄鋼の価格が政府の介入によって影響を受け、必ずしも需給バランスのみによって形成されていないことを示唆している。さらに、石炭や鉄鋼のような主要産業は国民経済の枠内にあって、価格形成への政府の介入を免れられないことを遠回しにではあれ、断言したのである。これは、経済理論家としては市場原理を重視するエアハルトが、共同体で最大の生産力を誇り、価格統制の疑いが濃い西ドイツ鉄鋼業の行政管理を担う経済大臣の立場を反映した発言として、注目に値する。

　結論として、閣僚理事会は最高機関に鉄鋼価格の動向に関する調査の継続を要請するにとどめた。すなわち、最高機関が問題視した政府による鉄鋼価格管理には、踏み込んだ言及はされず、鉄鋼価格の動向とその背景にある景気循環について分析していくことが提言されたのである。そうした経緯を経て、共同体では、加盟諸国の景気動向や経済政策について調査、研究が開始されることになった。そのための特別作業部会が閣僚理事会・最高機関合同委員会によって設置され、1958年4月17日には最高機関の経済局長、ユリを議長として第1回目の会議が開催された。実際に活動が始まると、この作業部会は、各国の一般的な景気動向などについて情報交換が行われる場となった[52]。すなわち、当初最高機関が問題視していた鉄鋼価格設定への政府介入の是非などは、検討の対象として取り上げられることはなかったのである。

　以上のように、最高機関は加盟国政府による鉄鋼価格形成への介入を深刻な問題と認識するにいたった。だが、最高機関はこの問題に有効な対応策を作成するためには、各国鉄鋼業の現状に関する十分な情報をもたず、さらにこの問題と密接に関連する物価や景気対策など国内の一般的経済政策には干渉する権限はなかった。したがって、最高機関は政府代表で構成される閣僚理事会に、この問題の検討を依頼せざるをえなかったのである。

　だが、閣僚理事会はこの要請に1957年末まで対応することはなかった。その

後、鉄鋼価格に関する問題を議題として取り上げることになっても、政府による介入について検討することは回避されたのである。そこには、鉄鋼業への行政権限を共同体、最高機関に委譲することに抵抗する、フランスや西ドイツなど鉄鋼生産国政府の思惑が反映されていたものと捉えるべきであろう。さらに、一般的経済政策を策定、実施する政府の行政権は侵されるべきではないという、共同体加盟諸国政府の強い意志が働いていたことも無視できないところであろう。

おわりに

これまで検討してきたように、1957年にはフランスの鉄鋼価格は3回であわせて平均14.4％引き上げられたことになるが、それは鉄鋼業にどのような影響をもたらしたのだろうか。この1957年の卸売物価上昇率は約10.3％であり、この年の鉄鋼価格はフランスにおける物価全体の動向からみれば、特に厳しく抑制されたとはいえない。その点では、鉄鋼価格は十分に引き上げられたとするフランス政府の言い分は、理解可能である。すなわち、フランス政府も鉄鋼加工産業への影響を考慮しながらも、ヨーロッパ石炭鉄鋼共同体、最高機関からの通告も無視できず、鉄鋼価格を断続的に引き上げていった。

だが、現実の鉄鋼価格の水準を共同体内で比較すると、第7-4表や第7-5表にみられるように、フランスの鉄鋼価格は共同体諸国のなかでは最低水準に抑制されていたことも事実である。すなわち、鉄鋼業界の主張にも根拠があったのである。西ドイツ鉄鋼業に比べて生産設備の規模が小さく、生産性も低いフランス鉄鋼業が、西ドイツ並みの価格を強いられたことは、フランス鉄鋼業にとっては十分な利益が確保できず、設備投資資金を大幅に外部に依存せざるをえなかったのである。このような諸事情を踏まえて、産業省などフランス政府による分析をもとに、3次プランにいたるまでの鉄鋼価格抑制の意義を確認しておこう。

フランス産業省は1959年12月9日付で「フランス鉄鋼業の現状と短期的展

望」と題する報告書を作成している[53]。そこではまず、1958年以来在庫が減少しており、1959年末には鉄鋼不足が生じかねないことを指摘している。共同体諸国からの鉄鋼輸入が急増しているにもかかわらず、国内向け輸出向けともに生産は需要を十分に満たしていない。それは、鉄鋼業の生産力拡大が進んでおらず、3次プランで予定された拡大テンポからも遅れていたためであった。その結果、フランス鉄鋼業の国際的地位は低下し、生産量では1959年には日本に追い抜かれて世界第5位に後退した。さらに、共同体諸国の鉄鋼生産に占めるフランスの割合も、1952年以来一貫して低下している。

次いで、こうした生産力拡大の遅れの原因として、投資資金の調達に問題があることを報告書は述べている。すなわち、自己資金の40％はこれまでの負債への返済と拡大する運転資金に充当せざるをえず、外部からの借入れが拡大し、鉄鋼各社の財務状況を悪化させている。こうした状況を改善するために、同報告書が注目したのは鉄鋼価格である。これまで本書でも指摘してきたように、フランスの鉄鋼価格は当時の国際水準からみて相対的に低く抑制されていた。共同体内部でもフランスの鉄鋼価格は最低水準にあり、第7-4表のように1959年当時は西ドイツと比べても15％から20％も低い水準にあった。すなわち、最高機関で問題視された1957年と比べても、フランスの鉄鋼価格は相対的にはより低下していたのである。そこで、報告書は結論部分を次のように締め括っている。

「市場における現在の状況では、他の共同体加盟国の生産者がフランスの価格表価格に一律に合わせることは、もはやないとみるのが妥当である。

容易に予測できることだが、共同体諸国からの輸入の増加が、フランスの価格の15％から20％高い水準で進行し、鉄鋼取引業者はフランスにおいても国外の価格表価格に基づいて販売することになる。これは、フランスの物価安定をめざす一般的政策に相反することになる。いずれはフランスで適用される価格は平均して上昇するが、（政府から価格を抑制されている）フランス鉄鋼業には、何らメリットをもたらすことはない。

政府が例外的な有利な条件で資金を融資することは、共同体の最高機関

から批判を受けかねず、回避すべきだと思われる。それゆえフランス鉄鋼業の販売価格を示す価格表の引き上げを検討しなければならないだろう」[54]。

このように、それまでの深刻な鉄鋼不足の時期にはなかった、共同体諸国からの割高な鉄鋼の輸入が増加する傾向を見せていた。こうした状況を前に、フランス政府内部でも、鉄鋼業の生産力拡大を促進するために、共同体諸国並みに鉄鋼価格を引き上げることの必要性が指摘されたのである。

さらに、1961年の4次プランの作成段階でも、鉄鋼近代化委員会において3次プラン期間中にフランス鉄鋼業の債務が解消されず、他国と比べても過重な債務に苦しんでいることが報告された[55]。したがって、1950年代半ば以降のフランスにおける鉄鋼価格引き上げは不十分であり、フランス鉄鋼業を周辺の共同体諸国と比べても不利な状況においてきたのである。そして、1950年代末には産業省の分析にもあるとおりに、状況はより深刻化していたのである。

これまで検討してきたように、フランス政府と鉄鋼業界との間の交渉では、鉄鋼価格の設定水準をめぐって、論争が展開された。これは共同体、最高機関が追求する価格形成の自由化とは異なり、価格の固定（＝政府による抑制）を前提としたものである。したがって、この交渉は共同体規定の枠外で展開され、フランス政府の基本政策に沿うものであった。鉄鋼業界の立場からすれば、価格決定の自由を獲得することをあきらめ、政府による管理のもとでの価格引き上げ交渉にのぞんだ。その際には共同体に訴えるなどして、政府に圧力をかけたが、それでも政府から十分な譲歩を引き出すことはできず、鉄鋼協会の満足のいく結果を得ることはできなかったのである。

したがって、フランス政府はこの問題では一貫して自らの政策を強行し、主権を最高機関に移譲することを実質的に拒絶していた。だが、政府もコークス輸入への補助金をめぐる鉄鋼協会との交渉では、共同体の原則を利用したことも事実であった。したがって、一方では共同体の秩序を否定し、他方で都合のよいところでは共同体を利用した。だが、1957年の卸売物価を上回る鉄鋼価格引き上げにもみられるように、共同体の存在を無視することはできず、一定の

妥協も余儀なくされたと考えるのが妥当であろう。すなわち、1950年代において、加盟国政府から共同体、最高機関への権力の移譲は現実には進行しておらず、超国家機関が十分に機能し始めたとはいいがたい。だが、共同体の存在は無視しうるものでもなく、政府にとっても産業界にとってもその存在は受け入れざるをえず、一定程度社会に根づき始めたことも間違いのない事実である。

注

1）フランスにおける戦後鉄鋼業を専門とする歴史家ミオッシュ氏は、この時期の鉄鋼価格が政府と鉄鋼業界の折衝によって決められていたことを指摘している。だが、本章で問題にする1956年から1958年にかけては、比較的鉄鋼価格の引き上げが認められ、穏やかに交渉が進められたと評価している。P. Mioche, La sidérurgie et l'Etat en France..., pp. 237-254.

2）W. Diebolt, *The schuman Plan*..., pp. 154-186; D. Spierenburg et R. Poidvin, *Histoire de la Haute Autorité*..., pp. 371-373.

3）E. Godelier, *Usinor-Arcelor*..., pp. 93-104; J. Baumier, *La fin des maitres*..., pp. 156-157; H. d'Ainval, *Deux siècles de sidérurgie*..., pp. 288-289.

4）CGP, *Rapport annuel sur l'exécution du plan de modernisation et d'équipement de l'Union française*, 1957, pp. 166-168; 1958, pp. 157-159.

5）CGP, *Rapport annuel sur l'exécution du plan de modernisation et d'équipement de l'Union française*, 1958, p. 157.

6）CGP, *Rapport annuel sur l'exécution du plan de modernisation et d'équipement de l'Union française*, 1958, p. 159.

7）AN 80 AJ 90, Service des études économiques et financières du Ministère des finances, Perspectives de l'économie française en 1965, mars 1956.

8）AN 80 AJ 91, CGP, Note pour les Commissions de modernisation sur la préparation du 3ème plan (1er janvier 1957-31 décembre 1961), mars 1956.

9）CGP, *Troisième plan de modernisation et d'équipement, Rapport général de la Commission de modernisation de la sidérurgie*, juillet 1957, pp. 5-16.

10）*Ibid.*, pp. 16-22.

11）AN 66 AS 21, CSSF, Essai de définition d'une politique de la sidérurugie, novembre 1956.

12）*Ibid.*, p. 3.

13）*Ibid.*, pp. 4-5.

14) Ibid., pp. 5-6.
15) Ibid., p. 8.
16) Ibid., p. 20.
17) この時、鉄鋼協会から提出されたものに若干手が加えられたと思われるものが2月26日付の以下のノートである。AN 66 AS 21, CSSF, Note sur les dépenses de travaux neufs effectués de 1946 à 1956 et sur celles prévues durant la période 1957-1961, le 26 février 1957.
18) AN 66 AS 21, Compte-rendu de la 2ème réunion du Groupe de travail mixte sidérurgie-administration chargé de l'étude des problèmes actuels de la sidérurgie, le 18 février 1957.
19) Ibid.
20) AN 66 AS 21, La Direction générale des prix, Amortissement technique dans la sidérurgie, le 21 février 1957.
21) さらに、同一基準で比較することは不可能ながら、イギリス（7%）、ドイツ、ベルギー（8%）の鉄鋼業と比べて、上記のフランスの比率が全体に周辺諸国に比べて高いことも示している。Ibid., pp. 1-5.
22) AN 66 AS 21, Compte-rendu de la 3ème réunion du Groupe de travail mixte sidérurgie-administration chargé de l'étude des problèmes actuels de la sidérurgie, le 23 février 1957.
23) AN 66 AS 21, CSSF, Note relative à certains problèmes de combustibles de la sidérurgie française, le 21 février 1957.
24) AN 66 AS 21, Compte-rendu de la 3ème réunion du Groepe de travail mixte sidérurgie-administration chargé de l'étude des problèmes actuels de la sidérurgie, le 23 février 1957.
25) AN 66 AS 21, CGP, Rapport au Ministre des affaires économiques et financières sur les travaux du Goupe de travail chargé d'examiner les conditions de réalisation du 3e Plan de la sidérurgie (1957-1961), le 4 mars 1957.
26) Ibid., p. 13.
27) Ibid., p. 7.
28) Ibid., p. 14.
29) CGP, *Troisième plan de modernisation et d'équipement, Rapport général de la Commission de modernisation de la sidérurgie*, juillet 1957, p. 48.
30) Ibid., pp. 49-50.
31) Ibid., p. 51.

32) Ibid., pp. 52-53.
33) Ibid., pp. 53-54.
34) Ibid., pp. 32-36.
35) Ibid., p. 36.
36) CEAB 8, n. 554/2, Division du marché, Note au Groupe de travail marché-ententes-transports, le 20 février 1957.
37) CEAB 8, n. 554/2, Lettre de René Mayer, le 28 février 1957.
38) Ibid.
39) CEAB 8, n. 554/2, Lettre de Paul Ramadier, le 9 avril 1957.
40) Direction des prix, *Bulletin officiel du service des prix français*, 12 mai 1957.
41) CEAB 8, n. 554/2, Division du marché, Note à messieurs les membres de la Haute Autorité, le 6 septembre 1957.
42) CEAB 8, n. 554/2, Division du marché, Note à messieurs les membres de la Haute Autorité, le 7 juin 1957.
43) CEAB 8, n. 554/2, Division du marché, Notes à messieurs les membres de la Haute Autorité, le 7 juin 1957 et le 9 septembre 1957.
44) Ibid.
45) AN 66 AS 21, Lettre de Jean Raty à Paul Ramadier, le 16 avril 1957; Essai de définition d'une politique de la sidérurgie, novembre 1956.
46) AN 66 AS 21, Lettre de Jean Raty à Félix Gaillard, le 3 août 1957.
47) AN 62 AS 94, La lettre de Paul Ramadier à Jean Raty, le 30 avril 1957.
48) AN 62 AS 94, La lettre du Félix Gaillard à Jean Raty, le 14 août 1957.
49) CEAB 2, n. 1560/4, Note pour les membres de la Haute autorité, le fonctionnement du marché commun de l'acier à la fin du 1957, le 10 décembre 1957.
50) CEAB 2, n. 1560/4, Conseil spécial des ministres 47ème session, note introductive du sécretariat — 17 décembre 1957, le 11 décembre 1957.
51) CEAB 2, n. 1560/4, Note pour MM. Les menbres de la Haute Autorité et pour MM. les Directeurs, le 27 janvier 1958.
52) CEAB 8, n. 613/1, Comité mixte Conseil-Haute Autorité, Groupe de travail ad hoc, Projet de compte rendu de la réunion tenue le 17 avril 1958, le 16 mai 1958.
53) AEF B 18211, Service de la sidérurgie, Situation actuelle et perspectives à court terme de la sidérurgie française, le 9 décembre 1959.
54) Ibid., p. 7.
55) AS 66 21, Comission de modernisation de la sidérurgie, Groupe de travail finan-

cement, Rapport endettement comparaison avec les sidérurgies étrangères, juin 1961.

終章　ヨーロッパ石炭鉄鋼共同体と鉄鋼共同市場創設の歴史的意義

　本書が扱ってきた1950年代のヨーロッパ統合の歴史は、それ以前には抽象的、理念的存在でしかなかったヨーロッパ統合が、実体をともなった組織的、制度的存在として登場し、機能し始めた草創期のヨーロッパにおける共同体組織の実態である。すなわち、1952年に発足したヨーロッパ石炭鉄鋼共同体の創設とその後の同共同体による鉄鋼共同市場形成の実態を、それに直接関わることになったフランス鉄鋼業やフランス政府との関連を中心に分析、検討してきた。本章では、これまで明らかにしてきた鉄鋼共同市場の実態に加えて、それ以外の同共同体の産業政策全般と1960年代以降のフランス鉄鋼業の動向も紹介する。そして最後に、1950年代における同共同体の政策実施の実態とフランス政府、同国鉄鋼業界の対応は、現代にまで通じるヨーロッパ統合史のなかで、どのように位置づけることができるのかを考察する。

1　シューマン・プランにおけるモネの試み

(1)　石炭調達と独占規制

　ヨーロッパ石炭鉄鋼共同体設立に結実したシューマン・プランにおいては、フランスと西ドイツに平和的な関係を確立し、同時にヨーロッパの経済再建を実現することが唱えられていた。さらに、加盟諸国間に石炭、鉄鋼の自由貿易を確立し、各国政府から独立した最高機関がこれら産業に様々な政策を実施することになっていた。すなわち、最高機関は自由で公正な石炭、鉄鋼の共同市場を開設し、自由競争を前提として、共同体諸国に世界的に競争力のある石炭、

鉄鋼業を育成することを任務としていたのである。だが、その立案者であるモネらフランス計画庁の官僚たちはこうした表向きの目標に加えて、第3章でも確認したように、フランス経済発展のために同プランに3つの具体的効果を期待していたのである。以下では、モネが共同体結成に託した政策意図が、どれだけ実現したのかを検証する。

　まず第1には、ルール炭の西ドイツ国内への優先的供給を阻止し、フランスへの輸入を確保して、フランスにおける石炭やコークスの不足を解消することである。これは1940年代後半にはヨーロッパ全体において石炭が不足したため、産業の復興はもとより、市民生活にも支障が出ていた経験に基づくものであった。

　だが、1950年代に入りヨーロッパ諸国の石炭産出が増加すると、石炭は供給過剰気味になる。さらに、マーシャル援助終了後もアメリカ炭の輸入がアメリカ政府の援助付きで継続された。これは、同政府が斜陽化したアメリカ石炭業の販路確保をめざして実施した政策である。そのために、石炭の供給過剰は一層明らかになり、生産性の低いベルギー石炭業が経営危機に陥るなど、ヨーロッパの石炭業の経営を圧迫したのである。さらに、1960年代が近づくとエネルギー源としての石油の利用が拡大し、石炭の需要が減退したため、共同体諸国全体の石炭産業が経営危機を迎えていた[1]。

　ところが、コークスやコークスの原料となるコークス用石炭の不足は解消されなかった。ルール地方を含めて共同体諸国からだけでは、フランス経済にとって十分なコークス炭を調達できなかった。そのため、戦後のフランス鉄鋼業においては、高炉建設の遅れなどが生じ、3次プランの作成時にもコークス炭調達の必要性とその費用負担が、フランス政府と鉄鋼協会の間で議論されていたのである。すなわち、石炭全般については在庫の積み増しが生じ、共同体諸国の石炭産業の経営状態は悪化していた。だが、コークス炭の供給は不十分で、ルール炭によってもそれを補うことはできなかったのである。

　第2には、西ドイツ、特にルール地域の石炭、鉄鋼業に対する行政管理に共同体を介して、フランスも参画することを、モネらはめざしていた。それによ

って、戦前のコンツェルンの復活を防ぎ、石炭のみならず鉄鋼や他の物資についても西ドイツの産業に有利な配分を阻止して、同地域の石炭、鉄鋼を含む重化学工業の復興や発展を限定することを期待していたのである。

だが、共同体による石炭、鉄鋼など関連産業の行政管理は実現せず、実質的には加盟国政府の管理下におかれた。特に、フランス計画庁がシューマン・プランで訴えた自由競争の推進、すなわち独占規制については、西ドイツのみならず、他の加盟諸国にもカルテルなどの独占組織が存在し、共同体が一律にそれらを規制することは困難であった。フランスにおいても、経済計画のもと政府が財務省主導で市場に介入し、価格の抑制を実施していた。すなわち、市場における自由競争が推進されることはなかったのである。

そのため、共同体による自由競争の促進によって、ルール地方における重工業の強力な独占組織の復活を抑制することは困難であった。さらに、フランスの鉄鋼需要者たちが共同体設立時に望んだ、鉄鋼貿易の自由化によってフランスにおける鉄鋼製品の供給不足も解消されることはなかった。これらの点でも、フランス計画庁がシューマン・プランに期待したような状況は、実現しなかったのである。

ただしモネら計画庁も、それまでヨーロッパには定着していない独占規制が、どこまで現実味をもっていると考えていたのかは定かではない。なぜなら、独占規制は、共同体が自由競争を推進することをアピールし、アメリカ政府に好印象を与える効果も考えられたからである。すなわち、共同体が独占規制を標榜することは、次に検討するアメリカ政府からの援助獲得を容易にする効果が期待できたのである。

(2) 経済援助と産業政策

フランスの経済発展のためにモネらがシューマン・プランに期待した具体的効果の第3は、マーシャル援助に続く経済援助をアメリカ政府から引き出すなどして、外部資金を獲得することであった。西ヨーロッパ諸国による経済統合は、マーシャル・プランの発表にあたってアメリカ政府、国務省から期待され

終-1表 ヨーロッパ石炭鉄鋼共同体課徴
　　　　金の使途（1953～57年）
（単位：1万ドル）

留保	16,320
運営費（最高機関）	2,120
運営費（その他）	1,230
転職助成金	450
調査・研究	210
その他	210
合計	20,540

出典：W. Diebold, *The Schuman Plan*...., p. 317.

ていたことだからである。その援助資金や物資を共同体が石炭、鉄鋼業などに合理的に配分して、フランスをはじめ域内の関連産業を発展させることを、モネらはめざしていたのである。すなわち、モネら計画庁はモネ・プラン実施におけるマーシャル援助の貢献の大きさを痛感し、2次プラン以降もアメリカからの経済援助が必要になることを予想していたものと思われる。

　このような共同体による資金援助をともなう産業育成策を実施していくための取組み、すなわち、共同体の財政政策や産業政策は以下のように実施された。まず、他の国際機関と異なる画期的な機能として、ヨーロッパ石炭鉄鋼共同体は独自の財源をもっていた。パリ条約では、石炭と鉄鋼の生産額に対して1％までの課徴金を生産企業から徴収する権利が最高機関に認められている。そこで最高機関は、1953年1月から石炭と鉄鋼生産額の0.3％の課徴金を徴収することを開始し[2]、以後2カ月ごとに0.2％ずつ引き上げ、同年7月からは0.9％を徴収した。その後は比率が徐々に引き下げられ、1955年7月から生産額の0.7％、1956年1月から0.45％、1957年7月からは0.35％にあたる課徴金を最高機関は徴収している。1957年末までの課徴金徴収額は合計2億540万ドルに達したが、そのうち、1億ドルを保証基金、6,320万ドルは用途が指定された準備金として留保された。すなわち、最高機関は終-1表にみられるように、課徴金収入の4分の3を越える合計1億6,320万ドルを留保したのである。そして、実際に支出された金額の大半は、共同体の諸組織を運営するための費用にあてられた。

　それでは、最高機関は収入の大半を留保して、それをいかに活用しようとしたのだろうか。同機関は、保証基金をいわゆる担保として、外部からの資金借入れ交渉を開始する。まず、1954年に最高機関議長のモネ自らがアメリカを訪

終-2表 ヨーロッパ石炭鉄鋼共同体による投資補助額（1954～57年）

(投資補助額 単位：1万ドル)

	投資補助額	共同市場における投資に占める比重
石炭採掘、コークス生産	5,910	4～5％
発電設備	4,630	10.5～14％
鉄鉱石採掘、精製	1,860	6.5～7.5％
銑鉄生産	2,170	
合　計	14,570	3.4～4.5％

出典：W. Diebold, *The Schuman Plan...*, p. 332.

れ、同政府に借款を要請した。当初、モネは5億ドルの借款を期待していたが、同年4月に結局、年利3.875％、期限25年で1億ドルの借款協定が締結された。この結果はモネの期待とはほど遠いものであった。すなわち、当時のアメリカ政府は、モネらが期待したようなマーシャル援助に続くヨーロッパへの経済援助を想定してはいなかったのである。その後も最高機関はアメリカ、スイスの資本市場で民間資金を借り入れ、1957年までに合計1億7,500万ドルを調達した。その資金を関連産業企業に貸し付け、企業の投資を誘導することで、最高機関は共同市場内の石炭、鉄鋼業の資源配分の合理化と生産性の向上を促進することをめざしたのである。

　いうまでもなく、その貸付先は上記の目的に適った生産的投資を最高機関が選抜することによって決定された。その結果、最高機関は終-2表のように石炭、コークス生産、発電設備の建設などを中心に、1954年から1957年までに1億4,570万ドルの資金を貸し付けた。だが、共同体諸国の関連産業が実際に投下した資本に占める割合は小さく、全体で僅かに3.4％～4.5％にすぎなかった[3]。当初の資金調達が不調に終わった以上、最高機関による共同体6カ国の関連産業全体に対する融資がごく小規模にとどまったのは必然であった。例えば、2次プラン実施期間の1954年から1957年に、フランス政府から政府系金融機関を介してフランス鉄鋼業に貸し付けられた582億フラン（= 1億6,600万ドル）、同じ期間にフランス鉄鋼業が投資した2,415億フラン（= 6億8,890万ドル）と比較しても、共同体による6カ国の石炭、鉄鋼業など関連産業への資金融資が

極めて小規模であったことは明白である。フランスの鉄鋼近代化委員会において、2次プランや3次プランの策定時に共同体からの借入れが資金調達源として特に考慮されなかった事実からも、共同体の資金貸付が取るに足らないものであったことが推察できる。

したがって、最高機関による資金融資はその規模が小さく、関連産業の育成に十分に貢献したとはいえなかった。最高機関が調達した残りの資金については、労働者住宅の建設、労働者の転職支援などのために融資されている。すなわち、最高機関は借入れ資金を上記の設備投資のほかに、社会政策にも充当したのである。

以上のように関連産業に資金を貸し付けることとは別に、最高機関は各企業に必要な情報を提供し、投資内容を誘導することによっても、関連産業の発展に貢献しようとした。まず、最高機関は独自の調査によって、域内の投資動向を分析して毎年公表した。さらに、1955年には1958年までの関連産業の投資目標を、続いて、1957年には1960年、1965年、1975年に向けての目標をそれぞれ設定し、発表した。このように、最高機関は域内の経済界に様々な情報を提供したのである[4]。

さらに、最高機関は一般的な指針を示すことに加えて、各企業の個別の投資計画についても、適格性に関する審査を実施して、共同体関連産業の投資の方向づけを試みた。50万ドルを越える新規設備投資と、100万ドルを越える設備更新計画が審査対象とされ、これらの条件に該当する投資を実施する企業は、最高機関にそれを申告することが義務づけられた。

投資計画の審査は1955年9月から開始され、1958年末までの3年余りの間に総額約15億ドルにのぼる約400のプロジェクトが最高機関に提出され、審査に付された。その結果、大半のプロジェクトは好意的に評価され、最高機関が何らかの修正意見を加えたのは77件のみであった。そのなかで、最高機関が投資計画そのものの見直しを迫ったのは、僅かに3つのケースであり、そのうちの2件がベルギーの鉄鋼業、1件が西ドイツの鉄鋼業に関するものであった。

ベルギー鉄鋼業の2つのプロジェクトについては、最高機関はいずれも屑鉄

の消費を拡大することを問題とみなした。すなわち、当時極度に不足し、深刻な問題となっていた屑鉄を原料とする生産設備の建設は、最高機関が容認できるところではなかった。西ドイツ鉄鋼業の場合は、石炭やコークスの輸送船を購入するプロジェクトで、本業である鉄鋼生産とは異なる業務への資金投下であることが問題とされた。

　だが、いずれにしても、最高機関は企業の投資行動に対して何ら強制力をもっておらず、申請された投資計画に一定の評価を下しても、その評価に従わせることは不可能であった。すなわち、最高機関が実施した投資計画審査は、具体的効果をあげることはなかったのである。したがって、最高機関は年次報告などで一定の指針を示したものの、企業の投資行動に具体的な影響を与えることはできなかった[5]。

　このように、共同体による石炭、鉄鋼など関連産業の育成策は、実際に効果を現わすことはなかった。それは、最高機関が十分な外部資金を調達することができなかったこと、特にアメリカ政府からの資金援助が僅かしか受けられなかったことが、主な原因となっていた。さらに、個別の投資についての審査も、最高機関に実際の指導、強制力がないことなどから、形骸化せざるをえなかったのである。

　以上のように、モネら計画庁がフランス経済の発展を導くために、シューマン・プランに期待した効果が実現することは少なかった。その原因は、シューマン・プランが作成された1950年時点でモネらが想定した状況とは、その後の現実が様々な点で異なっていたことにあった。そのうちでも特に、石炭、鉄鋼業などに対する行政管理権が実体としては加盟国政府の手に残り、最高機関に移転されなかったことが決定的に重要であった。各国政府は独自の経済政策を遂行するために、石炭、鉄鋼業をその管理下から切り離すことはなかったのである。

　これは、戦後の先進資本主義国政府が経済介入を戦前に比べて大幅に拡大し、経済運営に責任をもち始めたにもかかわらず、特定産業部門の行政権を共同体に移管しようとしたことの矛盾の表れでもあった。本書の第8章でも取り上げ

た西ドイツ経済相、エアハルトの発言が示しているように、経済全般に責任をもつ政府が基幹産業である石炭、鉄鋼業だけを特別扱いすることは、事実上不可能であった。すなわち、モネのヨーロッパ統合構想の根幹である部門統合路線は、致命的な矛盾を抱えていたのである。

2　フランス政府とヨーロッパ石炭鉄鋼共同体
　　　──自由競争をめぐって──

　フランスにおいては戦後のモネ・プラン以来、経済計画が実施され、計画に基づいて政府から一定の資金が貸し付けられ、産業の近代化や振興がはかられていた。それと同時並行して、政府、財務省は戦後から続くインフレを抑制することをめざし、物価凍結策を打ち出すなどして、鉄鋼価格の引き上げにも制限を加えていた。それは、戦後の様々な物資の供給不足とモネ・プランによる公的資金投入によって、激しいインフレが生じていたことへの対応であった。

　だがインフレ抑制策は、政府、各産業部門や消費者の誰が、輸入品などの価格の上昇分を吸収、負担するのかを調整することでもあった。純粋な市場原理が働いている自由競争市場においては、それは取引関係にある一連の産業部門や消費者間の、すなわち供給者と需要者間の競争である市場原理によって決定される。その結果として、競争力のない弱小部門、あるいは消費者がしわ寄せを受けることが考えられる。だが、カルテルのようなかたちで価格が意図的に設定される場合、カルテルを形成する供給者または需要者と取引相手の間に明示的に、あるいは暗黙のうちに、価格水準について一定の了解が存在する。どちらかが強引に押しつけた価格水準であっても、それが存続するには、相手側が受け入れることが必要になるのである。さらに、人為的な価格の設定としては、政府が市場に介入し、法規制や補助金などによって政策的に価格が設定されることも考えられる。

　当時のフランスでは、インフレ抑制をめざす政府、財務省が経済計画実施に関する主導権を計画庁から奪い、政府の財政負担を軽減しつつ、産業間の負担割当を実施していた。その結果、ヨーロッパ石炭鉄鋼共同体に部門統合された

はずのフランス鉄鋼業は、自国政府の経済政策の枠内で、物価抑制のために一定の負担を強要されることとなった。それは戦時中からの価格統制の継続であり、戦後に価格設定の主導権奪回をめざした鉄鋼業界に対して、それを許容しない財務省による市場介入の結果である。さらにそれは同時に、フランス政府が共同体の基本原則である自由競争も拒絶したことを意味している。同政府、財務省の側から見ると、経済計画の進行と並行してインフレが深刻化していくなかで、物価上昇の抑制は焦眉の急であった。そのため、財務省が実施していた価格抑制から、多くの産業に供給される鉄鋼製品を除外することは困難であり、事実上パリ条約に違反する状況を継続せざるをえなかったのである。

ただし、本書で検討してきたように、共同市場開設以後1954年には、共同体の決定に不服であったフランス政府は、共同体の裁判所に提訴し、最高機関と裁判で争うことになった。さらには、最高機関から鉄鋼価格についての連絡を受けると、一定程度それに対応し、鉄鋼価格の引き上げも認めてきた。これらの事実が示すことは、フランス政府も共同体の存在を全く否定しえたわけでもないことである。すなわち、フランス政府が共同体の規則や方針と異なる政策を実施する場合には、ある程度の軋轢が生じ、対応策を講じなければならなかったのである。したがって、最高機関による実態調査やフランス政府への連絡についても、同政府は一定の関心をもって受け止めていたはずである。このように、共同体を通じてドイツの石炭や鉄鋼の生産と流通に干渉することを意図したモネらフランス計画庁のもくろみは、当然ながらフランス政府、財務省の物価政策にも一定の圧力を加えたのである。

そのほかにも、共同体の存在が無視しえないものとなっていたことの証左としては、フランス政府も鉄鋼業界も、共同体の存在を根拠として自らの議論を展開する場面があった。鉄鋼業界は価格引き上げ交渉で、たびたび共同市場の市場原理を根拠としていたし、政府も3次プランの立案過程でアメリカ産コークス炭輸入への助成措置の延長に反対する際には、その根拠として共同体の原則を援用していた。これらの事実は、政府も鉄鋼業界も、自らの都合のよい場面では、共同体の存在をもち出して議論を展開したことを示している。

だが、そこで決定されたフランスの鉄鋼価格は、共同体諸国のなかでも最低水準に抑制され、生産力の高い西ドイツとほぼ同水準か、それ以下に設定された。ただし、共同体加盟諸国の鉄鋼価格も、自由競争によって形成されている保証はなく、政府あるいは鉄鋼業界の人為的な操作が働いていた可能性が高いとみるのが常識的であろう。それは、最高機関による独占規制がほとんど機能不全にあったからである。したがって共同市場は、パリ条約に規定された自由で公正な市場とはかけ離れた状況にあったと考えるのが妥当である。

　以上のように共同市場において自由競争が実現しなかったことは、自由競争それ自体が石炭、鉄鋼業などにとって非現実的であったことも示している。特に、戦後の復興期から成長期に入った1950年代には、鉄鋼の供給は旺盛な需要に追いつけない状況が幾度も生じている。したがって、自由競争による価格高騰には需要産業が応じきれず、国内経済に深刻な混乱を招くことが予想される。さらに、鉄鋼業は高炉など大規模な固定資本を抱え、需要に応じて生産量を柔軟に調整することは技術的にも困難である。したがって、一般的にも自由競争市場で激しい需要の変動にさらされては、鉄鋼業の安定的な経営を維持することは期待できないのではないだろうか。

　実際に19世紀末以来、資本主義諸国の鉄鋼業など重化学工業は、カルテルなどによって自由競争を極力回避してきたことは、周知の事実である。戦後のフランスにおいても、鉄鋼業界は独自のカルテル再編計画を検討していた。また、1953年末から1954年にかけての需要停滞期には、政府による価格抑制とは別に、鉄鋼業界はヤミの数量カルテルを締結して、供給量を制限していたことは本書で明らかにしたところである。さらに、共同体加盟6カ国の鉄鋼業も、いわゆるブリュッセル協定を締結し、域外への輸出には最低価格を設定する国際カルテルを形成していた。これについては、最高機関も共同市場外の取引に関するカルテルであることを理由に、黙認していたのである。

　さらに、需要者側にしても、鉄鋼の安定供給を重視するために、特定の生産者から恒常的に製品を購入することが慣例化していた。したがって、鉄鋼共同市場が開設されても、他の加盟諸国に新たな調達先を求めることに、二の足を

踏むフランスの業者が少なくなかったことは、本書第7章で指摘したところである。だが、共同市場開設後に鉄鋼については共同体加盟諸国間の貿易が急速に拡大したことも事実である。これは、国境を越えて恒常的な取引関係が構築されていたと捉えるべきであろうか。

3 ヨーロッパ石炭鉄鋼共同体と戦後フランス鉄鋼業の発展

　これまで検討したように、超国家機関である共同体の政策理念は基本的に尊重されず、フランスをはじめ共同体加盟諸国政府の経済政策が優先された。だが、それはフランス鉄鋼業界にとって決して望ましいものではなかった。戦後の内外の旺盛な鉄鋼需要にもかかわらず、鉄鋼価格が抑制されたため、鉄鋼業界の利潤は圧迫されたからである。さらに、2次プランからは、政府からの資金援助は削減された。そのため、当時要請された生産力の拡大、積極的な設備投資のための資金確保に支障をきたし、外部からの借入れに大きく依存しなければならなかった。こうした1950年代の状況は、フランス鉄鋼業の設備投資の実施を抑制したことは疑いない。

　その結果、設備の更新にも遅れが生じ、生産拡大も西ドイツやイギリスなどの周辺諸国と比べて相対的に緩やかなものとなったのである。そのため、国内需要に応じることも十分にできない状況にあり、共同体内でも最低水準の価格を維持していたにもかかわらず、他の共同体諸国への販路の拡大にも限界があった。1950年代後半にはフランスの鉄鋼生産はドイツの鉄鋼生産の2分の1程度で、共同体内部でのシェアも低下傾向にあり、1959年には日本の鉄鋼業にも生産量で追い越されている。

　このような終戦から1950年代における設備投資と生産拡大の遅れは、それ以後もフランス鉄鋼業がヨーロッパの主要産業として発展していく可能性を制約したことは否めない。その象徴的な現象は、臨海地域への生産拠点の移転が進展していないことにもみられる。1960年時点で臨海地域への大規模工場の建設が具体的に計画されていたのは、ユジノールのダンケルク工場のみであった[6]。

ロレーヌの鉄鉱石も産出が減少し始めるなど、鉄鉱石や石炭などの調達をヨーロッパ以外の地域に依存し始めたこの時期に、内陸部に生産の中心地域が存在することは、重い足枷となる。なぜなら、製品や原材料の輸送費がコスト全体の大きな割合を占める鉄鋼業にとって、輸送費用がかさむ内陸地域に工場が存在することは大きなハンディキャップとなるからである。

　それのみならず、共同体結成当初に鉄鋼業界がフランス政府に要請したライン川につながるモーゼル川の運河化も、期待されたようには進まなかった。したがって、河川や運河による水上輸送路の確保も実現しておらず、フランス鉄鋼業はルール地方やベルギーの鉄鋼業と比べても、この点で不利な地理的条件を強いられたのである。すなわち、フランス鉄鋼業はロレーヌ産の鉄鉱石を利用することで19世紀後半に生産拠点を同地域に確立したが、戦後にはその立地条件が不利な要素に転換していたのである。

　これらの諸問題の影響は、戦後の経済成長期を終えた1970年代半ば以降に、一気に表面化することになる。それは、オイル・ショックによって産業界全体のコストが上昇し、生産が減少したため、1974年秋以降に鉄鋼業界も経営危機に陥った時期である。フランス鉄鋼業にとっては待望の本格的臨海生産工場であるソルメール（Société lorraine et méridionale de laminage contenu, SOLMER）のフォス（Fos）工場が、この1974年10月18日にマルセイユ西側の地中海岸で高炉の操業を開始させたところであったが、この不況によって受注量は低迷した。そのため、同工場の大規模高炉は、最初の火入れ直後に操業を停止するという前代未聞の状況に追い込まれたのである。その結果、ソルメールは出資企業であるサシロール（Société des aciéries de Lorraine, SACILOR）やユジノールから40億フランの支援を受けることになる。さらに政府からも経済社会開発基金から20億フランの融資を受け、金融機関からも多額の融資を仰ぐなどして、総額150億フランの支援を受けるありさまであった。

　この経済不況の影響は、最新鋭のフォス工場のみならず、もう１つの重要臨海工場であるユジノールのダンケルク工場や、内陸部の主要工場の高炉操業停止を招くなど、フランス鉄鋼業全体に深刻な影響を与えた。1975年から1977年

までフランスの主要鉄鋼会社は赤字を計上し、1977年末にはフランス鉄鋼業が抱える中長期の負債は380億フラン、総売上げの111％という異常な状況に陥った。この比率は通常のアメリカや西ドイツの鉄鋼会社では20％程度である。その結果として、フランスの鉄鋼生産量は、1974年の水準を頂点として低迷を続け、1980年代後半から1990年代にかけては、1974年の3分の2程度の生産にとどまった。世界の鉄鋼生産に占める割合も、1950年の5.9％、1974年の3.8％、1980年には2.6％と縮小し、生産性でみても、フランスの鉄鋼業は1974年の時点でもアメリカや西ドイツの70％前後にしか達しておらず、日本に対しては50％足らずであった[7]。

このように、フランス鉄鋼業が他の先進国の同産業と比べてもオイル・ショックの衝撃を強く受け、深刻な経営危機を迎えた原因については、様々な要素が考えられる。この点についてフランス鉄鋼協会は、1978年に自らが発行した書籍のなかで、鉄鋼業界は1945年以来、経済計画の作成、実施に関して、政府との協議を重ねてきたことを強調している。その協議の過程で、鉄鋼協会は需要予測、投資計画や販売価格の設定などの重要事項については、政府の基本方針に従ってきた。すなわち、政府の政策方針の誤りが鉄鋼業界を苦境に陥れたと、政府の政策に危機招来の責任を帰する議論を展開している[8]。

さらに、1958年から鉄鋼協会会長を務め、1970年代後半にはソルメールの経営陣にあったフェリは、1977年に次のように告白している。

「私自身は、継続されてきたすべての計画の期間を生きてきました。私が主導した『業界の計画』とともに生きてきたのです。私はそれを行政側に提案し、議論してきました。信用してください。私の存在はさほど重要ではありませんでした。特に、産業に関しては社会主義の概念に近い人物であるドゥブレ氏に対しては……。彼は強い介入主義者です。彼はおそらく間違いを犯したのです。私たちもおそらく一緒に間違えたのです」[9]。

以上のように、本書にたびたび登場しているフェリも、1959年から1962年まで首相を、1966年から1968年まで財務大臣を務めたドゥブレ（Michel Debré）の名をあげて政府側の政策方針に誤りがあり、鉄鋼業界もそれに従ったために、

経営危機に陥ってしまったと説明したのである。こうした鉄鋼協会側の主張は、政府へ責任を押しつけている面があることは否定できない。すなわち、鉄鋼会社の経営者たちも、危機を招いた責任は少なくないはずである。だが、本書で検討してきたように、鉄鋼業界の言い分にも一定の説得力があることも間違いない。業界全体が深刻な経営危機に陥ったこの時点で、彼らはそれまでの政府への不満や疑問を率直に吐露したものと思われる。

　いずれにしても、ヨーロッパ石炭鉄鋼共同体の結成後も政府による産業政策や市場介入が継続された結果、フランス鉄鋼業の発展は先進資本主義諸国のなかで相対的に緩やかなものになった。すなわち、共同体の結成はモネらが期待したようにフランス鉄鋼業の発展を促進することはなかったのである。

　ただし、フランス政府の介入がなかったとしても、より積極的な設備投資が実行されていたとは限らない。さらに、政府の介入がなかった場合でも、共同体の手で自由競争が実現できたのかも、疑わしいところである。それはこれまでも指摘したように、鉄鋼業のような産業では、自由競争は実現困難だからである。事実、本書第2章で詳しく検討したように、フランス鉄鋼業界は戦後自らの手で国内のカルテル組織を再編することを画策していた。共同市場外への輸出については、実際に共同体諸国の鉄鋼業とブリュッセル協定を締結して、域外輸出の最低価格を決定していた。したがって、戦前に存在したような国際鉄鋼カルテルが復活することも想像できたのである。また、このようなカルテルによる市場管理によっても、鉄鋼業の発展がより促進されていたとは、考えにくいところである。

　したがって、フランス計画庁やヨーロッパ石炭鉄鋼共同体がめざした自由競争、フランス財務省による価格統制、あるいは、鉄鋼協会のカルテル再編のいずれもが、実現可能かつ、戦後のフランス鉄鋼業のより急速な発展をもたらしえたとは、想定できない。確かに言えることは、現実に実施された財務省主導の価格管理と設備投資への助成では、フランス鉄鋼業の発展は相対的に緩やかなものになったことである。

4 ヨーロッパ統合史における1950年代のヨーロッパ石炭鉄鋼共同体

これまで検討したように、共同体による鉄鋼共同市場の開設は、フランス鉄鋼業にとって戦後の発展を促進する効果は希薄であった。だが、1970年代の半ば以降にヨーロッパの鉄鋼業が経営不振に陥ると、皮肉にも共同体の存在は重要性を増していくことになる。特に、オイル・ショックの影響を受けて、1974年以降に世界的に鉄鋼生産が停滞し、フランスをはじめヨーロッパの鉄鋼業の経営が悪化するにつれて、ヨーロッパ石炭鉄鋼共同体は、その対応策を担っていくことになる。すなわち、1970年代から1980年代の低成長期に産業構造の調整という困難な課題に直面した共同体加盟諸国は、共同体に一定の対応を委ねるのである[10]。これらの事実から、各国政府は状況によっては自らの意思で共同体に主権を移譲していることが確認できる。ただし、主権の移転がどの範囲で、どの程度実現したのかは、今後の詳細な分析が必要である。

さらに、1980年代後半以降のECによる域内市場の統合やEUによる統一通貨の導入にいたっては、ヨーロッパ・レヴェルの組織に対する主権移転の傾向がますます鮮明になっている。その結果、EUやヨーロッパ中央銀行などの組織がより広範な権限を担い、加盟国政府の政策選択に制約を加え、国家主権を制限している。すでに指摘したように、本書で検討してきた1950年代のフランス鉄鋼業への産業政策にも、このような動向の萌芽的な現象を見出すことができた。すなわち、1950年代のフランス政府の鉄鋼市場への介入など独自の政策を追及したが、それを実行するにあたっては、形式的には行政権限を保有していた最高機関に対する一定の配慮が必要であった。

だが、この当時の共同体による圧力は微弱なものであり、加盟諸国政府はこれを必ずしも必要なものとは認識していなかったこともうかがえる。それは、本書でも取り上げた共同体、閣僚理事会の最高機関に対する消極的な対応にも表れていたが、1950年代半ば以降進展するローマ条約の締結交渉では、より明確になる。すなわち、新しいヨーロッパ経済共同体、EECでは、全産業部門

に経済統合が一気に拡大され、加盟国間の貿易自由化に力点をおいた関税同盟の設立が重視されることになる。そして石炭鉄鋼共同体の最高機関にあたるEEC委員会は、その権限が政策執行権のみに限定され、最高機関には認められていた政策決定権は、加盟国政府の閣僚で構成される閣僚理事会が掌握することになる。さらに、EECは独自の財源をもたず、加盟国の拠出金に依存することになる。したがって、EECは制度的に明らかに政府からの独立性は低く、政府の行政権限を付託された面は少ない。戦後の経済成長が本格化していた当時の加盟国の多くは、EECに行政権限を移管することを必要とは考えていなかったのである。ただし、例外的に共通農業政策が採用されたことは、看過すべきではない。

したがって、加盟国政府から共同体への権限の移転は、1950年代の萌芽的な状態から一様に進展したわけではない。停滞やときには後退を経験し、特定の分野や産業部門だけに偏ることも珍しくなかったのである。いずれにしても、その移転は、従来の政府による政策では対応が困難な問題が生じた場合、経済的にいえば危機に瀕した時期や産業部門において進展した傾向が強いといえよう。

戦後ヨーロッパ統合が開始された当初は、序章で紹介した統合理論のうちでも政府間主義が主張するように、各国政府が自らの機能を維持、強化する目的で、共同体を創設した。すなわち、統合に参加することは、参加国の個別利害に基づいて決断されたが、国家主権を共同体に移譲することは、実質的には了承されてはいなかった。だが、形式的にではあれ、共同体にいったん行政権限が移管されると、共同体は徐々に政府から自立し始め、政府もそれを完璧に阻止することはできない。しかしながら、それは、新機能主義が唱えるように、超国家機関としてヨーロッパ連邦を形成するにいたるのか、新制度主義が説明するように、部分的な権力の移行にとどまるのかは、今後のヨーロッパ統合の動向にかかっている。

終章　ヨーロッパ石炭鉄鋼共同体と鉄鋼共同市場創設の歴史的意義　283

注

1) R. Perron, *Le marché du charbon*..., pp. 151-270、小島健、前掲書、221〜255頁。
2) CEAB 2, n. 1171/1, Décision n. 2-52 du décembre 1952, etc.
3) D. Spierenburg et R. Poidevin, *Histoire de la Haute Autorité*..., pp. 173-202, pp. 418-428 et pp. 433-438; W. Diebold, *The Schuman plan*..., pp. 334-349.
4) CEAB 2, n. 1181/4, Décision n. 27-55, le 20 juillet 1955.
5) D. Spierenburg et R. Poidevin, *Histoire de la Haute Autorité*..., pp. 428-433; W. Diebold, *The Schuman plan*..., pp. 334-349.
6) E. Godelier, *Usinor-Arcelor*..., pp. 105-121.
7) J. Boumier, *La fin des maîtres des forges*..., pp. 149-155; H. d'Ainval, *Deux siècles de sidérurgie*..., pp. 165-255; E. Godelier, *Usinor-Arcelor*..., pp. 329-343.
8) CSSF, *La vérité sur la sidérurgie*, septembre 1978.
9) J. Boumier, *La fin des maîtres des forges*..., p. 159.
10) H. d'Ainval, *Deux siècles de sidérurgie*..., pp. 146-161.

巻末資料

第1表　フランス鉄鋼業の労働者数、高炉数、鉄鉱

年	鉄鋼業の平均労働者数(1,000人)[1]	操業中の高炉数	鉄鉱石消費量(単位：1,000トン)	銑鉄の生産		
				鋳物銑	鋳　鋼	スピーゲル
1919	101	69	〃	521	1,804	13
1920	100	93	〃	795	2,486	19
1921	93	73	〃	785	2,541	34
1922	84	116	〃	1,298	3,741	89
1923	99	127	〃	1,153	4,066	140
1924	121	133	〃	1,539	5,958	115
1925	94	148	〃	1,624	6,630	100
1926	103	155	〃	1,749	7,483	105
1927	84	143	〃	1,574	7,464	151
1928	75	155	〃	1,643	8,108	102
1929	152	154	28,853	1,781	8,338	108
1930	153	137	〃	1,706	8,088	99
1931	161	90	〃	1,344	6,676	86
1932	139	81	〃	853	4,548	59
1933	130	91	〃	950	5,172	102
1934	125	86	〃	940	4,993	109
1935	130	81	〃	688	4,925	82
1936	141	84	17,728	661	5,410	68
1937	161	104	21,922	1,045	6,655	102
1938	138	86	16,813	886	5,011	70
1946	102	59	7,858	362	2,973	29
1947	116	70	12,033	518	4,143	80
1948	124	103	16,744	745	5,490	93
1949	132	99	21,516	848	7,045	148
1950	130	102	19,300	788	6,522	167
1951	135	110	22,774	918	7,305	149
1952	138	117	25,672	932	8,250	182
1953	130	89	23,114	759	7,407	156
1954	119	108	23,331	741	7,616	132
1955	121	120	29,553	820	9,555	126
1956	124	124	30,957	865	9,949	142
1957	126	125	32,483	968	10,248	155
1958	127	113	31,860	864	10,441	134
1959	125	120	32,531	674	11,157	135
1960	131	120	33,654	757	12,687	139
1961	133	116	33,303	831	12,967	133
1962	131	104	28,295	820	12,408	138
1963	131	97	21,860	891	12,845	112
1964	131	98	21,246	902	14,299	92
1965	128	94	19,398	925	14,235	105

出典：Institut national de la statistique et des études économique, *Annuaire statistique de la France résumé rétro-*
注：(a)第一半期。(b)第二半期。
　　(1)1837年までは鋳物工場で、1960年からコークス製造工場で働く労働者をそれぞれ含む。(2)特殊な性質の銑鉄、
　　月5日まで、ザールを含む。

石消費量、銑鉄の生産量と貿易量 (1919〜65年)

(単位:1,000トン)			銑鉄貿易 (単位:1,000トン)[3]	
フェロマンガン	他の品質[2]	生産合計	輸 入	輸 出
20	54	2,412	106.8	130.3
22	112	3,434	119.3	290.1
21	36	3,417	41.6	666.8
33	68	5,229	60.7	725.5
40	33	5,432	68.2	605.8
39	42	7,693	53.4	776.5
38	102	8,494	49.4	710.2
50	45	9,432	46.6	703.5
37	47	9,273	65.3	836.7
64	64	9,981	56.2	635.7
62	11	10,300	51.5	565.6
77	65	10,035	172.7	530.6
54	39	8,199	88.3	425.4
48	29	5,537	66.8	198.2
60	40	6,324	91.8	174.1
64	45	6,151	66.4	164.3
56	38	5,789	59.5	150.7
46	45	6,230	68.8	156.9
52	1	7,855	42.6	434.0
45	—	6,012	33.4	541.7
17	63	3,444	60.6	19.4
34	111	4,886	22.4	13.2
65	166	6,559	30.4	91.4
84	220	8,345	14.9	204.6
110	174	7,761	12.6	342.0
114	264	8,750	16.9	367.8
113	292	9,769	19.5	344.6
134	210	8,666	50.3	315.7
134	218	8,841	111.9	171.5
203	256	10,960	151.5	505.5
246	278	11,480	139.1	364.1
253	291	11,915	233.4	305.3
223	305	11,967	170.4	163.2
216	290	12,472	(a) 78.6 (b) 51.6	(a) 103.2 (b) 161.6
248	314	14,145	165.5	368.1
274	361	14,566	189.1	415.2
272	321	13,959	175.0	380.0
256	202	14,306	227.0	292.0
320	250	15,863	204.0	296.0
327	178	15,770	125.0	306.0

spectif, 1966, p. 241.

合金鋼、アームコ鉄。(3)1925年1月10日から1935年2月17日までと、1948年4月1日から1959年7

第2表　フランスにおける鉄鋼の生産と貿易（1919～65年）

(単位：1,000トン)

年	生産量											貿易量(c)			
	粗鋼	圧延完成品										輸入		輸出	
		軌条	梁材	矢板	線材	鉄筋	棒鋼	鋼管用鋼材	鋼板	その他	合計	粗鋼	圧延完成品	粗鋼	圧延完成品
1919	2,156	148	205		94	549		242	23		1,261	531.1	552.5	74.7	16.6
1920	2,706	175	261	〃	128	780		360	37		1,741	439.3	403.9	369.9	83.5
1921	3,099	330	268	〃	156	759		384	48		1,945	177.5	197.4	611.8	180.4
1922	4,538	465	442	〃	253	1,123		474	34		2,791	310.5	334.8	815.2	256.1
1923	5,222	428	506	〃	331	1,255		606	42		3,168	270.9	312.2	932.7	367.3
1924	6,670	645	700	〃	390	1,735		799	60		4,329	292.5	289.1	1,320.2	441.9
1925	7,464	624	834	〃	412	1,791		825	61		4,547	35.6	58.5	2,138.9	589.1
1926	8,617	740	860	〃	421	2,091		1,014	57		5,183	60.6	48.3	2,114.5	772.8
1927	8,349	758	778	2	405	1,902		1,036	66		4,947	18.4	36.0	2,850.3	1,024.4
1928	9,479	724	838	3	448	2,371	93	1,329	82		5,888	21.4	27.4	2,594.0	1,017.3
1929	9,716	796	878	8	566	2,503	187	1,508	82		6,528	55.9	60.7	2,126.0	831.4
1930	9,444	835	781	7	354	2,465	71	1,302	86		5,901	103.4	103.8	2,067.4	793.4
1931	7,816	534	720	5	302	194	1,884	62	1,121	62	4,884	94.6	80.1	1,867.4	747.2
1932	5,638	316	512	5	223	192	1,332	44	931	40	3,595	94.8	42.3	1,304.1	524.5
1933	6,577	424	487	9	282	210	1,459	74	1,067	35	4,047	61.7	46.3	1,449.3	606.2
1934	6,155	433	486	7	298	171	1,224	75	979	37	3,710	52.3	36.6	1,625.3	764.4
1935	6,255	435	448	17	315	149	1,269	72	1,049	45	3,799	31.4	38.0	940.1	468.5
1936	6,686	372	476	20	354	190	1,422	90	1,095	38	4,057	34.5	32.1	873.0	293.4
1937	7,893	490	465	20	404	185	1,743	88	1,298	44	4,737	33.0	48.2	987.4	435.9
1938	6,137	418	346	28	395	148	1,334	160	1,235	51	4,115	13.9	13.8	697.5	387.4
1946	4,408	149	215	6	326	47	1,119	150	991	30	3,033	420.9	303.8	66.5	42.4
1947	5,733	230	259	15	453	91	1,394	200	1,078	39	4,062	82.6	200.5	111.2	81.7
1948	7,236	274	360	28	591	154	1,735	261	1,681	47	5,131	35.6	245.5	23.5	558.8
1949	9,152	477	475	62	696	267	1,916	314	1,914	50	6,176	13.0	153.5	163.8	1,398.4
1950	8,652	492	395	61	719	325	1,716	270	1,931	45	5,954	13.7	86.6	466.2	2,443.3
1951	9,835	472	460	89	751	369	2,089	371	2,397	47	7,045	21.8	98.9	303.3	2,847.6
1952	10,867	498	551	88	875	401	2,239	400	2,720	52	7,764	9.5	71.6	179.2	2,001.7
1953	9,997	552	478	103	722	490	1,642	356	2,608	46	6,997	40.9	122.1	336.5	2,724.4
1954	10,627	339	450	89	858	592	1,628	366	2,917	37	7,276	133.5	274.0	405.8	2,849.4
1955	12,592	417	600	70	988	850	1,972	444	3,703	41	9,085	169.1	523.3	407.3	3,942.2
1956	13,398	476	618	93	1,064	842	2,090	493	4,025	39	9,740	153.5	666.7	297.9	3,612.3
1957	14,096	513	648	119	1,188	782	2,108	565	4,306	43	10,272	189.8	r 925.1	263.7	3,479.7
1958	14,616	453	661	77	1,354	726	2,058	503	4,792	51	10,675	306.4	r 890.6	234.2	3,670.3
1959	15,219	330	686	98	1,553	889	1,915	494	5,165	49	11,179	(a)151.6 (b)214.5	(a)317.5 (b)766.0	(a)147.1 (b)147.1	(a)2,474.9 (b)2,152.0
1960	17,281	445	754	101	1,814	915	2,281	650	6,138	44	13,142	758.2	2,132.6	231	4,450
1961	17,570	440	780	97	1,931	917	2,336	606	6,330	28	13,465	790.5	2,176.8	270	4,699
1962	17,240	460	779	119	1,752	904	2,306	554	6,178	34	13,086	650.5	2,404.2	169	4,264
1963	17,556	337	743	105	1,871	956	2,111	529	6,516	30	13,198	673.6	2,750.8	268	4,187
1964	19,780	353	904	126	2,010	1,009	2,318	601	7,260	37	14,618	693.2	3,243.5	669	4,744
1965p	19,600	400	1,000	200	2,100	←――4,100――→		7,000	...		14,800	←――3,550――→		←――5,770――→	

出典：Institut national de la statistique et des études économique, *Annuaire statistique de la France résumé rétrospectif*, 1966, p. 242.

注：(a)第一半期。(b)第二半期。(c)1925年1月10日から1935年2月17日までと、1948年4月1日から1959年7月5日までは、ザールを含む。

第3表　フランスの銑鉄・鉄鋼貿易

(単位：1,000トン)

フランスの輸出

	輸入国	1952	1953	1954	1955	1956	1957	1958	1959	1959[4] 最初の9カ月	1960[4] 最初の9カ月
域内	西ドイツ[1]	243.6	543.6	863.4	1,297.3	1,055.9	1,003.3	1,065.0	1,443.0	1,105.7	1,042.4
	ベルギー／ルクセンブルク	70.8	184.8	138.3	311.7	281.5	245.7	153.4	308.4	224.7	293.3
	イタリア	121.2	253.2	249.9	255.8	174.3	186.4	210.8	374.1	286.7	292.8
	オランダ	45.6	108.0	69.3	77.9	96.7	117.0	73.7	152.8	107.7	112.9
	域内へのフランス[2]の輸出量合計	481.2	1,089.6	1,320.9	1,942.7	1,608.4	1,552.4	1,502.9	2,278.3	1,724.8	1,741.4
第3国	北米			149.0	203.0	312.0	188.0	161.0	522.0	398.0	203.0
	中・南米			345.0	359.0	190.0	253.0	266.0	326.0	252.0	175.0
	イギリス			71.0	316.0	200.0	59.0	17.0	19.0	11.0	52.0
	スウェーデン			85.0	85.0	55.0	60.0	63.0	98.0	71.0	75.0
	東欧・ソ連			107.0	154.0	191.0	261.0	358.0	254.0	197.0	218.0
	他のヨーロッパ諸国			556.0	715.0	642.0	556.0	471.0	642.0	470.0	475.0
	共同体諸国の海外領土[3]			457.0	526.0	455.0	554.0	603.0	368.0	274.0	351.0
	アジア			184.0	360.0	486.0	420.0	527.0	512.0	392.0	323.0
	共同体諸国の海外領土を除くアフリカ			160.0	194.0	129.0	112.0	72.0	145.0	108.0	138.0
	他の地域			15.0	41.0	31.0	28.0	17.0	11.0	10.0	17.0
	第3国へのフランス[2]の輸出量合計			2,126.0	2,953.0	2,691.0	2,491.0	2,554.0	2,896.0	2,183.0	2,027.0
	フランスの輸出量合計（域内＋第3国）			3,446.9	4,895.7	4,299.4	4,043.4	4,056.9	5,174.3	3,907.8	3,768.4

フランスの輸入

	輸出国	1952	1953	1954	1955	1956	1957	1958	1959	1959[4] 最初の9カ月	1960[4] 最初の9カ月
域内	西ドイツ[1]	9.6	28.8	117.6	163.1	227.2	425.3	371.3	816.2	433.5	1,314.6
	ベルギー／ルクセンブルク	14.4	73.2	303.3	524.9	572.1	655.3	767.1	590.2	420.3	692.2
	イタリア	0.1	3.6	6.0	53.3	36.5	70.2	80.9	69.5	48.2	70.3
	オランダ	3.6	12.0	27.3	40.2	64.8	67.1	64.0	63.4	47.9	74.0
	域内からのフランス[2]の輸入量合計	27.7	117.6	454.2	781.5	900.6	1,217.9	1,283.3	1,539.3	949.9	2,151.1
第3国	オーストリア			4.0	8.0	8.0	21.0	7.0	2.0	2.0	6.0
	イギリス			3.0	3.0	4.0	12.0	1.0	4.0	1.0	4.0
	スウェーデン			7.0	10.0	13.0	15.0	12.0	8.0	6.0	5.0
	アメリカ合衆国			17.0	16.0	11.0	19.0	2.0	1.0	1.0	11.0
	東欧・ソ連			—	—	13.0	29.0	23.0	9.0	8.0	6.0
	他の第3国			6.0	6.0	13.0	16.0	16.0	13.0	10.0	56.0
	第3国からのフランス[2]の輸入量合計			37.0	43.0	62.0	112.0	61.0	37.0	27.0	90.0

出典：European Coal and Steel Community, *General Report on the Activities of the Community*, vol. 9, 1960-1961, pp. 406, 410, 412.

注：1）1959年7月6日からザールを含む。
　　2）1959年7月5日までザールを含む。
　　3）1959年1月1日からモロッコ、チュニジアを除く。
　　4）最初の9カ月。

第4表　ヨーロッパ石炭鉄鋼共同体諸国、アメリカ、

西ドイツ

生産物		1953	1954	1955	1956	1957	1958	1959	1960	1961
		5月20日		3月30日	3月30日	1月1日	1月1日	1月30日	1月1日	1月1日
棒　鋼	b.B.	92.10		87.55	89.60	95.10	99.20	96.45	96.45	96.45
								99.20	99.20	99.20
	o/h	96.25		94.40	96.45	104.25	109.05	109.05	109.05	109.05
梁　材	b.B.					92.80	96.90	96.90	96.90	96.90
	o/h					101.95	106.75	106.75	106.75	106.75
線　材	b.B.	94.85		89.15	91.20	97.15	101.70	101.70	101.70	101.70
										101.05
	o/h	100.35		96.00	98.30	106.30	111.55	111.55	111.55	111.55
										110.85
帯　鋼	b.B.	106.30		99.90	102.15	107.65	112.90	112.90	112.90	112.90
	o/h	112.00		110.15	112.70	120.45	126.40	126.40	126.40	124.35
鋼　板	b.B.	103.55		95.75	98.05	104.00	109.05	106.50	106.50	106.50
	o/h	109.25		106.30	108.80	117.50	122.75	119.75	119.75	119.75
薄鋼板（熱間圧延）	b.B.	119.80		119.75	122.50	128.70	135.10	135.10	132.55	132.55
（2.75〜3mm）	o/h	125.50		128.45	131.45	139.65	146.50	146.50	144.-	144.-
薄鋼板（冷間圧延）	b.B.						156.70	156.70	153.85	153.85
（1〜1.10mm）	o/h									

ベルギー

生産物		1953	1954	1955	1956	1957	1958	1959	1960	1961
		5月20日		3月30日	3月30日	1月1日	1月1日	1月30日	1月1日	1月1日
棒　鋼	b.B.	91.50		96.00	103.-	103.00	108.00	85.00	99.00	99.00
						105.00	110.00	90.00	104.00	104.00
	o/h	106.60		111.00	124.-	126.00	132.00	100.00	119.00	119.00
梁　材	b.B.					107.00	114.00	100.00	107.00	107.00
	o/h					128.00	136.00	115.00	122.00	122.00
線　材	b.B.	91.70		93.00	104.-	104.00	108.00	102.00	110.00	110.00
	o/h	106.70		105.00	117.-	117.00	123.00	117.00	125.00	125.00
帯　鋼	b.B.	100.00		100.00	100.-	100.00	107.00	107.00	109.00	109.00
	o/h	115.10		112.00	112.-	121.00	129.00	129.00	131.00	131.00
鋼　板	b.B.	104.50		104.00	115.-	120.00	130.00	100.00	122.00	122.00
	o/h	124.50		120.00	135.-	140.00	142.00	112.00	138.00	138.00
薄鋼板（熱間圧延）	b.B.	125.00		128.00	128.-	128.00	136.00	136.00	136.00	136.00
（2.75〜3mm）	o/h	145.00		140.00	140.-	140.00	148.00	148.00	148.00	148.00
薄鋼板（冷間圧延）	b.B.						150.30	150.30	150.30	150.30
（1〜1.10mm）	o/h									

イギリスにおける圧延完成品価格の推移

(単位:1トン当たりドル)

フランス

生産物		1953 5月20日	1954	1955 3月30日	1956 3月30日	1957 1月1日	1958 1月1日	1959 1月30日	1960 1月1日	1961 1月1日
棒鋼	b.B.	90.30		86.15	86.15	90.00	86.70	82.40	82.40	89.30
	o/h	98.85		100.25	105.95	110.85	104.40	95.20	95.20	99.20
梁材	b.B.					91.15	87.80	83.40	83.40	90.40
	o/h					112.30	105.75	96.45	96.45	100.50
線材	b.B.	91.55		86.40	86.40	93.15	90.65	86.15	86.15	93.35
	o/h	102.85		98.65	104.35	111.70	105.20	95.95	95.95	100.-
帯鋼	b.B.	98.35		96.35	96.35	99.15	95.50	90.70	90.70	96.65
	o/h	110.65		111.15	116.85	121.45	114.35	104.30	104.30	108.70
鋼板	b.B.	104.55		101.35	101.35	106.30	102.35	96.25	97.25	102.70
	o/h	117.70		115.95	121.70	128.30	120.85	110.20	110.20	114.80
薄鋼板(熱間圧延)	b.B.	122.10		120.60	120.60	125.45	120.80	114.05	114.05	119.15
(2.75〜3mm)	o/h	133.25		135.60	141.30	147.15	138.55	126.35	126.35	132.-
薄鋼板(冷間圧延)	b.B.						137.-	129.35	129.35	135.20
(1〜1.10mm)	o/h									

イタリア

生産物		1953 5月20日	1954	1955 3月30日	1956 3月30日	1957 1月1日	1958 1月1日	1959 1月30日	1960 1月1日	1961 1月1日
棒鋼	b.B.					—	—	—	—	—
	o/h	123.20		121.60	123.20	128.00 140.80	100.80 126.40	96.00 121.60	105.60 115.20	108.80 115.20
梁材	b.B.					—	—	—	—	—
	o/h					137.60	137.60	120.00	107.20 113.60	107.20 113.60
線材	b.B.					—	—	—	—	—
	o/h	116.80		121.60	121.60	136.90	132.00	112.00	121.60	121.60
帯鋼	b.B.					—	—	—	—	—
	o/h	126.40		128.00	131.20	142.40	139.20	131.20 136.00	115.20 121.60	118.40 121.60
鋼板	b.B.					—	—	—	—	—
	o/h	140.80		139.20	148.80	171.20	171.20	152.00	140.80	140.80
薄鋼板(熱間圧延)	b.B.					—	—	—	—	—
(2.75〜3mm)	o/h	153.60		163.20	163.20	172.00	172.00	158.40	163.20	168.00
薄鋼板(冷間圧延)	b.B.									
(1〜1.10mm)	o/h						177.60	174.40	174.40	179.20

ルクセンブルク

生産物		1953	1954	1955	1956	1957	1958	1959	1960	1961
		5月20日		3月30日		1月1日	1月1日	1月30日	1月1日	1月1日
棒 鋼	b.B.	90.50		95.00	101.-	101.00	100.00	100.00	100.00	100.00
	o/h					—	—	—	—	—
梁 材	b.B.					101.00	106.00	104.00	104.00	104.00
	o/h					—	—	—	—	—
線 材	b.B.	87.00		92.00	101.-	101.00	106.00	100.00	100.00	100.00
	o/h					—	—	—	—	—
帯 鋼	b.B.	99.00		99.50	99.50	99.50	107.00	107.00	107.00	107.00
	o/h					—	—	—	—	—
鋼 板	b.B.	104.00		103.50	111.-	117.00	124.00	118.00	118.00	118.00
	o/h					—	—	—	—	—
薄鋼板（熱間圧延）(2.75～3mm)	b.B.	122.00		125.05	127.60	130.60	135.60	138.60	138.60	138.60
薄鋼板（冷間圧延）(1～1.10mm)	o/h						150.30	150.30	150.30	150.30

オランダ

生産物		1953	1954	1955	1956	1957	1958	1959	1960	1961
		5月20日		3月30日		1月1日	1月1日	1月30日	1月1日	1月1日
棒 鋼	b.B.	91.70		104.95	110.75	110.75	103.00	88.40	108.80	102.45
							107.50	98.85	109.75	107.00
	o/h			106.50	117.50	128.40	116.25	112.50	117.50	117.50
梁 材	b.B.					—	—	—	—	—
	o/h					—	—	—	—	—
線 材	b.B.	85.90		97.00	107.50	113.75	116.25	105.50	111.75	111.75
	o/h			103.25	111.75	115.50	118.00	110.00	115.50	115.50
帯 鋼	b.B.	100.05		101.50	107.75	107.75	111.75	111.75	114.25	114.25
	o/h			110.50	114.25	117.50	122.50	123.75	126.25	126.25
鋼 板	b.B.	106.10		100.00	101.25	107.50	115.00	100.00	107.50	107.50
	o/h			108.25	111.25	120.00	127.50	112.50	115.00	115.00
薄鋼板（熱間圧延）(2.75～3mm)	b.B.			130.35	130.35	134.10	142.58	131.60	131.60	131.60
				135.50	135.50	143.00	148.00	141.75	141.75	141.75
薄鋼板（冷間圧延）(1～1.10mm)	o/h						160.15	146.35	146.35	146.35

出典： European Coal and Steel Community, *General Report on the Activities of the Community*, vol. 9, 1960-1961, pp.
注： b.B.はベッセマー製鋼法、o/hは平型炉を示す。

イギリス

生産物		1953	1954	1955	1956	1957	1958	1959	1960	1961
		5月20日		3月30日		1月1日	1月1日	1月30日	1月1日	1月1日
棒 鋼	b.B.			88.10	94.65	97.70	107.70	104.95	104.05	100.15
						105.65	113.20	111.85	111.85	107.90
	o/h									
梁 材	b.B.					98.20	108.80	104.40	104.40	99.60
	o/h									
線 材	b.B.			87.45	92.15	96.75	109.50	108.45	108.45	105.00
	o/h									
帯 鋼	b.B.			91.15	96.65	99.60	113.60	109.55	109.55	90.90
	o/h									
鋼 板	b.B.			85.65	91.15	102.95	112.60	111.20	111.20	106.40
	o/h									
薄鋼板（熱間圧延）(2.75〜3 mm)	b.B.			94.40	99.90	119.35	131.75	129.00	126.25	126.25
薄鋼板（冷間圧延）(1〜1.10mm)	o/h						143.45	140.70	137.95	137.95

アメリカ合衆国

生産物		1953	1954	1955	1956	1957	1958	1959	1960	1961
		5月20日		3月30日		1月1日	1月1日	1月30日	1月1日	1月1日
棒 鋼	b.B.			94.80	102.50	110.25	116.30	121.25	121.25	121.25
						111.90	119.60	125.10	125.10	125.10
	o/h									
梁 材	b.B.					110.25	116.30	121.25	121.25	121.25
	o/h									
線 材	b.B.			103.50	110.80	127.90	135.60	141.10	141.10	141.10
	o/h									
帯 鋼	b.B.			89.30	95.35	108.05	108.60	112.45	112.45	112.45
	o/h									
鋼 板	b.B.			93.15	99.65	106.90	112.45	116.85	116.85	116.85
	o/h									
薄鋼板（熱間圧延）(2.75〜3 mm)	b.B.			89.30	95.35	125.10	136.15	140.00	140.00	140.00
薄鋼板（冷間圧延）(1〜1.10mm)	o/h						149.90	154.85	154.85	154.85

406, 410, 412.

294

第1図　卸売り物価指数と主要品目価格指数

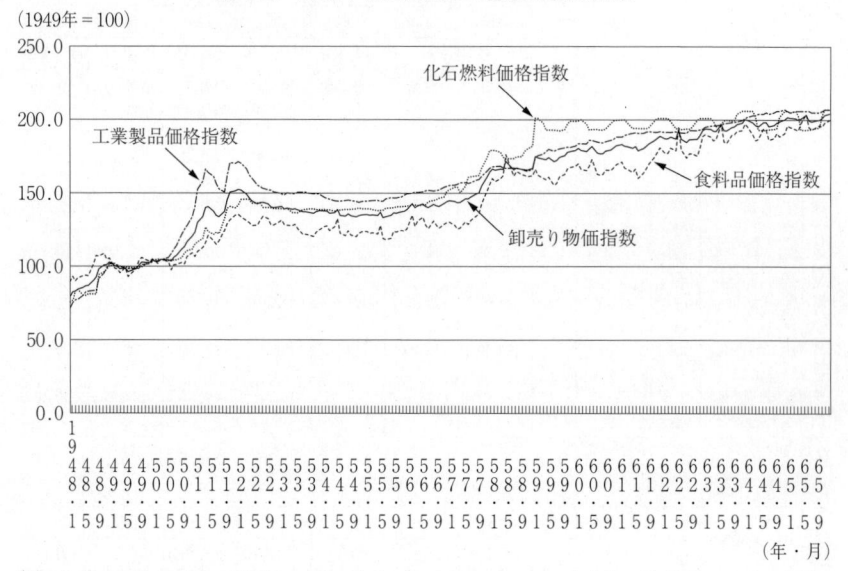

(1949年 = 100)

出典：Institut national de la statistique et des études économique, *Annuaire statistique de la France résumé rétrospectif*, 1966, p. 380より作成。

第5表 1952年から1967年のヨーロッパ石炭鉄鋼共同体、最高機関のメンバー

議長		副議長		メンバー	
人名	就任期間	人名	就任期間	人名	就任期間
モネ (Jean Monnet, フランス)	1952年8月7日～1955年6月3日	エツェル (Franz Etzel, 西ドイツ)	1952年8月7日～1957年10月28日	エツェル (Franz Etzel, 西ドイツ)	1952年8月7日～1957年10月28日
		コッペ (Albert Coppé, ベルギー)	1952年8月7日～1967年2月28日	ドーム (Léon Daum, フランス)	1952年8月7日～1959年9月15日
マイエル (René Mayer, フランス)	1955年6月4日～1958年1月6日			ジアッケロ (Enzo Giacchero, イタリア)	1952年8月7日～1959年9月15日
				ポトホフ (Heinz Potthoff, 西ドイツ)	1952年8月7日～1962年8月10日
				シュピーレンブルグ (Dirk Spierenburg, オランダ)	1952年8月7日～1958年1月7日
				ウェーラー (Albert Wehrer, ルクセンブルク)	1952年8月7日～1967年6月30日
				フィネ (Paul Finet, ベルギー)	1952年8月10日～1958年1月6日
フィネ (Paul Finet, ベルギー)	1958年1月7日～1959年9月15日	シュピーレンブルグ (Dirk Spierenburg, オランダ)	1958年1月10日～1962年9月15日	ブリュッヒャー (Franz Blücher, 西ドイツ)	1958年1月10日～1959年3月26日
				レイノー (Roger Reynaud, フランス)	1958年1月10日～1967年6月30日
マルヴェスティーティ (Piero Malvestiti, イタリア)	1959年9月16日～1963年10月22日			フィネ (Paul Finet, ベルギー)	1959年9月16日～1965年5月8日
				ヘルヴィッヒ (Fritz Hellwig, 西ドイツ)	1959年9月16日～1967年6月30日
				ラピー (Pierre-Olivier Lapie, フランス)	1959年9月16日～1967年6月30日
				ヘトラゲ (Karl Hettlage, 西ドイツ)	1962年10月23日～1967年6月30日
デル・ボ (Dino Del Bo, イタリア)	1963年10月23日～1967年2月28日			ホマン (Johannes Homan, オランダ)	1962年11月7日～1967年6月30日
コッペ (Albert Coppé, ベルギー)	代行: 1967年3月1日～1967年7月5日			フォルマン (Jean Fohrmann, ルクセンブルク)	1965年6月30日～1967年6月30日

出典: CEAB, *Répertoire*, Volume 2, 1957-1961, Annexe. より作成。

史料（Archives）

パリ国立文書館（Centre d'accueil et de recherche des Archives nationales, CARAN）所蔵史料

Archives nationales, 80 AJ. Commissariat général du Plan.

80 AJ 1 à 16	Premier Plan 1946-1952
80 AJ 17 à 74	Deuxième Plan 1953-1956
80 AJ 75 à 90	Complément des premier et deuxième Plans
80 AJ 91 à 160	Troisième Plan 1957-1961

第1次近代化設備計画（モネ・プラン）をはじめ第2次近代化設備計画、第3次近代化設備計画など各経済計画の立案から実施に関する諸文書が収められている。フランス政府、計画庁、各近代化委員会などの内部文書を閲覧することができ、著者は第1次から第3次計画までの計画庁、鉄鋼近代化委員会の報告書類、計画草案、書簡などを閲覧した。

Archives nationales, 81 AJ.

80 AJ 131 à 175　　Activité du Commissariat général du Plan, Elaboration de la Communauté européenne du charbon et de l'acier.

シューマン・プランの作成から発表、パリにおけるヨーロッパ石炭鉄鋼共同体結成に向けた国際会議での条約締結交渉、フランス国内での条約批准をめぐる鉄鋼業界と政府、計画庁との論争など、シューマン・プランの作成からヨーロッパ石炭鉄鋼共同体結成までの計画庁の関連諸文書が収められている。

Archives de la Fondation Jean Monnet.

スイス、ローザンヌのジャン・モネ財団所蔵の文書の一部が、マイクロフィ

ルム化されてパリ国立文書館に保管され、閲覧することができる。著者は、終戦直後の計画庁設立やモネ・プランの作成をめぐって、モネがシャルル・ド・ゴールやアメリカ政府と交わした文書類などを閲覧した。

現代史料センター（Centre des archives contemporaines）所蔵史料

Archives nationales, 62 AS. Chambre syndicale de la sidérurugie française.
　フランス鉄鋼協会の内部文書は、同協会からいったんはパリ国立文書館に保管を委託され、整理されたが、現在ではフォンテーヌブロー郊外の現代史料センターに移管されている。同センターでは現在、別のコード番号が使われているが、本書では著者が閲覧を始めた当時の AN 62 AS で示している。フランス政府との折衝、共同体、最高機関との連絡、鉄鋼協会内部の報告書類など、フランス鉄鋼業界の動向を分析するのに、非常に有益であった。

Archives nationales, 66 AS. Groupement industrie sidérurgique
　フランス鉄鋼業界の共同債券発行（資金借入）機関であるフランス鉄鋼グループに関する文書は、戦後の鉄鋼業界の資金調達についての文書を閲覧することができる。

Archives du Ministère de l'industrie
DIMME (Direction des industries métallurgiques et minières)
　フランス産業省史料は、鉱山・金属産業局のシリーズから、戦時の鉄鋼流通システムに関する文書、戦後のフランス鉄鋼コントワールを介した鉄鋼流通管理に関する文書などを閲覧した。

フランス財務省文書館（Centre des archives économiques et financières）所蔵史料

Archives économiques et financières, (Minstère des Finances).

B. 13323-B. 13336	Direction de Trésor, mouvement des fonds Bureau A 4, financement de l'équipement
B. 33507-B. 33511	Direction de Trésor, Fonds de développement économique et social, 1947-1957
B. 18210-B. 18212	Direction de Trésor, Financement de la sidérurgie 1948-1973
B. 25293, B. 25294	Direction de Trésor, Financement des investissements de la sidérurgie 1955-1970
B. 55896, B. 55897	Politique générale des prix 1948-1969
B. 55898-B. 55912	Travaux Comité national des prix

財務省文書館はパリ市内のベルシーからパリ南西郊外サヴィニー・ル・タンプルに移転し、戦後史料は現在も整理が進行中である。著者は、主に近代化設備基金、経済社会開発基金、物価局などに関する諸文書を閲覧した。

フランス外務省パリ資料室（Archives du Ministère des affaires étrangères et européennes）所蔵史料

Archives du Ministère des affaires étrangères

著者は、主にDirection économique, Coopération économique（DE-CE）のマイクロフィルムを閲覧した。ここには、ヨーロッパ石炭鉄鋼共同体結成のための条約締結交渉の進展と国内の反応について、外交文書が収められている。

サン・ゴーバン・ポン・タ・ムーソン社文書館（Archives de Saint-Gobain Pont-à-Mousson）所蔵史料

Archives de Pont-à-Mousson.

ブロワ市郊外のサン・ゴーバン・ポン・タ・ムーソン社文書館には、製鉄会社であったポン・タ・ムーソン社の文書が保管されている。著者は、同社の経営者たちが残した諸文書から、フランス鉄鋼協会、フランス鉄鋼コントワールに関する文書を閲覧した。特に、フランス鉄鋼コントワールの諮問委員会の議

事録は有益であった。

ヨーロッパ共同体ブリュッセル文書館（Communauté européenne archives Bruxelles, CEAB）史料

Dossiers de la Haute Autorité de la Communauté européenne du charbon et d'acier,

Volume 1 (1952-1956), Volume 2 (1957-1961).

CEAB 1 et CEAB 4	Service juridique
CEAB 2	Secrétariat général
CEAB 3	Archives centrales
CEAB 5	Relations extérieures
CEAB 6 et CEAB 10	Transports
CEAB 7	Charbon
CEAB 8	Acier
CEAB 9	Economie-énergie
CEAB 11	Problèmes du travail
CEAB 12	Administration et finances
CEAB 13	Groupe de travail
CEAB 14	Commission des quatre présidents
CEAB 15	Comité consultatif de la CECA

　欧州委員会に保管されている最高機関文書は、最高機関が関わったすべての問題に関する文書の集大成である。著者は、CEAB 1、CEAB 4の法務課の文書、CEAB 8の鉄鋼業に関する文書を中心に閲覧した。現在マイクロフィルム化されて、わが国でも購入、閲覧が可能である。ただし、マイクロフィルムは画質が悪い。

史料　301

公刊史料

Commissariat général du plan, *Rapport général sur le premier plan de modernisation et d'équipement, novembre 1946-janvier 1947*, Paris, 1947.

Commissariat général du plan, *Rapport général sur le deuxième plan de modernisation et d'équipement*, Paris, 1954.

Commissariat général du plan, *Rapport général sur le troisième plan de modernisation et d'équipement*, Paris, 1957.

Commissariat général du plan, *Deuxième plan de modernisation et d'équipement, Rapport général de la Commission de modernisation de la sidérurgie*, Paris, juin 1954.

Commissariat général du plan, *Troisième plan de modernisation et d'équipement, Rapport général de la Commission de modernisation de la sidérurgie*, Paris, juillet 1957.

Commissariat général du plan, *Deuxième rapport semestriel sur la réalisation du plan de modernisation et d'équipement, résultant au 31 décembre 1947*, Paris, 1948.

Commissariat général du plan, *Rapport sur la réalisation du plan de modernisation et d'équipement de l'Union française, Année 1952*, Paris, 1953

Commissariat général du plan, *Rapport annuel sur l'exécution du plan de modernisation et d'équipement de l'Union française*, Paris, 1954.

Commissariat général du plan, *Rapport annuel sur l'exécution du plan de modernisation et d'équipement de l'Union française*, Paris, 1955.

Commissariat général du plan, *Rapport annuel sur l'exécution du plan de modernisation et d'équipement de l'Union française*, Paris, 1956.

Commissariat général du plan, *Rapport annuel sur l'exécution du plan de modernisation et d'équipement de l'Union française*, Paris, 1957.

Commissariat général du plan, *Rapport annuel sur l'exécution du plan de modernisation et d'équipement de l'Union française*, Paris, 1958.

Direction des prix, *Bulletin officiel du service des prix*, Paris, 12 mai 1957.

Ministère des affaires étrangères, *Rapport de la délégation française sur le traité instituant la CECA et la convention relative aux dispositions transitoires signé à Paris*, le 18 avril, Paris, 1951.

Conseil économique, *Communauté européenne du charbon et de l'acier*, Paris, 1952.

Journal Officiel

Institut national de la statistique et des études économiques, *Annuaire statistique de la France, résumé rétrospectif*, Paris, 1966.

Communauté européenne du charbon et de l'acier, *Jouranl Officiel de la Communauté européenne du charbon et de l'acier*, 1er année, n. 1 (1952, 30 décembre)–7e année, n. 13 (1958, 19 avril), Luxembourg, 1952-1958.

European Coal and Steel Community, *General Report on the Activities of the Community*, vol. 1 1952/1953–vol. 9 1960/1961, Luxembourg, 1953-1961.

Les industries mécaniques, n. 70, février 1951.

参考文献

〈シューマン・プラン、ヨーロッパ石炭鉄鋼共同体〉

Marie-Thérèse Bitsch (dir.), *Le couple France-Allemagne et les institutions européennes, Une postérité pour le Plan Schuman?*, Bruyant, 2001.

Marie-Thérèse Bitsch, *La construction européenne, Enjeux politiques et choix institutionnels*, Peter Lang, 2007.

Gérard Bossuat, *La France, l'aide américaine et la construction européenne 1944-1954*, Comité pour l'histoire économique et financière de la France, 1992.

Gérard Bossuat et Andreas Wilkens (dir.), *Jean Monnet et, l'Europe et les chemin de la paix*, Publication de la Sorbonne, 1999.

Douglas Brinkley and Clifford Hackett (ed.), *Jean Monnet, The Path to European Unity*, Macmillan, 1991.

Eric Bussière et Michel Dumoulin, *Milieux économiques et intégration européenne en Europe occidentale au XXe siècle*, Artois Presses Université, 1998.

Michel Calata (dir.), *Histoire de la construction européenne cinquante ans après la déclaration Schuman*, Ouest éditions, 2001.

Yves Conrad, *Jean Monnet et les débuts de la fonction publique européenne, La Haute Autorité de la CECA (1952-1953)*, Ciaco, 1989.

William Diebold, *The Schuman Plan, A Study in Economic Cooperation 1950-1959*, Praeger, 1959.

Michel Dumoulin et Anne-Myriam Dutrieue, *La ligue européenne de coopération économique (1946-1981)*, Peter Lang, 1993.

Michel Dumoulin (dir.), *Plans des temps de guerre pour l'Europe d'après guerre, 1940-1947*, Bruyant, 1995.

Michel Dumoulin (dir.), *Réseaux économiques et construction européenne*, Peter Lang, 2004.

Pierre Gerbet, *La construction de l'Europe*, Imprimerie nationale, 1983.

John Gillingham, *Coal, Steel and the Rebirth of Europe, 1945-1955, The Germans and French from Ruhr Conflict to Economic Community*, Cambrdige, 1991.

John Gillingham, *European Intergration 1950-2003, Superstate or New Market Economy*, Cambridge, 2003.

René Girault et Gérard Bossuat, *Europe brisée, Europe retrouvée, Nouvelle réflexions *sur l'unité européenne au XXe siècle*, Publication de la Sorbonne, 1994.

Matthias Kipping, La construction européenne: une solution aux problèmes français de compétitivité, *Entreprise et histoire*, n. 5, juin 1994.

Matthias Kipping, *Zwischen Kartellen und Konkurrenz, Der Schuman-Plan end die Ursprunge der europaischen Einigung 1944-1952*, Duncker Humblot, 1996.

Matthias Kipping, *La France et les origines de l'Union européenne, intégration économique et compétitivité internationale*, Comité pour l'histoire économique et financière de la France, 2002.

Dean J. Kotolowski, *The European Union from Jean Monnet to the Euro*, Ohio University Press, 2000.

Robert Kovar, *Le pouvoir réglementaire de la Communauté européenne du charbon et de l'acier*, Librairie générale de droit et de jurisprudence, 1964.

J.-F. Kover, *Le Plan Schuman ses mérites-ses risques*, Nouvelles éditions latines, 1952.

Sylvie Lefèvre, *Les relations économiques franco-allemandes de 1945 à 1955, de l'occupation à la coopération*, Comité pour l'histoire économique et financière de la France, 1998.

Giandomenico Majone, Emile Noel et Van den Bossche (eds.), *Jean Monnet et l'Europe d'aujourd'hui*, Nomos Verlag, 1989.

Pierre Melandri, *Les Etats-Unis face à l'unification de l'Europe 1945-1954*, Editions A. Pedone, 1980.

Alain S. Milward, *The Reconstruction of Western Europe 1945-1951*, University of California Press, 1984.

Alain S. Milward, *The European Rescue of the Nation-State*, Routledge, 1992.

Alain S. Milward, Frances M. B. Lynch, Federico Romero, Ruggero Ranieri and Vibeke Sørensen, *The Frontier of National Sovereignty, History and Theory 1945-1992*, Routledge, 1993.

Marine Moguen-Toursel, *L'ouverture des frontières européennes dans les années 50, Fruit d'une concertation avec les industriels?*, Peter Lang, 2002.

Régine Perron, *Le marché du charbon, un enjeu entre l'Europe et les Etats-Unis de 1945 à 1958*, Publication de la Sorbonne, 1996.

Paul Reuter, *La Communauté européenne du charbon et de l'acier*, Librairie générale de droit et de jurisprudence, 1953.

Hneri Rieben, *Des guerres européennes à l'Union de l'Europe*, Fondation Jean Monnet pour l'Europe et Centre de recherches européennes, 1987.

Sylvain Schirmann (dir.), *Robert Schuman et les pères de l'Europe, Culture politique et années de formation*, Publication de la Sorbonne, 2008.

Klaus Schwabe (Hrsg.), *Die Anfänge des Schuman-Plans 1950-1951*, Nomos Verlag, 1988.

Dirk Spierenburg et Raymond Poidevin, *Histoire de la Haute Autorité de la Communauté europénne du charbon et de l'acier, une expérience supranationale*, Bruylant, 1993.

Andreas Wilkens (dir.), *Les relations économiques franco-allemandes 1945-1960*, Thorbecke, 1997.

Andreas Wilkens (dir.), *Le Plan Schuman dans l'histoire, Intérêts nationaux et projet européen*, Bruyant, 2004.

Le rôle des ministères des Finances et de l'Economie dans la construction européenne (1957-1978), Comité pour l'histoire économique et financière, 2002.

石山幸彦「戦後西ヨーロッパの再建と経済統合の進展（1945-1958年）――連邦主義の理想と現実――」『土地制度史学』第159号、1998年、42～51頁。

石山幸彦「ヨーロッパ石炭鉄鋼共同体における新自由主義（1953～62年）――リュエフの経済思想と石炭共同市場――」権上康男編著『新自由主義と戦後資本主義――欧米における歴史的経験――』日本経済評論社、2006年。

上原良子「フランスのドイツ政策――ドイツ弱体化政策から独仏和解へ」油井大三郎・中村政則・豊下楢彦編『占領改革の国際比較――日本・アジア・ヨーロッパ――』三省堂、1994年。

上原良子「フランスの欧州連邦構想とドイツ問題――大戦中からモネ・プラン成立期までを中心として――」『史論』第46号、1993年、51～68頁。

遠藤乾編『ヨーロッパ統合史』名古屋大学出版会、2008年。

川嶋周一『独仏関係と戦後ヨーロッパ秩序――ドゴール外交とヨーロッパの構築1958-1969――』創文社、2007年。

木畑洋一編『ヨーロッパ統合と国際関係』日本経済評論社、2005年。

紀平英作編『ヨーロッパ統合の理念と軌跡』京都大学学術出版会、2004年。

古賀和文『欧州統合とフランス産業』九州大学出版会、2000年。

小島健『欧州建設とベルギー――統合の社会経済史的意義――』日本経済評論社、2007年。

島田悦子『欧州石炭鉄鋼共同体―― EU 統合の原点――』日本経済評論社、2004年。

永岑三千輝・廣田功編『ヨーロッパ統合の社会史――背景・論理・展望――』日本経済評論社、2004年。

廣田功・森建資編『戦後再建期のヨーロッパ経済――復興から統合へ――』日本経済評

論社、1998年。

細谷雄一『戦後国際秩序とイギリス外交』創文社、2001年。

〈フランス経済史、一般的経済政策史〉

Claire Andrieu, Lucette Le Van et Antoine Prost (dir.), *Les nationalisations de la Libération*, ENSP, 1987.

Pierre Bauchet, *L'expérience française de planification*, Seuil, 1958.

Pierre Bauchet, *La planification française, vingt ans d'expérience*, Seuil, 1966.

François Bloch-Lainé et Jean Bouvier, *La France restaurée 1944-1954, Dialogue sur les choix d'une modernisation*, Fayard, 1986.

Gérard Bossuat, *Les aides américaines économiques et militaires à la France, 1938-1960, Une nouvelle image des rapports de puissance*, Comité pour l'histoire économique et financière de la France, 2001.

Fernand Braudel et Ernest Labrousse (dir.), *Histoire économique et sociale de la France*, t. IV, second volume *1914-années 1950*, PUF, 1980; troisième volume *années 1950 à nos jours*, PUF, 1982.

Janine Brémond, *Les nationalisations*, Hatier, 1982.

Michel-Pierre Chélini, *Inflation, Etat et opinion en France de 1944 à 1952*, Comité pour l'histoire économique et fiancière de la France, 1998.

Hervé Dumaz et Alain Jeunemaître, *Diriger l'économie, L'Etat et les prix en France, 1936-1989*, L'Harmattan, 1989.

Louis Franck, *697 ministres, Souvenir d'un directeur général des prix, 1947-1962*, Comité pour l'histoire économique et financière de la France, 1990.

Patrick Friedenson et André Straus (dir.), *Le Capitalisme français, 19e-20e siècle, blocages et dynamismes d'une croissance*, Fayard, 1987.

René Girault et Maurice Lévy-Leboyer (dir.), *Le Plan Marshall et le relèvement économique de l'Europe*, Comité pour l'histoire économique et financière de la France, 1993.

Jean-Marcel Jeanneney, *Forces et faiblesses de l'économie française 1945-1959*, Armand Colin, 1959.

Eric Kocher-Marboeuf, *Le patricien et le Général, Jean-Marcel Jeanny et Charles de Gaulle 1958-1969*, Comité pour l'histoire écpnomique et financière de la France, 2003.

Maurice Lévy-Leboyer et Jean-Claude Casanova (dir.), *Entre l'Etat et marché, l'Écono-*

mie française des années 1880 à nos jours, Gallimard, 1991.

Maurice Lévy-Leboyer (dir.), *Histoire de la France industrielle*, Larousse, 1995.

Maurice Lévy-Leboyer, Michel Lescure et Alain Plessis (dir.), *L'impôt en France aux XIXe et XXe siècles*, Comité pour l'histoire éconimique et financière de la France, 2006.

Michel Margairaz, *L'Etat, les finances et l'économie, histoire d'une conversion 1932-1952*, Comité pour histoire économique et financière de la France, 1991.

Phillipe Mioche, *Le Plan Monnet, genèse et élaboration 1941-1947*, Publications de la Sorbonne, 1987.

Laure Quennouëlle-Corre, *La direction du Trésor 1947-1967, l'Etat banquier et la croissance*, Comité pour l'histoire économique et financière de la France, 2000.

Henri Rousso, *De Monnet à Massé, enjeux politiques et objectifs économiques dans le cadre des quatre premiers plans (1946-1965)*, Centre national de la recherches scientifiques, 1986.

Frédéric Tristram, *Une fiscalité pour la croissance, Direction générale des impôts et la politique fiscale en France de 1948 à la fin des années 1960*, Comité pour l'histoire économique et financière de la France, 2005.

Denis Woronoff, *Histoire de l'industrie en France du XVIe siècle à nos jours*, Seuil, 1994.

権上康男『フランス資本主義と中央銀行——フランス銀行近代化の歴史——』東京大学出版会、1999年。

権上康男『新自由主義と戦後資本主義——欧米における歴史的経験——』日本経済評論社、2006年。

中山洋平『戦後フランスにおける政治の実験——第四共和制と「組織政党」1944—1952年——』東京大学出版会、2002年。

中山洋平「フランス第四共和制の政治体制：2つのモネ・プランと53年危機——「近代化」と〈国家社会関係〉の歴史的展開——」『国家学会雑誌』第105巻3号・4号、1992年、66～136頁。

新田俊三『フランスの計画経済』日本評論社、1969年。

〈戦後フランス鉄鋼業〉

Henri d'Ainval, *Deux siècles de sidérurgie française, de 1003 entreprises à la dernière*, Presses universitaires de Grenoble, 1994.

Jean Baumier, *La fin des matîres de forges*, Plon, 1981.

Roger Biard, *La sidérurgie française*, Editions sociale, 1958.

Jean Chardonnet, *La sidérurgie française: progrès ou décadence?*, Armand Colin, 1954.
Anthony Daley, *Steel, State, and Labor, Mobilization and Adjustment in France*, University of Pittsburgh Press, 1996.
Henry W. Ehrman, *La politique du patronat français*, Armand Colin, 1959.
Henry W. Ehrman, *Organised Business in france*, Princeton University Press, 1957.
Jean-François Besson, *Les groupes industriels et l'Europe, L'expérience de la CECA*, PUF, 1962.
Michel Freyssenet et Françoise Imbert, *La centralisation du capital dans la sidérurgie 1945-1975*, Centre de sociologie urbaine, 1975.
Michel Freyssenet, *La sidérurgie française 1945-1979, l'histoire d'une faillite les solutions qui s'affrontent*, Paris, 1979.
Michel Freyssenet et Catherine Omnès, *La crise de la sidérurgie française*, Hatier, 1984.
Eric Godelier, *Usinor-Arcelor, du local au global...*, Lavoisier, 2006.
Roger Martin, *Patron de droit divin...*, Gallimard, 1984.
Phillipe Mioche, *Hneri Malcor, un héritier des maîtres des forges*, Editions du CNRS, 1988.
Phillipe Mioche, La sidérurgie et l'Etat en France des années quarante aux années soixante, thèse de doctrat d'Etat, Université Paris IV, 1992.
Phillipe Mioche, *Jacques Ferry et la sidérurgie française depuis la seconde guerre mondiale*, Publications de l'Université de Provence, 1993.
Phillipe Mioche, La sidérurgie française, *Vingtième siècle*, n. 42, avril-juin 1994.
Jean G. Padioleau, *Qaund la France s'enferre*, PUF, 1981.
Claude Prêcheur, *La Lorraine sidérurgique*, SABRI, 1959.
Claude Prêcheur, *La sidérurgie française*, Armand Colin, 1963.
M. J. Rhodes, *Steel and the State in France, 1945-1982, The Politics of Industrial Changes*, Oxford, 1985.
Henri Rieben, *Des ententes de maîtres de forges au Plan Schuman*, Lausanne, 1954.
Jean Sallot, Le contrôle des prix et la sidérurgie française, 1937-1974, Doctorat, Université Paris I, 1993.
Denis Woronoff, *François de Wandel*, Presses de Sciences Po, 2001.
島田悦子『欧州鉄鋼業の集中と独占』新評論、1970年。

〈統合理論〉
Michael Burgess, *Federalism and European Union, The Building of Europe, 1950-2000*,

Routledge, 2000.
Desmond Dinan, *Europe Recast, A History of European Union*, Palgrave, 2004.
Leon Lindberg, *The Political Dynamics of European Economic Integration*, Stanford University press, 1963.
Ernest. B. Haas, *The Uniting of Europe: Political, Social and Economic Forces 1950-1957*, 2nd ed., Stanford University Press, 1968.
Stanley Hoffmann and Robert Keohane (eds), *The New European Community; Decision-making and Institutional Change*, Boulder CO. Westview Press, 1991.
Andrew Moravcsik, *The Choice for Europe, Social Purpose & State Power from Messina to Maastrichit*, Cornell University Press, 1998.
Thomas Pederson, *Germany, France and the Integration of Europe, A Realist Interpretation*, Pinter, 1998.
Paul Pierson, *Dismantling the Welfare State? Reagan, Thatcher and the Politics of Retrenchment*, Cambridge University Press, 1994.
Wayne Sandholtz and Alec Stone Sweet (eds.), *European Integration and Supranational Governance*, Oxford University press, 1998.
Mette Elistrup-Sangiovanni (ed.), *Debates on European Integration, A Reader*, Palgrave Macmilan, 2006.
Fritz Scharpf, *Governing in Europe, Effective and Democratic?*, Oxford University Press, 1999.

〈伝記・その他〉
Henry Beyer, *Robert Schuman, L'Europe par la réconciliation franco-allemande*, Fondatuion Jean Monnet pour l'Europe et Centre de recherches enropéennes, 1986.
Gérard Bossuat, *D'Alger à Rome (1943-1957), Choix de documents*, CIACO, 1989.
François Duchêne, *Jean Monnet*, Norton, 1994.
Sylvie Guillaume, *Antoine Pinay ou la confiance en politique*, Presses de Sciences Po, 1984.
Etienne Hirsch, *Ainsi va la vie*, Fondation Jean Monnet pour l'Europe et Centre de recherches européennes, 1988.
Wilfried Loth, William Wallace and Wolfgang Wessels (ed.), *Walter Hallstein the Fogotten European?* (translated from the German by Bryan Ruppert), Macmillan, 1998.
Jean Monnet, *Mémoire*, Fayard, 1976.
Nathalie Carré de Malberg, *Entretiens avec Roger Goetze haut fonctionnaire des finan-*

ces, *Rivoli-Alger-Rivoli*, Comité pour l'histoire économique et financière de la France, 1997.

Raymond Poidvin, *Robert Schuman homme d'Etat 1886-1963*, Impremerie nationale, 1986.

François Roth, *Robert Schuman, Du Lorrain des frontières au père de l'Europe*, Fayard, 2008.

Eric Roussel, *Jean Monnet*, Fayard, 1996.

Pierre Uri, *Penser pour l'action un fondateur de l'Europe*, Odile Jacob, 1991.

Témoignages à la mémoire de Jean Monnet, Fondation Jean Monnet pour l'Europe et Centre de recherches européennes, 1989.

遠藤乾編『ヨーロッパ統合史——史料と解説——』名古屋大学出版会、2008年。

あとがき

　本書を執筆する一方で、著者は日頃から以下のようなことを感じていた。経済史研究は近年必ずしも人気のある学問分野とはいえず、わが国の大学の経済学部、大学院研究科において多くの若者が取り組んでいるわけではない。経済学における経済史研究は、最新の経済現象を研究対象とする理論経済学や現状分析より、一見すると地味で遠回りに見えるのかもしれない。日々変化する経済動向を分析し、直近の政策課題に直接答えるものではないからであろうか。過去の知られていなかった事実を発掘し、学界に蓄積された知識を補うだけのものだからだろうか。

　だが、現在進行している現象よりも、一定の時間が経過した歴史的事実の方が、その分析を徹底して行うことができ、真相に近づくことが可能なのである。さらには緻密な事実の積み重ねによって、理論では説明できない実態を浮かび上がらせることができるのである。そして、それらが現代の経済現象を理解するうえでも、大いに役立つことがある。

　それは、時間の経過が本質の把握を容易にするためだけではない。官庁や民間企業の内部文書、あるいは個人が残した文書類、肉声インタヴューなどを調査、分析することによって、政府、地方自治体、企業、民間団体や個人がどのような認識をもっていたのか、そしてどのように判断を下し、行動したのかを究明できるからである。すなわち、公開を前提として作成されたものではない部外秘の一次史料を閲覧、分析することによって、当事者たちが何を問題視し、それをどのように解決しようと努力したのか、組織や個人の生々しい言動をつぶさに追跡することができるからである。

　ヨーロッパ諸国においては公文書の整理、保管と公開が早くから法律で義務づけられており、そのための施設や組織も整備されて、現実に実行されている。私文書についてもそうした施設に管理が委託され、学術、文化の発展のために

研究者や学生の閲覧に提供されている。そのため、そうした文書や記録を閲覧することによって、官庁や民間企業や団体による状況の認識や判断、行動を詳細に分析することができるのである。こうした作業は、今現在の経済を扱っている限りは到底不可能であり、部外秘の内部文書に接することはほとんど期待できない。だが、情報公開制度の整備が立ち遅れている日本では、残念ながらこのような現代史研究の長所は、あまり一般に認められていないようである。

そうした認識から、筆者はパリ市内の国立文書館をはじめ、パリ郊外のフォンテーヌブロー現代史料センターやブロワ市郊外にあるサン・ゴーバン・ポン・タ・ムーソン社文書館など、数多くの官公庁や民間企業の文書館や史料室を訪ねてきた。これらの作業は、精神的にも、肉体的にも骨の折れる地道なものであった。うず高く積まれた史料の入った段ボール箱の前で、途方に暮れたことも幾度あったことか。だが、埃臭い文書を通した生きた歴史との対話には、このうえない至福の時間を味わうことも少なくなかった。

そうした研究の成果として、現在われわれが直面しているグローバル化の急速な進展と経済危機を理解するうえで、本書で明らかにした戦後ヨーロッパ統合の実態や、そこでの産業育成策にみるべきものがあると、読者諸氏が僅かでも汲み取っていただければと願っている。本書が扱った関係者たちの生の記録が、これまでには見えることのなかった世界を読者の眼前に引き出し、そこに現代社会の本質が僅かでも投影されていると感じ取っていただければ、著者としては至高の喜びである。

本書の第1章から第7章は、すでに著者が学術雑誌等に発表してきた論文に加筆修正を加えて、まとめたものである。各章の内容の初出論文は以下のとおりである。

第1章「フランスにおける経済計画と鉄鋼業の再建——モネ・プランとシューマン・プラン——」『エコノミア』第53巻第2号、2002年11月

第2章「戦後フランスにおける鋼材取引の実態と鉄鋼カルテル再編構想」『エコノミア』第50巻第4号、2000年2月

第3章「シューマン・プランとフランス鉄鋼業——ヨーロッパ石炭鉄鋼共同体の創設——」『土地制度史学』第140号、1993年7月

第4章「ヨーロッパ石炭鉄鋼共同体によるカルテル規制——フランス鉄鋼業の事例を中心に——」『土地制度史学』第148号、1995年7月

第5章「ヨーロッパ石炭鉄鋼共同体による市場統合1953-1954年——鉄鋼市況の停滞とフランス鉄鋼業界の対応——」秋元英一編『グローバリゼーションと国民経済の選択』東京大学出版会、2001年

第6章「1950年代半ばのフランス鉄鋼業の経営条件——第2次近代化設備計画と鉄鋼共同市場——」『エコノミア』第55巻第2号、2004年11月

第7章「フランス第2次近代化設備計画とヨーロッパ石炭鉄鋼共同体（1954-1956年）——鉄鋼共同市場におけるフランス鉄鋼業——」『エコノミア』第59巻第1号、2008年5月

　これまで、地道で回り道の研究手法を重視したため、本書の完成のために、筆者は長い時間を費やしてしまった。その過程では多くの方に多大なご協力をいただき、出版にたどり着けたことは紛れもない事実であり、ここに感謝申し上げる。

　横浜国立大学経済学部と同大学院経済学研究科において、精緻な実証研究と禁欲的な研究姿勢で著者を魅了し、経済史研究に導いてくださった現横浜商科大学教授、権上康男教授から受けた学恩は筆舌に尽くしがたい。その後今日にいたるまで、研究、教育における師として、著者にとってはいまだ超えがたい巨大な壁のような存在である。

　一橋大学大学院経済学研究科博士課程においては、神武庸四郎教授、浜林正夫教授に歴史研究のご指導を賜った。帝京大学廣田功教授には、東京大学経済学部図書館所蔵史料の紹介や、政治経済学・経済史学会、ヨーロッパ統合史フォーラムでの発言など、多くの貴重な情報、助言をいただいた。30年近くのつきあいになる旧友、首都大学東京教授、矢後和彦氏には常に著者の目標となり、様々な刺激を与えてくれた。

1990年のパリ留学時以来、パリ第10大学のアラン・プレッシー教授や社会科学高等研究院（EHESS：ラスパイユ）の主任研究者パトリック・フリーダンソン氏の指導を仰ぎ、留学時に机を並べた学友、エコール・ポリテクニークのエリック・ゴドリエ教授には現在も公私にわたってお世話になっている。また、度重なるフランスでの研究を認めてくださった横浜国立大学経済学部の同僚諸氏にも感謝している。

　本書の出版を快諾してくださった日本経済評論社の谷口京延氏のご尽力によって、本書の出版が実現した。

　最後に、献身的な協力によってわがままな筆者の研究生活を支えてくれた妻、邦子にも、感謝の意を禁じえない。

　　　2009年8月　パリ、サン・シュルピスにて

索引

人名索引

【あ行】

アデナウアー（Konrad Adenauer）　77
アルビー（Pierre Alby）　150-151
アロン（Alexis Aron）　56, 79-82, 86, 88
アンドレ（Pierre André）　97
イルシュ（Etienne Hirsch）　28, 73, 86, 88, 167-8, 240
ヴィケール（Henri Vicaire）　169
ヴィリエ（George Villiers）　215
エアハルト（Ludwig Erhard）　151, 258-9, 274
エツェル（Franz Etzel）　143, 151, 221, 251
オブラン（Jules Aubrun）　36-8, 56, 79, 86, 88

【か行】

ガイヤール（Félix Gaillaird）　169, 255-6
ギリンガム（John Gillingham）　4
クイユ（Henri Queuille）　38
クラヴィリスキ（Robert Krawieliski）　121
グランピエール（André Granpierre）　93
ゲラン（A. Guerin）　159
ゴーデ「Michel Gaudet）　121
ゴドリエ（Eric Godelier）　9, 318
コッペ（Albert Coppé）　143
コンスタン（Jean Constant）　210-1

【さ行】

サロ（Jean Salloz）　156
サンドホルツ（Wayne Sandholtz）　6
ジアッケロ（Enzo Giacchero）　151-3
シャストラン（Jacques Chastellain）　179
シャープ（Fritz Scharpf）　6
シャレール（Charrayre）　172
シュピーレンブルグ（Dirk Spierenburg）　4, 123, 143, 151
シューマン（Robert Schuman）　1, 71, 73, 88, 166
シュワブ（Klause Schwabe）　3

ゼイルストラ（Jelle Zijlstra）　258

【た行】

ダンヴァル（Henri d'Ainval）　9
ディーボルト（William Diebold）　4
ティンバーゲン（Jan Tinbergen）　172
テドレル（Georges Thedrel）　159
デュピュイ（Jean Dupuis）　146, 206-7
デュレ（Jean Duret）　94-95
ドゥブレ（Michel Debré）　279
ド・ゴール（Charles de Gaulle）　17, 78, 97, 227
ドーム（Léon Daum）　143
トランホルム・ミッケルソン（Jeppe Tranholm-Mikkelson）　6

【は行】

ハース（Ernst Haas）　6
バブアン（Robert Babouin）　93
ハンブルガー（Richard Hamburger）　112, 220
ピエルソン（Paul Pierson）　6
ピネー（Antoine Pinay）　39, 144
ビュロー（Albert Bureau）　31-2
ビラール（Roger Birard）　8
フィリップ（André Philip）　93
フェリ（Jacques Ferry）　37, 115, 154, 173-6, 215-6, 240-1, 279
フォール（Edgar Faure）　178-80, 192
プーラン（Pierre Poulain）　35
フランク（Louis Franck, Rosenstock-Franck）　23, 37, 213
フリムラン（Pierre Pflimlin）　215
フールモン（Jacques Fourmon）　23
プレヴァン（René Plevin）　36
フレシネ（Michel Freyssenet）　9
プレシュール（Claude Prêcheur）　8
ブロン（Régine Perron）　5
ボシュア（Gérard Bossuat）　4
ボーミエ（Jean Baumier）　9

ボームガルトネル（Wilfrid Baumgartner）
169
ポワドヴァン（Raymond Poidevin）　4, 123

【ま行】

マイエル（René Mayer）　210, 218, 252
マコー（Marcel Macaux）　173
マヨール（Emanuel Mayolle）　94-5
マルゲラズ（Michel Margairaz）　8
マルシャル（François Marchal）　206
マルタン（Roger Martin）　93
マルマス（Jacques Marmasse）　217-8
ミオッシュ（Phillipe Mioche）　8-9, 56
ミルワード（Alain Milward）　6
モネ（Jean Monnet）　2, 4, 12, 16-7, 22, 28, 66, 73, 77, 79-80, 98-9, 105, 135, 141, 147-8, 152-5, 160-1, 165, 167, 183, 267-71, 273-5, 280
モラブシック（Andrew Moravcsik）　6

【や行】

ユリ（Pierre Uri）　73, 259

【ら行】

ラコスト（Robert Lacoste）　97-8
ラップ（Roland Rabbe）　208, 211
ラファイ（Bernard Lafay）　178
ラマディエ（Paul Ramadier）　252-6
ラティ（Jean Raty）　115, 154, 220, 240-1, 254-6
ランベール（Raymond Lambert）　145-6
リカール（Pierre Ricard）　39-40, 144, 155, 215, 217, 220
リペール（Jean Ripert）　241-2
リーベン（Henri Rieben）　8
リンドバーグ（Leon Lindberg）　6
ルーヴル（Jean-Marie Louvel）　37, 79, 179
ルソ（Henri Rousso）　8
ルーテル（Paul Reuter）　73
ルフォシュー（Pierre Lefaucheux）　97-8
ロールマン（Tony Rollman）　253-4

事項索引

【あ行】

新しい新機能主義　6
アンタント体制　51, 56-7, 67, 78, 87-92, 96, 98-9, 109, 124
イルシュ委員会　86-91, 98
ヴィシー体制（政権）　23, 56, 99, 108
運輸局　143
エネルギー近代化委員会　232
MRP →人民共和運動
RPF →フランス人民連合

【か行】

価格表　114, 142-53, 157, 159-60, 166, 181-91, 193, 199, 212, 214, 220-1, 255-7, 261-2
閣僚理事会　76, 95, 134, 147-8, 150-3, 160, 183, 217, 222, 251-2, 254, 256, 258-9, 281-2
機械・金属加工産業連盟　214
機能主義　6-7
急進社会党　78, 96

共産党　78, 95-8
協定・集中局　112, 119-25, 127-33, 143, 217, 220-1, 258
共同市場　1-2, 5, 10-2, 15, 33-4, 39-40, 67, 71, 73, 76-86, 88-9, 92-4, 96, 98-9, 105-8, 111-4, 117, 120-3, 125, 127, 133-5, 141-7, 155-6, 159-61, 165-7, 170, 181-2, 184, 189, 191-4, 199, 210-6, 220-1, 223, 227-8, 235, 237-9, 245, 248, 251-2, 256-8, 267, 271, 275-7, 280-1
共同総会　76
共同販売機関（会社、組織）→コントワール
共和右派　96
近代化委員会　15, 18, 19, 22, 169, 177, 201, 231
金融委員会　169, 178-9
クルップ　76
クレディ・ナシオナル　26, 115, 174-5, 179
計画審議会　17, 19-20, 177
計画庁　2, 8, 10, 15-7, 19-20, 22, 26, 28-9, 33, 41, 47, 66, 72-4, 77-9, 82-3, 85-

索　引　317

6, 88-91, 94, 98, 105-7, 134, 165, 167-8, 170-1, 177, 200-1, 205, 227, 230-1, 233, 240-1, 243-4, 253, 268-70, 273-5, 280
経済拡大基金　180
経済金融調査課　230
経済社会開発基金（FDES）　180, 278
経済審議会　93-6, 177
経済問題・計画委員会　93-5
決定（最高機関による）　114, 122, 124, 142-4, 149, 151, 153, 160, 166, 181-91, 193, 199, 238
決定30-53号、31-53号　114, 142-4, 149, 151, 153, 160, 181-2, 185, 188
決定1-54号　153, 160, 182, 184-8, 190-1
決定2-54号　153, 160, 182-90, 199
決定3-54号　153, 160, 182, 184-91
抗告　183, 186
鉱山・鉄鋼局　25, 31, 34, 48, 51, 79, 108-9, 172
合同製鋼　76
鉱物燃料補償基金　80, 85, 242
抗弁　184, 187
国際鉄鋼カルテル　47, 66, 92, 280
国際統合理論　6-7
国民物価委員会　23, 38
コントワール（共同販売機関・会社・組織）　47-8, 50-6, 57-66, 76, 88, 90-2, 105, 107-12, 122-34, 145-6, 205-6
コークス化作業部会　230

【さ行】

最高機関　2, 4-5, 10-2, 39, 42, 73, 75-7, 95-6, 100, 105-8, 111-5, 117-8, 121-7, 129-31, 133-5, 141-56, 159-61, 166, 172, 181-91, 193, 199-200, 210, 212, 215-8, 220-3, 228, 235, 237-9, 242, 251-4, 256, 258-63, 267, 270-3, 275-6, 281-2
財政負担軽減　181, 204, 249
裁判所　76, 166-7, 181, 183-4, 188-91, 193, 199, 212, 275
財務省　8, 10, 16, 20-2, 25, 34, 36, 38-9, 41, 57, 65, 78, 99, 115, 130, 134, 145, 156, 178-81, 193, 200, 213, 216, 223, 230, 233, 235, 240-1, 243, 248, 253, 255, 269, 274-5, 280
サシロール（SACILOR）　278

産業構造改革基金　180
産業省　10, 25, 31-2, 34, 41, 48, 51-2, 71, 79, 86, 88, 99, 107-12, 116, 124-5, 172, 233, 240, 260, 262
3次プラン→第3次近代化設備計画
資金調達作業部会　173-5
市場・協定・運輸作業部会　217
市場局　114, 124, 143, 217-21, 253-4, 256-8
市場に関する作業部会　143, 147, 151
シデロール（SIDELOR）　34, 93
諮問委員会（ヨーロッパ石炭鉄鋼共同体）　76, 95, 134, 147-54, 160, 211
社会党　78, 96, 97
14社合意　156, 158-60
シューマン演説　1, 73, 75, 78, 97
シューマン・プラン　1-3, 11-2, 15-6, 32-3, 40, 42, 47-8, 60, 62, 67, 71-2, 74, 77-87, 89-93, 95-9, 166, 238, 267, 269, 273
省間会議　177-80, 192
新機能主義　6, 282
新制度主義　6-7, 282
人民共和運動（MRP）　78, 96-7
政府間主義　6-7, 282
設備近代化基金（FME）　21-2, 26-7, 30, 40, 174-7, 179-80, 192
ソラック（SOLLAC）　19, 30
ソルメール（SOLMER）　278-9

【た行】

第1次近代化設備計画（モネ・プラン）　2, 10, 15-8, 20-3, 26-34, 36-7, 40-1, 47, 72-3, 88, 99, 109, 165-9, 173-4, 177-80, 192, 199-202, 205, 227, 229-30, 246-7, 270, 274
大規模容量貨車管理会社　128
第3次近代化設備計画（3次プラン）　11, 227-35, 238-40, 242, 244-7, 249-51, 256, 260-2, 268, 272, 275
第2次近代化設備計画（2次プラン）　11, 15, 28, 86, 165-73, 176-7, 179-81, 192-4, 199-202, 204, 211, 213, 222-3, 227, 229-31, 235, 241, 243-4, 246-7, 249, 270-2, 277
地域整備国民基金　180
中央物価委員会　23, 25
超国家機関　2, 75, 105, 160-1, 263, 277,

282

鉄鋼共同市場　　10-2, 15, 33-4, 39-40, 67, 78-9, 81, 84-6, 88-9, 92-4, 96, 99, 105-6, 108, 112, 114, 125, 133-5, 141-7, 155, 159-61, 165-7, 170, 181-2, 184, 189, 191-4, 199, 210-6, 220-1, 223, 227-8, 235, 237-9, 245, 248, 251-2, 256-8, 267, 275-7, 280-1

鉄鋼業の現状における諸問題を検討するための鉄鋼・行政合同作業部会　　239-41, 243-4, 246-7, 251

鉄鋼近代化委員会　　18, 169, 171-4, 176, 192, 201, 227, 231-5, 240, 246-7, 249-50, 262, 272

鉄鋼産業グループ（GIS）　　176
鉄鋼組織化委員会　　52
鉄鋼取引商全国組合　　217
鉄鋼利用者協会　　210
ドゥ・ヴァンデル　　19, 34, 93
投資委員会　　21-2
投資作業部会　　171-2, 232
ドゥナン・アンザン　　19
東部鉄鉱石コントワール（COFEREST）　　110-1, 122, 124, 127-31

【な行】

2次プラン→第2次近代化設備計画
ノインキルヘン　　159
ノール・エ・レスト　　19
ノルマンディー金属（SMN）　　157

【は行】

パリ条約　　33, 66, 72, 75-7, 89-90, 93-6, 98-9, 105-9, 112-4, 116-7, 119-34, 141-4, 146-51, 153, 154, 156, 159-61, 166, 182-6, 187-9, 199-200, 212, 214, 217, 219, 221-2, 228, 242, 245, 252, 254, 270, 275-6

パリ条約60条　　112-3, 116, 141-4, 147-51, 153-4, 160, 183-6, 189, 217, 221, 252

パリ条約65条　　113, 116-7, 119-22, 124-32, 141, 161, 183

パリテ　　53-5
販路作業部会　　171-2
フィルミニ製鋼　　173
フェランポール　　129
フォルクスワーゲン　　97-8
フォルクリンゲン　　159

付加価値税　　212-3, 235
物価局　　23-5, 34, 37-9, 41, 115, 156, 213, 219, 241
物価凍結政策　　23, 25, 39, 144, 146-7, 154-5, 160-1, 211, 219-20, 222, 228, 239, 248, 274
部門統合　　4, 116, 274
フランス・ガス　　250
フランス・キリスト教労働者同盟（CFTC）　　23, 78, 96
フランス経団連（CNPF）　　96
フランス国鉄　　35, 52, 108, 128, 206
フランス人民連合（RPF）　　78-9, 96-8
フランス製鉄コントワール　　50, 108
フランス石炭公社　　39, 83, 233, 250
フランス鉄鋼協会（CSSF）　　10, 16, 33-4, 36-42, 48, 51-3, 56-7, 59-67, 78-80, 82-3, 86-90, 93, 96-9, 108-9, 115, 123, 125, 131, 144-5, 154-61, 167, 173, 199-200, 213-7, 220, 222,-3, 228-9, 235-45, 247, 250-1, 254-5, 262, 268, 279-80
フランス鉄鋼コントワール（CPS）　　48, 50-6, 62, 88, 90-1, 105, 108-11, 122, 124-8, 130-1, 134, 145-6, 205-6
フランス鉄鋼コントワール諮問委員会　　145, 205-7, 210
フリート　　76
ブルバッハ　　159
ベイシング・ポイント　　185
法務課　　121-3, 129-30, 133, 143, 217-8, 221, 258
ポン・タ・ムーソン　　10, 48, 93, 167, 170, 200

【ま行】

マーシャル・プラン（マーシャル援助）　　20-2, 26, 32, 41, 47, 83, 106, 165, 169, 177, 179-80, 192, 201, 268-71
マンガン会社　　129
モネ・プラン→第1次近代化設備計画

【や行】

ユジノール（USINOR）　　9, 19, 30, 34, 157, 277-8
ヨーロッパ共同体（EC）　　1
ヨーロッパ経済共同体（EEC）　　1, 142, 227, 281-2

ヨーロッパ経済協力機構（OEEC, OECE）　168
ヨーロッパ原子力共同体（EURATOM）　227
ヨーロッパ石炭鉄鋼共同体　1-5, 8-12, 16, 32-4, 3-42, 47-8, 62, 66-7, 71-5, 77, 79, 84-5, 87, 92, 94-5, 99-100, 105-13, 116, 123-4, 130, 133, 141-2, 144, 148-50, 154, 159-60, 166-7, 170, 172, 177, 181, 183-4, 192-3, 199-200, 207-12, 214-6, 219-23, 227-8, 230-2, 237-9, 242, 245, 248-9, 251, 254, 257-63, 267-78, 280-2
ヨーロッパ統合　1-7, 9-10, 12, 47, 78, 141-2, 160, 166-7, 227, 267, 274, 281-2

ヨーロッパ連合（EU）　1, 7, 281

【ら行】

ル・クルーゾ製鉄　34, 169
ルノー公団　97-8
連邦主義　2, 4, 6-7
労働総同盟（CGT）　23, 94-5, 97
労働総同盟・労働者の力派（CGT-FO）　78, 96
60条適用問題　142-3, 146-8, 150, 153
60条適用問題検討特別委員会　148-9
ローマ条約　227, 281
ロレーヌ・コークス販売会社（COKLOR）　129

【著者略歴】

石山幸彦（いしやま・ゆきひこ）
1961年生まれ
一橋大学大学院経済学研究科博士課程単位取得退学
現在、横浜国立大学経済学部教授
主な業績：「ヨーロッパ石炭鉄鋼共同体による市場統合、1953-1954年——鉄鋼市況の停滞とフランス鉄鋼業界の対応」（秋元英一編『グローバリゼーションと国民経済の選択』東京大学出版会、2001年）、「戦後フランスにおける経済計画と鉄鋼業の再建——モネ・プランとシューマン・プラン」（『エコノミア』第53巻第2号、2002年11月）、「1950年代半ばにおけるフランス鉄鋼業の経営条件——第2次近代化設備計画と鉄鋼共同市場——」（『エコノミア』第55巻第2号、2004年11月）、「ヨーロッパ石炭鉄鋼共同体における新自由主義（1953～62年）——リュエフの経済思想と石炭共同市場——」（権上康男編著『新自由主義と戦後資本主義——欧米における歴史的経験——』日本経済評論社、2006年）

ヨーロッパ統合とフランス鉄鋼業

2009年11月10日　第1刷発行	定価（本体5600円＋税）	

　　　　　　　著　者　石　山　幸　彦
　　　　　　　発行者　栗　原　哲　也
　　　　　　　発行所　㈱日本経済評論社
　　〒101-0051　東京都千代田区神田神保町3-2
　　　　電話　03-3230-1661　FAX　03-3265-2993
　　　　　　　　　　info8188@nikkeihyo.co.jp
　　　　　　　　URL：http://www.nikkeihyo.co.jp
装幀＊渡辺美知子　　　印刷＊文昇堂・製本＊山本製本所

乱丁落丁はお取替えいたします。　　　Printed in Japan
Ⓒ ISHIYAMA Yukihiko 2009　　　ISBN978-4-8188-2050-0

・本書の複製権・翻訳権・上映権・譲渡権・公衆送信権（送信可能化権を含む）は㈱日本経済評論社が保有します。

・JCOPY 〈㈳出版者著作権管理機構　委託出版物〉
本書の無断複写は著作権法上での例外を除き禁じられています。複写される場合は、そのつど事前に、㈳出版者著作権管理機構（電話03-3513-6969、FAX03-3513-6979、e-mail: info@jcopy.or.jp）の許諾を得てください。

新自由主義と戦後資本主義
―欧米における歴史的経験―

権上康男編著

A5判　五七〇〇円

定義も起源も定かではない新自由主義誕生の歴史を明らかにし、アメリカ、ヨーロッパ大陸諸国、国際諸機関を対象に、理念と政策実践の両面から実相に迫る。

ヨーロッパ統合の社会史
―背景・論理・展望―

永岑三千輝・廣田　功編著

A5判　五八〇〇円

グローバリゼーションが進む中、独自の対応を志向するヨーロッパ統合について、その基礎にある「普通の人々」の相互接近の歴史から何を学べるか。

欧州統合史のダイナミズム
―フランスとパートナー国―

ロベール・フランク著／廣田　功訳

四六判　一八〇〇円

欧州アイデンティティの形成、仏独和解のプロセス、英仏独関係、フランスの欧州政策など今日的テーマを軸に、第一人者が統合のダイナミックな歴史を叙述する。

欧州建設とベルギー
―統合の社会経済史的研究―

小島　健著

A5判　五九〇〇円

一九二二年のベルギー・ルクセンブルク経済同盟以来ヨーロッパ欧州地域の統合に先導的役割を果たしてきた「小国」ベルギーを中心に欧州建設（統合）の歴史の解明を試みる。

資本主義史の連続と断絶
―西欧的発展とドイツ―

柳澤　治著

A5判　四五〇〇円

ヨーロッパ資本主義の展開過程における連続性と断続性の問題を比較経済史的に分析。日常的な経済活動を営む普通の人々の時代転換に関わる意識と行動の解明を試みる意欲作。

（価格は税抜）　日本経済評論社